U0571341

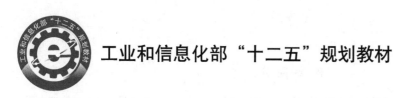

工业和信息化部"十二五"规划教材

交互设计基础

主　编　孙远波

副主编　杨　新　付久强

INTERACTION DESIGN BASIS

北京理工大学出版社
BEIJING INSTITUTE OF TECHNOLOGY PRESS

内 容 简 介

本书是一本为交互设计初学者提供基本概念和方法的书籍,可以作为一本针对交互设计人员快速上手的指南手册。

本书第 1 章和第 2 章介绍交互设计的基本概念、与其他学科的关系、交互设计职业、一般设计目标、原则和方法等;第 3 章至第 8 章为交互设计的一般流程、方法和评价,以及原型设计;第 7 章为交互设计的基本原则;第 9 章为交互设计的技术基础;第 10 章为专家、学者访谈。

本书适用于工业设计和产品设计专业的教师和学生作为专业基础课的教材,也可供将要从事相关工作的专业人士参考。

图书在版编目(CIP)数据

交互设计基础 / 孙远波主编. —北京:北京理工大学出版社,2017.5(2023.2重印)
ISBN 978-7-5682-4126-7

Ⅰ. ①交… Ⅱ. ①孙… Ⅲ. ①人-机系统-系统设计 Ⅳ. ①TP11

中国版本图书馆 CIP 数据核字(2017)第 102505 号

出版发行 / 北京理工大学出版社有限责任公司
社　　址 / 北京市海淀区中关村南大街 5 号
邮　　编 / 100081
电　　话 / (010)68914775(总编室)
　　　　　 (010)82562903(教材售后服务热线)
　　　　　 (010)68944723(其他图书服务热线)
网　　址 / http://www.bitpress.com.cn
经　　销 / 全国各地新华书店
印　　刷 / 廊坊市印艺阁数字科技有限公司
开　　本 / 787 毫米×1092 毫米　1/16
印　　张 / 20.75
字　　数 / 487 千字
版　　次 / 2017 年 5 月第 1 版　2023 年 2 月第 3 次印刷
定　　价 / 88.00 元

责任编辑 / 王晓莉
文案编辑 / 王晓莉
责任校对 / 周瑞红
责任印制 / 李志强

前言

人类产生于自然界，并随着进化发展构建起"人工系统"或"人为事物"，这些"人工系统"或"人为事物"越来越复杂，从简单工具开始，经历机械化、电气化、自动化，到智能化的生产和生活产品、设备；从房屋、村落到城市、国家、国际社会。信息的交流从早期的动作、语音，到语言对话，再到电话、电视、网络。要构建和运行这个"人工系统"或"人为事物"需要制订计划和规范，这就是设计。随着科学、技术和社会的发展，人工系统越来越复杂，特别是第一次工业革命以后，由于知识大量增加，一个人能掌握的知识和技能有限，一个或几个人不能完成复杂的设计工作，就需要分工。就工业产品的设计而言，早期的分化发生在工程技术设计和工业设计（包含工业产品设计和相关的商业设计）之间。按照柳冠中教授的观点，工程师主要处理物与物的关系，工业设计师主要处理人与物的关系。之后，商业设计又从工业设计分化出包装设计、广告设计、展示设计等，工业设计的主要任务就是产品设计了。

进入 21 世纪以来，随着信息技术的飞速发展，人和计算机的信息交流成为 IT 企业、设计学科和设计教育必须面对的新课题，交互设计也作为新的设计分工出现了。在中国，交互设计不同于 20 世纪 80 年代初的工业设计，工业设计是学界从国外引入的，引入后逐渐向企业推广，而交互设计似乎是 IT 企业首先引入的，引入后推动着高校开展交互设计教学和研究。

2012 年 5 月 28 日，设计学界和 IT 相关企业在中国工业设计协会下设立信息与交互设计专业委员会。专委会的宗旨是：搭建专业平台，促进国内外科研院校的教学研讨与交流；开展会员间的交流与学习，促进科研与教学的创新；搭建产学研一体化的桥梁，促进创新成果的推广与转化工作，积极推动信息与交互设计技术的普及和应用；培养、挖掘本领域的专业人才，提高其专业技术水平，促进我国信息与交互设计行业的发展。

2015 年 10 月在韩国召开的国际工业设计协会 ICSID（现更名为"国际设计组织 WDO"）第 29 届年度代表大会上，设计有了新的定义为：设计旨在引导创新、促使商业成功及提供更高质量的生活，是一种将策略性解决问题的过程应用于产品、系统、服务及体验的设计活动。它是一种跨学科的专业，将创新、技术、商业、研究及消费者紧密地联系在一起，共同进行创造性活动，将需解决的问题、提出的解决方案进行可视化，重新解构问题，并将其作为创造提供更好的产品、系统、服务、体验或商业网络的机会，形成新的价值以及竞争优势。设计是通过其输出物对社会、经济、环境及伦理方面问题的回应，旨在创造一个更好的世界。设计的新定义虽然没有提到交互设计，但产品、系统、服务及体验的设计都与交互设计相关。

交互设计在学术上应该属于艺术学门类下的设计学科,但教育部的专业目录(2012 年)中设计学科下并没有交互设计专业。交互设计这一设计分工可以作为设计学科本科生培养的专业方向或研究生的研究方向。在设计研究、教学和实践中,可以忽略学科门类和专业的归属以及教学管理体制的限制,通过课程教学、工作坊等方式在设计学专业教学中增加交互设计的内容,或在本科和硕士研究生教学中有目的地培养专门人才。21 世纪初,国内很多院校就是这么做的,其中工业设计专业最多。大量工业设计专业(或原艺术设计专业工业设计方向)的本科毕业生和设计学科研究生进入 IT 企业从事交互设计工作。一直以来,IT 企业的交互设计人才主要来自工业设计专业,还有些来自视觉传达设计、社会学、心理学、计算机等专业。尽管交互设计人才的需求会随着 IT 行业发展的起伏而变化,但随着行业的发展,社会对人才的需求趋于稳定。

北京理工大学设计与艺术学院在 2005 年前后陆续有硕士研究生开题进行交互设计的学习和研究,主要方向有移动产品、自助产品、多媒体学习软件、ERP 软件的交互设计等。2010 年北京理工大学设计与艺术系建立了人因工程与交互设计实验室,随后聘请联想、百度、腾讯、小米等十几家大型 IT 企业的交互设计师和设计部门负责人到学校做讲座,成立交互设计工作坊。近年来,有大量工业设计专业的本科和硕士毕业生进入 IT 等相关企业从事交互设计工作。

在科研和研究生培养方面,专业往往被误认为是二级学科,这种错误观念会形成高等院校中分化甚于综合的局面,并会造成学科专业之间壁垒森严的现象,导致学术资源不能共享;人才培养过于专门化,知识面不宽;科研方面表现出研究方向狭窄,缺乏学科交叉,整体效益低下等问题。研究生的培养并没有专业的概念,只有学科的概念,而且学科也是可以跨越的,那种认为交互设计和服务设计不是工业设计,交互设计只是平面设计,并以此切断了两者之间的联系的观点是不对的。

关于交互设计的教学,无非是回答这几个问题:什么是交互设计?什么是好的交互设计?如何做好的交互设计?怎么评价交互设计?本书尝试从这几个方面回答关于交互设计的相关问题,同时也立足于可操作性,以便读者可以快速上手。

北京理工大学设计与艺术学院孙远波负责本书的总体结构和统稿,以及第 7 章、第 8 章的编写;杨新负责第 1 章、第 2 章和第 3 章的编写;付久强负责第 4 章、第 5 章、第 6 章、第 9 章和第 10 章的编写。北京理工大学设计与艺术学院 2013 级、2014 级和 2015 级硕士研究生戴安妮、张小松、苏冰瑶、刘蕊、武雯、王玮瑜、张兴行、孙丹丹、邵丽敏、丛嘉、于晗、米尔古丽、王雪纯、刘伟松、宋州、付长晓、王智等参与本书的资料收集、图形绘制和编写工作。编者还邀请包括林敏、刘伟、覃京燕、王国胜、苗奘、曲佳、王骁勇、徐海生 8 位学者和行业专家(按行业和姓名拼音字母排序),分享他们从事交互设计和用户体验研究、教学和实践的宝贵经验,在此表示衷心感谢!

由于编者知识背景和实践经历所限,书中难免有不当之处,敬请专家和读者批评指正。

孙远波
2016 年 2 月于北京
yuanbo@bit.edu.cn

目 录

CONTENTS

第1章
交互设计概论

1.1　什么是交互设计

1.1.1　交互设计概念的提出

20 世纪 80 年代，交互设计作为一门关注互动体验的新学科，由 IDEO 的创始人 Bill Moggridge 在 1984 年的一次学术会议上首次提出，Bill 开始将其命名为"软面（Soft Face）"设计，后来更名为"Interaction Design"，即交互设计。1989 年，Gillian Crampton Smith 在伦敦皇家艺术学院创建了交互设计的硕士学位教育体系，这门学科最初被称为"计算机相关设计"，但最终改为交互设计。从此，交互设计正式成为一门教育学科。虽然交互设计概念的提出比较晚，但其社会实践应用却可以追溯到 20 世纪 30 年代，人机交互的应用已随着电子计算机的发明而进一步发展，人机交互的发展主要经历了 4 个阶段：初创期（1929—1970 年）；奠基期（1970—1979 年）；发展期（1980—1995 年）；提高期（1996 年至今）。

1.1.2　交互设计的定义

定义一，维基百科对交互设计的定义为："应是数码产品、环境、系统和服务与人互动关系的设计。"经常缩写为 IxD。对于软件产品，这个定义是合适的，同时实体产品设计也存在交互设计问题，涉及人如何与产品互动的意识。与交互设计最常联系在一起的一般议题包括设计、人—计算机交互和软件开发。与其他设计领域类似，交互设计注重方式设计，它的关注点主要是基于人的行为。交互设计综合并想象事物可能或应该是什么样子，而不是分析它们是如何运作的。交互设计的这个特点清楚地表明 IxD 是设计领域的一个方向，而不属于科学或工程领域。软件工程之类的学科主要是为项目的技术相关者设计，交互设计以满足特定产品的大多数用户的需要和愿望为原则。

定义二，"交互设计"是指设计满足人们日常工作与生活需要的交互式产品。具体地说，交互设计就是研究创新的用户体验问题，其目的是增强人们之间的通信，即改善交互方式（Jennifer Preece & Yvonne Rogers，2003）。

定义三，交互设计是设计人工制品、环境和系统的行为，以及传达这种行为的外形元素的设计与定义。不像传统的设计学科主要关注形式、内容与内涵，交互设计首先旨在规划和描述事物与行为的方式，然后描述传达这种行为的最有效形式（Alan Cooper，2005）。

三个定义有一个很明显的共同点：均将重点放在了"人"上面，以人为目的考虑设计问题，但其具体定义各有侧重。定义一是基于和工程设计的对比，对交互设计所涉及的范围和领域进行了说明，强调交互设计的基本原则是用户。定义二从设计师的角度描述了交互设计的设计对象以及在设计过程中需要考虑的问题，同时强调的是交互设计的设计目标是创造好用的产品与服务，并且明确地落实到实体产品中。定义三从与传统设计学科进行对比的角度描述了交互设计可以为使用者带来怎样的体验，说明交互设计是一种提高用户体验的方法与技术。三个定义的着眼点虽然不同，但都分析与解释了交互设计不同层面的含义。由此可见，交互设计存在的目的是为人的操作消除障碍、提高效率；交互设计的设计对象是与人产生互动的各类软界面和硬界面；交互设计关注的是人与人造系统的互动行为。好的交互设计不但能使用户高效地完成任务，也会使其在使用过程中产生满足和愉悦感。

1.1.3 易混淆的概念辨析

人机交互、人机界面、交互设计的概念辨析如下：

人机交互（Human-Computer Interaction & Human-Machine Interaction，HCI 或 HMI）：人机交互研究的是系统与用户之间的互动关系，这个系统可以是各种各样的机器，也可以是以计算机为核心的系统和软件。

人机界面（Human-Computer Interface & Human-Machine Interface，HCI）是用户与上述所指人机系统之间的通信媒介和对话接口，是人机双向信息交互的支持软件和硬件。

交互设计（Interaction Design，IxD）描述的是设计的一个领域，主要是设计人与产品的交互流程与行为。

人机交互作为一种实践方法，目的是解决特定使用场景下的实际问题。人机交互和人机界面是包含的关系，人机交互包括三个方面内容：人机界面、交互方式和环境因素。

1.2 交互设计的发展史

1.2.1 硬件交互的发展历史

交互设计的历史，是一个从"以机器为中心"向"以人为中心"转变的发展过程。人机交互技术自问世以来，其交互方式经历了一系列的演进过程——从最早的穿孔纸带，到键盘、鼠标、触摸板和遥控器，再到目前正处于高速普及阶段的触摸屏、语音、体感识别和可穿戴设备，以及未来的可植入设备。可以看到，每一次科技的更新换代都可能引起交互方式的变革。

1. 1964 年，IBM System

IBM System 360 是美国 IBM 公司推出的大型计算机，在这种机器被使用的时期，交互设计的概念还没有被提出。当时的用户本身就是计算机行业的专家，很少有学者或企业去关注他们的使用感受。在机器的操作过程中，一切都围绕机器的需求来组织，程序员通过打孔卡片来输入机器语言，输出结果通过灯光闪烁这样的机器语言来表示，那时人机交互的重心是机器本身。

图 1–1 所示为 IBM System360。

图 1–1　IBM System360

2. 1964 年，鼠标

早期的计算机大得像房屋，有多得使人眼花缭乱的按钮和滑竿。随着屏幕信息的爆炸，人们需要一种简单的机器操作方式。来自斯坦福研究学院的美国雷达技师道 Douglas Eglebart 接受了这一挑战，于 1964 年发明了 "X–Y 定位指示器" 的原型，其外形是一只小木头盒子，工作原理是：底部的小球带动枢轴转动，继而带动了变阻器的运作，而阻值的改变则使位移信号产生，并将信号传至主机。因它那像尾巴的连线让人想到老鼠，因而得名鼠标（见图 1–2）。这只鼠标的设计目的是代替输入装置那些烦琐的指令，使计算机的操作更加简便。

图 1–2　Douglas Eglebart 发明了鼠标

3. 1971 年，触摸屏

1971 年在美国一所大学当讲师的 Samuel Hurst 在自家小作坊里制作出最早的触摸屏。Samuel 因工作关系每天要处理大量图形数据，因而不胜其烦，他想发明一种能提高工作效率的设备——通过把图形放在平板上或者用笔在平板上施加压力就能将图像数据保存起来，于是就有了最早的触摸屏"AccuTouch"（见图1-3）。后来触摸屏广泛地出现在电子设备中，用以代替鼠标或键盘工作，简化了使用者的操作流程，提高了工作效率。

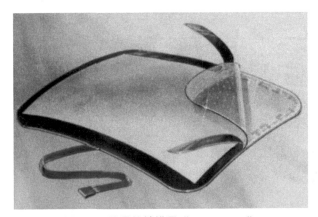

图 1-3　最早的触摸屏"AccuTouch"

4. 1973年，个人计算机

1973年，施乐帕罗奥多研究中心的设计师利用交互设计理念设计了第一台个人计算机，它采用的是使用一个键盘和单色显示器的桌面模式（见图1-4）。后来，科技巨头苹果公司将许多互动界面应用到早期的个人计算机里，"苹果Ⅱ"在1977年问世，这是最接近今天个人计算机的第一台家用台式机，是交互设计历史上的又一个里程碑。

图 1-4　施乐公司生产了最早的个人计算机

5. 多通道交互

与鼠标、键盘等设备相比，人们期待摆脱设备的束缚，以一种更自然的语言与机器进行交流。早在20世纪60年代，美国麻省理工学院的Negroponte就提出了"交谈式计算机"概念，直到20世纪90年代，他领导的媒体实验室在新一代多通道用户界面方面做了大量开创性的工作，人机交互方式开拓到了语音、手势的识别领域。比起鼠标操作，手势是人脑获得处理信息的更高级方式。例如，微软 Kinect 中的 Primesense 相机追踪技术，Kinect 是一款基于 Light Coding 技术的立体成像传感器。它可以实时捕获到空间的三维信息，可以实现对人的体感识别（见图 1-5）。另外，苹果申请了一个关于识别触屏表面上方手势系统的专利，运用这个系统可以识别手指的击打捏合动作，进而操纵虚拟的 3D 对象。可穿戴设备是多通道交互的一个重要发展方向，在交互设计的发展中，机器从大型机械化向小型轻量化发展，直到现在追求更加便携的方式。在可穿戴计算机的人机交互中，它应用到了诸多的交互方式，例如语音、视线跟踪、上下文感知应用（如位置、环境条件、身份等传感器）、用户习惯偏好和历史经验的自动捕捉及访问等。相信不久以后，科幻电影里钢铁侠斯塔克徒手操控全息影像的场景也会出现在我们的生活里。

图 1-5 微软 Kinect

总之，随着计算机硬件设备的进步，交互方式也发生了改变。最早的大型计算机需要用户手工作业，键盘的出现，将计算机带入了字符用户界面时代。鼠标和图形用户界面（Graphical User Interface）的出现，标志着我们进入了计算机的主机时代和个人计算机时代。随着传感器技术的进步和多元化便携设备的发展，人机交互将会变得更为自然、与生活的融合也会变得更加紧密。

1.2.2 软件交互的发展历史

以操作系统为核心的交互方式自发明至今，一直在人机交互活动中占据主导地位，人们对计算机进行操作，都是通过操作系统来完成的。因此，它的发展历史是最值得今天研究和借鉴的，可以说操作系统的发展史几乎代表了现代软件交互设计发展的历史。

1. 1946 年，手工操作方式

世界上第一台计算机诞生于 1946 年（见图 1-6），当时还未出现操作系统，计算机工作采用手工操作方式。程序员将对应于程序和数据的已穿孔纸带（或卡片）装入输入机，然后启动输入机，把程序和数据输入计算机内存，接着通过控制台开关启动程序；计算完毕，打印机输出计算结果；用户取走结果并卸下纸带（或卡片），随后下一个用户上机。手工操作的慢速度和计算机的高速度之间形成了尖锐矛盾，手工操作方式已严重影响了系统资源的利用率。

2. 1973 年，Alto 计算机系统

1973 年 4 月，施乐帕罗奥多研究中心推出了 Alto 计算机。Alto 的操作系统拥有把计算机操作元素结合到一起的图形界面，同时使用三键鼠标、位运算显示器、图形窗口

图1-6　世界上第一台计算机

和以太网络连接。Alto 被认为是操作系统 GUI 界面发展史上的里程碑，它拥有视窗（Windows）和下拉菜单（Pull-Down MENU），并通过鼠标进行灵活操作，真正打破了困扰业界已久的人机阻隔，极大提升了操作效率，由此也形成了工业界的 WIMP（Windows，Icons，Mouse and Pointers）标准，如图1-7 所示。与 Alto 计算机共生的还有 Smalltalk 语言，Smalltalk 是历史上第二个面向对象的编程语言，拥有自己的集成开发环境（IDE），今天人们所见的所有可视化开发平台，都可以看作 Smalltalk 的思想衍生。因此，Alto 计算机虽然体积相当小，却被赋予了强大的处理图像信息和分享信息的能力。此外，该计算机系统还拥有大量的内置字体和文字格式的文档编辑器，使用者可以用各种字体来编辑文件，这些文件被显示在 Alto 计算机的屏幕上，然后相关数据通过以太网被传输到打印机上，而打印出的文件与屏幕上显示的内容看起来一模一样，"所见即所得"的概念由此产生。

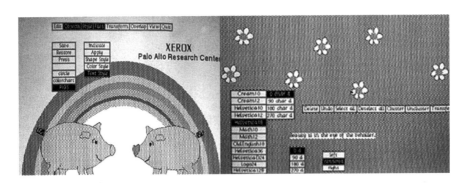

图1-7　Alto 计算机的图形界面

3. 1981 年，Xerox 8010 Information System 系统

Xerox 推出了 Star，也称 Xerox 8010 Information System。这是第一台全集成桌面计算机，包含应用程序和图形用户界面。Star 于 1977 年开始研发，它延续了 Alto 的概念，在硬件上做了一些升级，内存可扩展到 1.5M，拥有 1 024×768 的黑白分辨率，并将原来的三键鼠标变为两键鼠标。最重要的是 Star 系统拥有桌面软件，支持多语言，能够连接文件服务器、邮件服务器和打印服务器。但是，Xerox Star 是一个完全封闭的系统，不允许用户应用系统之外的其他程序语言和开发环境，这也意味着它对第三方软件的支持能力较弱（见图1-8）。

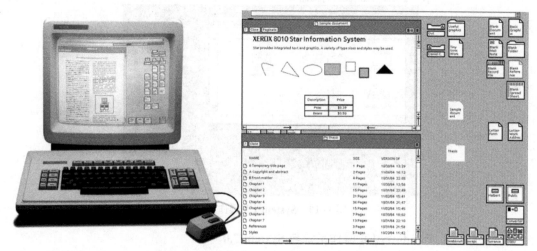

图 1-8　Xerox 8010 Information System 系统

4. 1983 年，Lisa 计算机操作系统

1983 年 1 月 19 日，苹果公司推出了一款名为 Lisa 的计算机，它以乔布斯女儿的名字命名，这是全球第一台真正成熟采用图形界面的计算机。从外观上看，Lisa 的操作系统界面与今天人们所熟悉的 Mac OS 和 Windows 操作系统的界面差别已经不是很大。它不仅拥有类似于 Star 的 GUI 环境，还增加了下拉菜单、桌面拖曳、工具条、苹果系统菜单和非常先进的复制与粘贴功能。同时，此系统支持 3.5 英寸的软盘，能够最小化窗口、关闭窗口、复制文件等。因此，Lisa 结合硬件和办公软件，使计算机构成了一款强大的文件处理工作站（见图 1-9）。

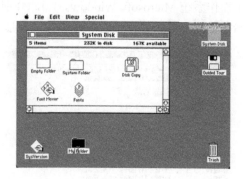

图 1-9　Lisa 计算机操作系统

5. 1984 年，System 1.0 操作系统

第一代 Macintosh 计算机于 1984 年 1 月 24 日发布，它是苹果公司继 Lisa 后推出的第二款具备图形界面的计算机。其采用的操作系统 System 1.0 尽管只能显示黑白两色，但它一经出世就已经具备了成熟的图形操作界面，含有桌面、窗口、图标、光标、菜单和卷动栏等控件，现代操作系统中著名的"Trash"功能也同时出现（见图 1-10）。

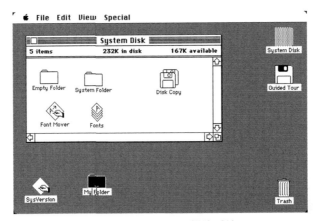

图 1-10 System 1.0 操作系统

6. 1985 年，Windows 1.0 操作系统与 System 2.0

1985 年微软公司的 Windows 1.0 发布，它是 Windows 系列的第一个产品，也是微软第一次对个人计算机操作平台进行用户图形界面的尝试。在 Windows 1.0 中，鼠标的作用得到特别的重视，用户可以通过点击鼠标完成大部分的操作。Windows 1.0 自带了一些简单的应用程序，包括日历、记事本、计算器等。它可以在一个窗口中同时运作几个 Dos 程序，在一个对话框中呈现选项按钮、复选框、文本框和命令按钮，甚至可以在记事本上显示出文本缓存中还有多少空间剩余。Windows 1.0 并不是完整的操作系统，而是对 MS-DOS 的拓展，它因功能不足而得不到用户的喜欢，但确实提供了有限的多任务能力。System 2.0 是苹果早期的操作系统，已经具备了图形操作界面，含有桌面、窗口、图标、光标、菜单和卷动栏等项目。运行于苹果 Macintosh 系列计算机上的 Mac OS 操作系统，一直以来都被用来和微软的 Windows 进行相互比较。苹果公司的操作系统 System 1.0 和微软公司的第一个操作系统 Microsoft Windows 1.0，分别于 1984 年和 1985 年发行。从那时起，它们就开始在彼此超越和被超越的历程中共同发展（见图 1-11）。

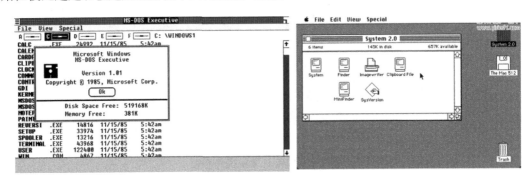

图 1-11 Windows 1.0 操作系统与 System 2.0

7. 1990 年，Windows 3.0 与 System 7.0

1990 年发布的 Windows 3.0 是一个全新的 Windows 版本。借助全新的文件管理系统和更好的图形功能，Windows PC 终于成为 Mac 的竞争对手。System 7.0 是第一个支持彩色显示的苹果系统，界面支持 256 种颜色，配合多媒体 Quick Time，互联网络功能也开始引入。

8. 1995 年，Windows 95 与 1997 年，Mac OS 8.0

Windows 95 首次引进了"开始"按钮和任务栏，目前这两种功能已经成为 Windows 的标准配置，由于捆绑了 IE，Windows 95 成为用户访问互联网的"门户"。Windows 95 非常成功，在它推出之前还有很多公司在推出或维护不同的桌面操作系统，但由于 Windows 95 的迅速普及，其他桌面操作系统很快消失，这造使得今天在桌面操作系统领域 Windows 的市场份额在全球超过了 90%，同时它也使得 PC 和 Windows 真正实现了由商用向家用的拓展。从 Mac OS 8.0 版本开始，Mac OS 的名称被正式采用。Mac OS 8.0 为用户带来了三大新功能：multi-thread Finder、三维 Platinum 界面以及新的计算机帮助（辅助说明）系统（见图 1-12）。

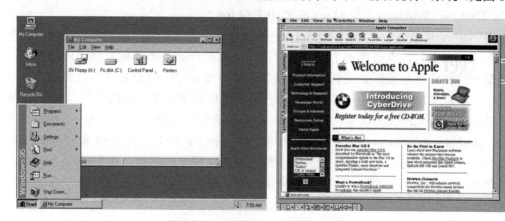

图 1-12　Windows 95 与 Mac OS 8.0

9. 2000 年，Windows 2000 与 1999 年，Mac OS 9.0

Windows 2000 是 Windows NT 的升级产品，也是首款引入自动升级功能的 Windows 操作系统。Mac OS 9.0 则是苹果经典的操作系统之一。

10. 2001 年，Windows XP 与 2002 年，Mac OS X

Windows XP 集 NT 架构与 Windows 95/98/ME 于一体，其图形用户界面得到了全面的升级，普通用户也能够轻松愉快地使用 Windows PC。Windows XP 在文件管理、速度和稳定性等方面也都取得了重大进展。Mac OS X 与先前麦金塔操作系统彻底地分离开来，它的底层程序码与先前版本完全不同。尽管最重要的架构改变是在表面之下，但是 Aqua GUI 是最突出和引人注目的特色（见图 1-13）。

图 1-13　Windows XP 与 Mac OS X

11. 2007 年，Windows Vista 与 2006 年，Mac OS X 10.5（Leopard）

Windows Vista 系统全新设计的开始菜单以及全新的 Aero 效果，让主界面更加美观明朗。同时全新加入的系统边栏，还可方便用户在桌面快速查看订阅的新闻资讯、天气信息并实时查看系统资源占用情况等，更加方便用户使用，也更符合和贴近用户的使用习惯。Leopard 系统采用单张 D9 包装，增加了虚拟桌面"Space"、自动备份工具"Time Machine"、让 Mac 启动 Windows 的"Boot Camp"等功能。此外 Finder 新增了 Quick Look 功能，Dock 也设计了新的外观，并追加了"Stacks"堆叠功能。从这个版本开始，Mac OS X 获得了"Single UNIX Specification"认证。

12. 2009 年，Windows 7 与 Mac OS X 10.7（Lion）

在 Windows 7 系统中，界面又进行了一些改进，最为显著的便是"显示桌面"菜单被放置在屏幕右下角，点击每一个任务栏的图标（包括开始菜单徽标）都有闪动效果，同时包括无线网络状态等都会在任务栏直接显示，方便用户实时查看网络状态，此外也可直接在屏幕右下角查看"日期+时间"，而任务栏的风格也有了全新的特色。Lion 系统是自从 Apple 发布 iPhone 以来，第一次将 iOS 上的使用经验运用于 Mac 平台。它将 Expose，Dashboard 与 Spaces 的功能整合而成"Mission Control"，在 iPad 和 iPhone 上面常见的"App Store"也加入进来，此外工具软件可以实现全屏运行。从 Lion 系统开始，苹果逐渐将 iOS 上面的成熟经验应用到桌面软件，最典型的例子是软件管理启动接口"Launchpad"。

13. 2012 年，Windows 8 与 Mac OS X 10.8（Mountain Lion）

Windows 8 推出了面向触摸操作的最新 Metro 风格界面，该界面能通过主页面中的动态图标向用户显示即时信息。它与苹果公司的 Mac OS X 系统最大的区别在于：Windows 8 是以应用内容为主要呈现对象，Metro 界面强调的不是冗余的界面元素，而是信息本身。苹果的 App Store 颠覆了移动互联网的整体局面，但在传统 PC 层面，软件应用的销售模式还是没有太大变化。在 Windows 8 内部，微软也已经推出了 Windows 应用商店（见图 1–14）。

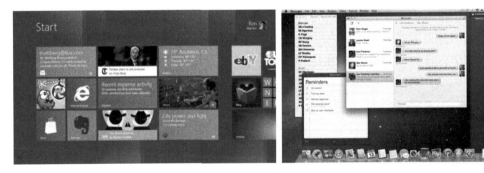

图 1–14　Windows 8 与 Mac OS X 10.8

1.3　交互设计与相关学科的关系

交互设计是关于人造系统行为的设计领域，人造系统也称人工系统，是人们为了达到某种目的而构建的系统。交互设计领域涉及的人工系统，可以认为是人机系统，它的呈现方式直接影响人机系统的效率、可靠性、安全性以及操作人员的身心健康。随着计算机和自动控制技术的发展，交互方式和交互界面有了新的变化，交互设计所涉及的领域与范围也变得更加广阔。

1.3.1　交互设计与工业设计

初次接触"交互设计"这一概念时，一定会有这样的疑惑：到底什么是交互设计？为什么从事交互设计岗位的设计师很多都有工业设计教育背景？交互设计是工业设计的一部分吗？为什么当今很多工业设计专业毕业的学生投入了 IT 行业之中？本小节将阐述交互设计与工业设计之间究竟存在着怎样的联系。

首先分析交互设计的起源。工业革命伊始，工业设计学科及其实践快速发展，到 20 世纪 70 年代后期，设计潮流步入后现代主义，人类开始反思无节制的工业产品设计、大规模生产、消费主义、流行式设计等带来的资源危机问题，工业设计似乎逐渐走入了一个相对狭小的发展空间。与此同时，人类社会迎来了计算机革命与电子信息化时代，互联网的出现，给无数行业拓宽了视野，增添了发展机会，其中自然也包括工业设计。在 20 世纪 80 年代，一群充满理想抱负与未来前瞻的工业设计师、学者、网络工程师相聚在旧金山的海湾地区，开始了对未来人类如何与计算机互动进行设计、规划与探讨。其中，有两位设计师——Bill Moggridge 和 Bill Verplan，在发明了世界上第一台笔记本计算机——"GRiD Compass"之后，他们创造出了"交互设计"这个新名词，用它来描述他们的工作。到了 20 世纪 90 年代中期，人们普遍错误地认为交互设计等同于软件设计，事实上，软件设计应当属于交互设计的一个专题。直至 20 世纪末到 21 世纪初，信息爆炸使得人们更加关注人类与数字信息互动时的可用性和易用性，对此人们在设计领域提出了用户体验（UX，即 User Experience）概念。在这样的背景下，交互设计与更多更丰富的学科体系交融，并最终独立地成为一门学科体系，同时也被越来越多的人理解和重视，而可用性与用户体验就变成了交互设计的设计目标。

审视交互设计的形成与发展历史，我们不难发现，从这个名词出现到形成学科体系，不过是短短 30 年左右的时间。就像学术界所认同的那样，交互设计师从其他较为成熟的设计领域中借鉴了很多研究与实践方法，这其中就包括工业设计，同时自身也在不断地进行演变并最终独立出来。交互设计的核心价值——注重用户体验，也是伴随着工业设计的设计哲学更迭而发展出来的。当人们逐渐将设计的焦点从"以机器为中心"转移到"以人为中心"的时候，也就相应地产生了"以用户需求为本质"的设计理念。这无疑是交互设计中用户体验的借鉴之源。因此，如果感性一点地说交互设计的起源，那么就是：它就像是从亚当的身体里抽出一根肋骨，进而衍生出了夏娃。交互设计就是站在工业设计等学科的肩膀之上，借助工业设计的设计原则、设计程序、研究方法、核心理念逐渐完善，最终成为一门独立学科。

人们尝试建立这样一张图（见图 1-15），以分析交互设计与工业设计的紧密关系。

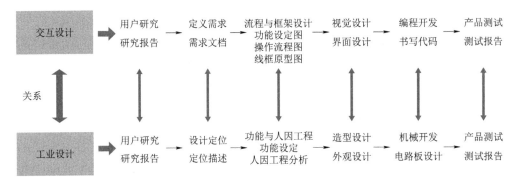

图 1–15　工业设计与交互设计的设计流程对比图

　　从设计流程上观察可以得出这样的结论：交互设计几乎和工业设计在设计步骤与产品开发进程方面有着惊人的相似之处。当交互设计在不断地自我完善中独立成为一门学科，并区分软件设计和平面设计的时候，它更多地开始关注用户与信息交流之间的可用性与易用性。因此，交互设计也必须从用户研究开展第一步，逐步定位用户对数字信息与服务系统的需求。这就如工业设计师在设计产品的时候，需要首先进行市场调研与用户需求定位一样。在交互设计师定位需求之后，即可进行产品的流程与框架的设计，也包括交互设计团队通过头脑风暴寻求解决方案。他们通过功能的设定与操作流程的规划来获得交互式产品的原型，这类似于工业设计对人因工程与产品功能的分析与设计。随后，交互设计团队就要依次进行与视觉呈现相关的界面设计、交互产品的开发以及最终的产品测试，这无疑与传统的工业产品的设计周期十分相似。这也就是众多工业设计背景的专业人士在数字媒体为主流的大环境下，开始从事交互设计工作的原因。由于工业设计的设计流程、设计方法与交互设计十分类似，因此很多 IT 企业看重有着工业设计教育背景的学生，从而向他们抛去橄榄枝。

　　当然作为一门独立的学科，交互设计不能归于任何一个现存学科。在未完全了解交互设计的时候，很多同学甚至仍然会把交互设计归类于工业设计的一部分，事实上，两者还是具有一定差异性的。最大的区别在于两者所处理的事物不同：工业设计规划的是实体空间和物件；而涉及虚拟服务领域，处理人与信息之间的互动体验，就应当归属于交互设计了。Alan Cooper 以这样一张图来体现交互设计的本质内容，使我们也可以从交互相关职业的角度审视交互设计与工业设计的区别（见图 1–16）。

　　人们不难发现，工业设计虽然也需要关注行为和内容，但更多关注的是产品和服务的具体形式。而交互设计需要从根本上对用户的行为模式进行考察与分析，实质上是一门用于沟通的设计。交互设计是围绕着人的：人是如何通过他们使用的产品、系统、服务连接其他人（Dan Saffer，2009）的？因此，交互设计其实是将产品和服务作为媒介，间接地实现人与人之间的沟通。传统的媒介可能是书本、电话、电视等，而现代的媒介通过各类数字媒

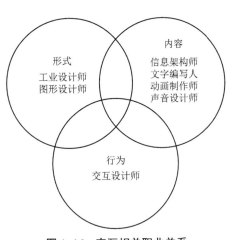

图 1–16　交互相关职业关系

介，包括网络、移动媒体等来实现沟通目的。而工业设计的本质，事实上学术界较为认同的是，工业设计的目的是实现人与机器或工具之间的沟通与互动。由此人们也就可以大致区分出交互设计与工业设计最为本质的特征。可以这样认为，交互设计与工业设计在本质方面重合的部分应当是对人类因素的考虑，而不同之处是交互设计学科融合了其他类似认知心理、视觉设计、信息构架等知识体系，而工业设计要涉及人因工程学、材料科学、机械电子等学科。

1.3.2　交互设计与其他相关学科

作为一门成立不到 20 年的新兴学科，交互设计在众多较为成熟的基础学科中吸收理论与方法，不断完善、不断超越，在横跨各专业之中，寻求一个合适的定位。就目前的实践来看，对交互设计产生影响的学科非常多。行业中所认同的对交互设计学科影响最大的是软件开发、图形设计、工业设计、心理学、人类学因素和消费者行为学等学科。如果把影响因素继续扩展，那么一些包括电影后期制作技术、生理学、治疗与咨询、语言学等在内的因素也从不同层面影响着交互设计的发展。当然，与其相关的其他学科也包含着很多新兴知识领域，也在不断调整着各自学科的边界。图 1-17 阐释的是交互设计与相关学科的关系。

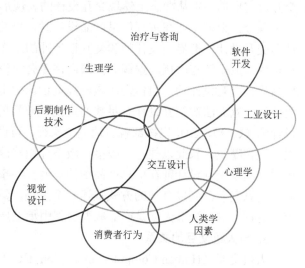

图 1-17　交互设计与相关学科的关系

1. 与用户体验设计的关系

用户体验的概念最早源于 20 世纪 40 年代的人机交互设计领域，将可用性和"以用户为中心（User Centered Design，UCD）"作为核心目标。用户体验设计包含了一切与用户、产品、设计、信息相关的活动。它所包含的意义和范围宽广，用于解释一个人从生理、心理等诸多方面对产品、系统和服务的体验与感受。

用户体验分为四个要素，分别是品牌（Branding）、功能性（Functionality）、内容（Content）和可用性（Usability），并整合运用这四项要素对实体产品和数字产品进行评价。

用户体验设计基本包含了交互设计的主要部分，与其他学科，如工业设计、图形界面设计、可用性、信息设计、心理学、人类学、社会学、认知科学、计算机科学等进行交融与贯通。

交互设计的设计目标是提升可用性和用户体验，优秀的交互设计必然可以提升用户的使用体验。例如，人们在日常生活中经常通过移动设备愉悦地拍下与朋友有趣的聚会场景，将照片随时发送到微博或其他社交网站上，这说明移动设备为人们与外界的互动创造了一个友好的、令人愉快的用户体验。然而，不可否认的是，人们身边也存在着各种糟糕的交互设计。就像用户花费了几个小时历经繁复的步骤才将手机的内容与计算机实现数据同步，或是用户安装一个新软件的时候，在不知情的情况下被默认安装上了一些不需要的插件，这些或许都令人感到十分的懊恼与烦躁，无疑给用户带来了十分糟糕的体验。

2. 与视觉设计的关系

人们在浏览网页的时候，相当一部分页面信息是通过平面视觉传达的，但如果仅仅是"看"网页而不去操作它，或许视觉设计就可以胜任网站的界面设计。但交互设计既然是关注人与信息系统的互动关系，注重人在使用软件界面时的操作行为，那么它必定是一种非静态的设计，是一种关注时间维度的动态设计。这里还需要说明用户界面设计（UI Design）与交互设计的关系。用户界面设计的定义是：它是系统和用户之间进行交互和信息交换的媒介，它实现了信息的内部形式与人类可以接受形式之间的转换。这样的定义可能使人产生误解——界面设计就等同于交互设计。但事实上，用户界面设计只是服务于整个产品交互，它更加注重从静态上体现交互设计的表现形式。

现今，很多企业在进行信息产品设计时，仍然不能完全清晰地区分视觉设计、界面设计与交互设计，把界面设计师和交互设计师的工作性质和工作内容重叠，给不少行业人士和学生造成误解与困扰。据调研，国内许多公司没有真正的交互设计师，虽然一些人的职位名称是交互设计师，但他们在做着视觉设计的工作。如果公司不能区分这两项工作的本质特征，就无法对交互设计有足够的重视。最常见的是，产品经理把设计诉求提供给界面设计师（GUI），GUI 也按部就班地完全执行，可做出来的设计常常有问题，却也说不出错误出现在哪里。长此以往，一版接一版不停地修改，最后还是无法得到令人满意的效果。此时才发现交互设计师在信息产品中的重要性。事实上交互设计师梳理了产品从定位、调研、创意发散，到以合理的方式叙述整个过程，然后将产品的结构信息传达给视觉设计的整个过程。这一环节无疑是产品成型过程中承上启下且至关重要的一环。

3. 与人机交互的关系

人机交互（Human Computer Interaction, HCI）是指人与计算机或含有计算机技术的产品之间的信息交换。人机交互是伴随着信息技术快速发展应运而生的，研究人员相应地从传统的人与机器界面的研究方向上，自然地转向了人与计算机交互的研究之中。比较传统的人机界面、人机交互概念包含的范围更加宽泛，它包括人机界面（硬件界面与软件界面）、交互方式和环境因素三方面，这三方面与用户有机地组成了人机交互系统。

人机交互这个概念更多地偏向于计算机科学，但同时它与用户体验、工业设计都有交会部分。2010 年，微软发布了 Kinect 体验游戏机。Kinect 的玩家不需要握住任何东西，也不需要任何按钮，就可以让屏幕中的人物按照自己需要的方式来运动。伴随着这种人与机器自然而友好的交互方式逐渐推向市场，用户群逐渐扩大，会有越来越多的人接受这种全新的人机关系。相应地，这种发展趋势也启发着交互设计领域。新型的人与信息系统的关系不再局限于用户用鼠标、键盘进行输入操作这些相对传统的输入模式，面部表情、肢体动作、听觉、嗅觉等各个人体自然语言的加入，会将交互设计带入一个全新的用户体验世界。由此可见，人机交互为交互设计领域提升用户体验提供了重要的理论依据和基本的技术支持。

4. 与人因工程的关系

人因工程学（欧洲普遍称其为 Ergonomics，北美则称人因工程为 Human Factor Engineering）又称工效学、人机工程学、人类工效学、人体工学或人因学，是一门重要的工程技术学科。人因工程学研究的目的是使 "人—机器—环境"系统高效、可靠，系统的使用者有着健康、安全和舒适的体验，最终达到"人—机—环"系统的优化。尽管可以这样认为：交互设计的设计目的，即可用性与用户体验，是想达到"人与信息系统"之间的优化，但交互设计与人因工程在设计权衡方面有质与量的区别。往往人因工程在设计中是可以进行量化计算处理的，而交互设计则要求设计师以用户的需求、愿望等为价值，综合美学、心理学等方面的因素进行设计。当然，交互设计中必须注入人因工程的相关知识，将关于人的视觉、听觉等生理学因素与系统可用性、易用性紧密结合，使设计更加科学与规范。

2000 年 8 月，国际工效学协会发布了新的人因工程学定义：人因工程学是研究系统中人与其他组成部分的交互关系的一门科学，并运用其理论、原理、数据和方法进行设计，以优化系统的效能和人的健康幸福之间的关系。[Ergonomics (or human factors) is the scientific discipline concerned with the understanding of interactions among humans and other elements of a system, and the profession that applies theory, principles, data and methods to design in order to optimize human well-being and overall system performance.] 新的定义与传统定义之间并没有本质的差别，但更加强调了"交互"的概念，这符合人因工程学发展的趋势。人因研究是建立在实验科学方法之上的，是系统地分析、实验的假设和验证。研究对象是系统中人与系统其他部分的交互关系。

5. 与信息架构的关系

信息架构的主体对象是信息，它是由信息设计师加以设计结构、决定组织方式以及归类，令用户容易寻找与管理信息的一项科学与艺术。具体来说，信息架构就是研究信息的表达和传递。因此，在信息爆炸时代，交互设计就比以往更加需要信息架构的介入，以帮助系统内的信息更加有秩序、层次分明，将最简明扼要的内容以清晰明确而吸引人的方式呈现给用户。

6. 与信息系统设计的关系

信息系统设计也称为信息系统的物理设计，是在系统分析的基础上，将系统分析阶段反映用户需求的逻辑模型转换为可以具体实施的信息系统的物理模型。在这一阶段，要根据经济、技术和运行环境等方面的条件，详细地确定出新系统的结构，为信息系统的实施提供必要的技术方案。通过系统地分析，得到新系统的逻辑模型，解决系统要"做什么"的问题。而系统设计则是从系统的逻辑功能要求出发，根据实际条件，进行各种具体的设计，确定系统的实施方案，解决系统"怎么做"的问题。因此，系统设计是开发信息系统的重要环节。作为一项全新的工具模式，电子化的信息系统诞生也已经几十年了。信息系统将现实世界的信息呈现到信息系统里，而人通过这些信息去理解现实世界。信息系统的交互设计，包括致力于在这个过程中解决虚拟世界的信息系统与现实世界中人的生理心理特征的匹配问题。

7. 与信息图形设计的关系

信息图形设计初期作为平面设计的一个子集，经常被穿插在平面设计的课程当中。在20 世纪 70 年代，英国伦敦的平面设计师特格拉姆第一次使用了"信息图形设计"这一术语。当时使用该术语的目的仅为区别于传统的平面设计以及产品设计等平行设计专业。从那时起，信息图形设计就真正地从平面设计中脱离出来。信息图形设计的主旨是"进行有效能的信息传递"，与提倡"精美的艺术表现"的平面设计确立了不同的发展方向。交互设计在信息图形设计中的应用可以看作交互式信息可视化的过程。其目的是将信息进行转化，力求让信息以最准确、最容易理解的形式呈现给受众。如果把信息系统设计比作一个软件开发过程,那么信息图形设计就是这个软件系统最终的界面呈现。

事实上,与交互设计交叉的学科与领域还有很多,包括服务设计、图形与图像设计、声音与视频设计、计算机编程、认知心理学、设计心理学、社会心理学、消费者行为学等。心理学知识可以帮助交互设计师更好地理解用户的认知;计算机编程可以帮助协调概念设计、原型设计与研发之间的关系。无论是实体产品还是虚拟的交互产品,生活中的最佳产品往往是多个学科协同作用的结果。所以交互设计事实上是多个学科的有机融合,不能把它简单地分割成具体哪几门学科的组合,它与其他知识领域仍然处于一个动态的、发展的交融关系之中。

8. 与服务设计的关系

服务设计以用户为中心,将既有的设计流程与技巧应用在建立服务的过程上,解决用户在具体情境中面临的问题,其目标是在服务过程中的每个接触点为用户带来更好的体验。交互设计的焦点是:如何设计行为。设计的关注点不仅是产品本身,也包括用户体验。因此,服务设计其实就是在用户接受服务的过程中,服务提供者与用户双方在许多不同接触点进行的一连串交互过程。

整体来说,服务设计是为了使产品与服务系统能符合目标用户在使用与互动上的方便而产生的学科。从实务面来看,服务设计是以提供给使用者完整服务为目标而规划出的系统与流程设计。真正经过设计的服务必须纳入了解使用者需求的新商业模式,并在社会上创造新的社会价值。好的服务强调的是完整的闭环服务,而闭环服务依靠可以形成闭环的不同类型的接触点。也就是说,好的服务,很难依靠单一类型的接触点实现。因此,把交互页面做好了,充其量只是做好了一个单一类型的数字接触点,而谈不上是好的服务。

1.4 交互设计职业的现状与未来

交互设计学科建立以来,交互设计职业就开始真正在世界范围内蓬勃发展起来。近几年,我国无论是互联网、高科技公司还是传统的制造业企业都史无前例地大量招收交互设计人才,组建并不断完善自己的交互设计与用户体验团队,希望塑造出更好的互动产品,以迎合大众越来越多的个性化需求。

从交互式产品的生命周期来看,可分为以下五个阶段:提出需求、设计规划、开发、上线、运营与市场(见图 1-18)。这五个阶段的每一个过程都需要有交互设计团队的人员参与。按照图中的基本开发阶段,可以把交互设计团队工作分成三项:用户研究、交互设计以及视觉设计。

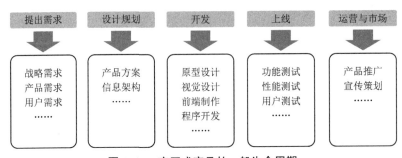

图 1-18 交互式产品的一般生命周期

1.4.1 交互设计师

随着人们对服务型产品的需求量急剧增加，数字交互式产品的用户群从狭小的先锋用户扩展到大众用户群体，交互设计师这个职业在近几年也前所未有地蓬勃发展。由于社会对交互设计人才的需求产生，我国越来越多设计学高校毕业生投身于交互设计行业，设计院校也与时俱进地将交互设计课程纳入教学体系，并与国外顶尖的设计院校进行学术交流与研讨、与行业中优秀的公司进行面向未来的合作教学。交互设计师可以从工作内容、工作特点与性质、知识背景以及能力要求几个方面进行概述。

1. 工作内容

交互设计师的工作内容是负责整个产品的交互方式与操作流程设计。交互设计师 Jon Kolko 把这项工作描述为"行为的塑造者"。由于交互设计师与网站、软件的设计密切相关，很多人可能将交互设计师误认为多媒体或互动式设计师。例如，亚马逊网站通过后台测控记录用户浏览数据来向其推荐相关产品，就是典型的互动式设计。而交互设计关注的不是如何记录数据，而是用户在进入亚马逊网站页面的时候如何搜索产品以及购买产品的整个行为过程。

2. 工作特点与性质

从产品的研发过程来看，交互设计师的工作在研发环节中起到了承上启下的作用，应当作为整个设计团队的中坚力量，因而交互设计师也必须具备良好的团队合作精神。在设计初期与产品经理进行产品定位的沟通、与用户研究人员有力合作、准确了解用户需求，同时还要与视觉设计师以及前端和后台开发人员积极沟通，传达设计理念与设计方案，共同推进开发进程。

Cooper 公司的资深设计咨询师 Robert Reimann，在网站上曾经发表过一篇文章，给投身于交互设计事业的人事提出了一些专业建议："如果你考虑交互设计师的职业生涯，请记住以下几点：设计师很少编程——如果实在需要，请做个感性的程序员。除非你对整个项目有足够的控制力，不然尽量不要尝试同时设计和开发，两者容易产生冲突。如果你不想放弃编程，那交互设计师也许不适合你。""可用性研究是非常重要的环节，但它不是设计。研究可以确定问题而不能解决问题。你更适合展望和完善解决方案还是从现有的情况中提取出要点？如果是后者，那么可用性研究可能是你的兴趣所在。""性格很重要。我认识的最好的交互设计师大多兴趣广泛，他们喜欢融入未知的领域学习和吸收新东西，同样他们也很关注作为个体的人以及群体的需要。""设计师要具备基本的技能。交互设计师应该具备良好的绘画和书写技能，与客户和同事之间的沟通要流畅。最难的部分是兼具创造性的眼光和理性的分析能力，而这恰恰是优秀交互设计师的标志。"

3. 知识背景

交互设计师如果想要胜任这种复合式工作，不能仅仅依靠从学校课本中学习的设计理论知识。首先，交互设计师必须对市场学以及管理学进行必要的学习。因为在产品的创意与规划阶段之初，产品概念必须从公司的整体战略出发，这就要求交互设计师明晰产品经理对产品的战略性定位，为后来设计方案打下良好的基础。其次，交互设计师需要具备一些认知科学知识背景。从交互设计的工作内容中得知，这项工作事实上就是规划用户在使用产品时的行为方式。因此，交互设计师必须清楚地了解用户的使用状态并能与用户研究人员进行快速有效的沟通与合作。再次，交互设计师本身的设计学知识背景也需要在工作与学习中不断强化。例如信息架构设计、设计心理学知识、图形界面设计等，从设计方法与表达手段上做到与时俱进。最后，交互设计师应该懂得一些通过编程技术来制作方案的原型：一方面，原型展示可以用直观的形式说服客户；另一方面，了解编程知识可以让设计师的设计"脚踏实地"，使规划的产品更加具有可实现性。这可以避免很多设计师在方案设计之初想法非常有创意，但是后期却无法通过技术实现，从而使项目中途夭折的结果出现。因此，设计师学习一些基础的编程知识是十分有必要的。

4. 能力需求

交互设计师首先必须是一个善于表达的人。这里所说的表达能力范围更加广泛，不仅限于设计师呈现方案时运用的技术表达手段——手绘能力、数字建模、原型设计等，还包括传统意义上的表达能力，即口头表达能力和文字表达能力等。作为设计师，首先，要能够面对面地与客户和同事沟通，向他们直接明确地传达自己对产品的设计理念。有经验的设计师，都相信这一点：只有学会处理与客户和同事之间直接沟通的问题，才能更好地通过产品设计与用户间接地进行有效沟通。其次，优秀的交互设计师需要有良好的团队意识。在实际工作之中，要对整个工作团队有同理心，要尊重他人的工作，尽可能保持与同事在工作内容、工作量方面清晰有效的沟通。设计师需要明白，一个好的产品是创意与实效的良好平衡，如果开发与设计严重失衡，也不能创造一个成功的产品。最后，交互设计师也必须有一颗好奇心。Pieter Jan Stappers 教授曾经说过设计师需要保持对凡事都悉心观察并不断发问的好奇心。至于如何变得更加有创造力，就需要设计师多次做实验、犯错误，重复自己所做过的事情，然后重新发现突破点。

1.4.2　视觉设计师

视觉设计在交互式产品开发中是非常重要的部分。当用户打开一个网页或使用一款应用时，第一直观印象一定是产品的视觉呈现，之后才是获得的体验感，如产品的功能是否合理、产品的易用度如何、使用行为是否自然。如果产品只重视交互方式的合理性而忽略视觉带来的影响，很可能用户在打开网页或应用的几秒钟之内就丢弃了这种"长相丑陋"的产品。因此，视觉设计师的工作在产品开发中应受到足够的重视。

目前在企业内，交互设计与视觉设计往往是相互交叉进行的。交互设计师的工作会影响视觉设计师，视觉设计师的作品反过来也会影响交互设计的推进。以微软 Metro 和苹果 iOS 引领的扁平化设计趋势来举例，用户在使用扁平化产品的过程中会发现视觉设计与交互方式双方面的改变：即视觉上强调扁平化、色块化和简洁干净的界面风格所带来的新鲜感，同时带来操作步骤动作层级的简化（例如，用户无须打开应用就可以从 Win 8 界面中查看天气、股市等信息），这是视觉与交互相互影响的成果。因此，交互设计师需要有良好的平面设计基础，而视觉设计师要对交互设计的趋势与潮流密切关注。视觉设计师应当关注国内外交互产品视觉设计的最新动向，可以在工作过程中剖析他人的优秀作品，例如，分析点击率高的 Banner 是如何排版布局的、字体如何排列重组、潮流色彩等。在创业型移动互联网产品的交互团队中，视觉设计工作也并非都是由平面设计专业背景的人员完成的。在一些相对小型的设计团队中，用户研究、交互设计和视觉设计工作并没有专人去做，而是由一个或两个人独立完成。

1.4.3 用户研究员

互联网领域用户研究员的职责是定义产品的目标用户群,确定并细化产品概念,对用户的任务操作特性、知觉特征和认知心理特征进行研究,把用户的实际需求转化成为产品设计的目标,使产品更符合用户的习惯、经验和期待。

用户研究主要应用于两个方面:

(1)明确新产品的用户需求点,帮助设计师选定产品的设计方向;

(2)发现已经发布产品的问题,为设计师优化产品体验提供依据。

很明显,用户研究和交互设计关系密切。

用户研究员需要直接与用户进行沟通、间接地观察用户在实验环境中的行为活动,通过数据整合分析,归纳关于用户体验的需求资料。用户研究成果不仅仅只作用于产品研发期间,它对于产品开发准备前期和产品测试阶段都有所帮助。例如,企业的管理阶层认为某产品需要增加礼品卡的网络支付功能,但是通过对用户的购买行为研究发现,使用礼品卡的多数用户一般都通过实体店消费,或很少有网上购物行为,此时这种功能的开发必要性就很小了,也就避免了产品功能的过度开发。只有当交互产品设计建立在相对准确的用户需求基础之上时,整个产品在后续设计和推广才能是有的放矢,最终得到目标用户的青睐。用户研究人员在工作中必须具备细致观察用户行为的耐心,以及揣测用户心理与动机的敏感。实际工作中,往往用户的行为和陈述都只是表面现象。用户本身很难通过明确的语言来表达使用需求。调查中,常常会发现用户在使用某种软件的时候遇到困难,导致不良的用户体验,然而用户并不抱怨产品设计不佳,反而认为是自身问题,这就是用户研究中最典型的表面现象,研究人员此时应当通过现象看到本质,并挖掘出用户真正的需求,从而带来用户意想不到的满意度和使用体验。

1.4.4 互联网产品经理

互联网产品经理 IPM(Internet Product Manager)是互联网公司中负责互联网产品的计划、推广和生命周期演化的一种职位。负责商业产品的叫商业产品经理,最关心的是互联网商业产品的流量变现能力;负责用户产品的叫用户产品经理,最关心的是互联网用户产品的用户体验。本书中的 IPM 主要是指用户产品经理。互联网产品经理对一个互联网产品的成败具有决定性作用。

互联网产品经理需要具有非常强的市场洞察力和商业敏感度,以及沟通能力、协调能力。要了解消费者和市场,还要能和开发团队和销售团队等不同风格的团队进行默契的配合。不同领域的互联网产品经理,工作职责也不尽相同,但是网站核心工作内容基本包含以下几个方面:

(1)需求方案的提出及运营策略的可行性建议。

(2)内容规划、广告位开发、管理及日程运营管理。

(3)统计产品各项数据和用户反馈;分析用户需求、行为;搜集产品运营中产生的购买及网站功能需求;综合各部门的意见和建议;统筹安排,讨论、修改,制订出可行性方案。

(4)和技术部、编辑部等部门紧密结合,确保产品实现进度和质量,协调相关部门进行网站的开发及日常的维护。

（5）配合市场部、客服部进行相关的商务合作，跟踪竞争对手，把握互联网市场趋势，制定产品竞争战略和计划。

1.4.5　交互设计的职业规划

就交互设计职业未来的发展来看，国内外企业在这个新兴行业上的需求还是相当乐观的。涉及交互设计的应用领域将逐渐扩大。智能家居的热潮促使更多设计师投入交互设计工作。用户在不久的将来很可能扔掉各种繁复的遥控器，用手机或是平板计算机这种智能终端操控家居产品。交互式产品也可能变得像智能管家一样，根据用户习性调节实体产品。

可穿戴科技热潮的出现、无人驾驶汽车的发展、远程医疗研究、虚拟呈现技术（VR、AR 和 MR）等新兴领域，都为未来的交互设计提供了更多的机会与方向。而就个人职业的发展来看，交互设计师这个职业也同样具备较为长远的发展前景。目前，国内外设计师可以从助理设计师入行，有双通道发展选择。其一，可以进入管理发展渠道，成为统筹规划产品战略的产品经理；其二，可以步入专业发展之路，成为经验丰富的设计权威专家。

第2章
理解交互设计

2.1 交互设计的两个基本目标

2.1.1 用户体验

1. 用户体验的概念

体验是亲身处于某种环境而产生的认识。推及交互设计，用户使用一种产品并对其产生某种认识，便是用户体验。用户体验并没有对认识对象有所规定，而是强调用户使用过程中会产生某种认识，这种认识可以是正面的，也可以是负面的。"好的产品设计一定是建立在对用户需求的深刻理解上"，这句话被许多设计师认同。但好的交互设计没有固定的评判标准，它很难像数学公式那样有严格的规定和界限。交互设计贯穿用户的使用过程，好与不好在于用户的感受，用户在使用时的这种感受，就是常讲的用户体验。

用户体验，是指用户在使用某种产品或服务时建立起来的主观心理感受。用户体验并不是指产品本身是如何工作的，而是指产品如何和外界联系并发挥作用，也就是人们如何"接触"或者"使用"它。通常用户体验设计是针对人与计算机界面的交互，它强调人对计算机或装有计算机系统的设备的操作过程，事实上这仅是其中的一部分，Donald Arthur Norman 在最早提出用户体验这个概念时，便认为人机界面内容太过狭义，于是用一个概括性的语言概括个人体验涉及的各个方面，其中包括工业设计、视觉设计、界面展现、人机交互等。用户体验涉及设计的各个方面，在时间上，也贯穿整个使用周期。

2. 用户体验设计

用户体验设计，是以用户为中心的一种设计手段，它以满足用户需求为目标。设计过程注重以用户为中心，用户体验的概念从开发的最早期就开始进入整个流程，并贯穿始终。从用户角度来讲，其目的在于：在认识用户的真实期望和目的的基础上，对用户体验有正确的预估，以保证"功能核心"同人机界面之间的协调工作；从企业角度来看，它能够在"功能核心"还能够以低廉成本加以修改的时候对设计进行修正以节约成本。

用户体验设计涉及两方面的内容：

（1）硬件产品用户体验。硬件原意是计算机的相关概念，指信息处理系统的所有或部分物理组件，如计算机或外部设备等。计算机里除了软件都是硬件，拿人体做比喻，人体就是硬件，思维是软件。大脑发出一个命令，人体才能做相应的动作。硬件就是实物，如鼠标、键盘、显示器、主机等，看得见摸得着的东西。本书对硬件的定义更加宽泛，指与人接触的所有物理设备。硬件产品用户体验重在研究产品自身的各种因素，如造型、材料、色彩等因素，同时还要研究人体与硬件进行物理接触中的人因工程学相关问题。

（2）软件产品用户体验。软件可以被理解为虚物，如程序、系统等，是看不见摸不着的东西。其体验包括用户在访问软件、互联网等产品过程中的全部体验，具体指用户需求的功能是否得到满足、界面设计是否友好、流程或导航是否方便直观、信息构架是否符合用户的思维习惯等。

3. 交互设计与用户体验

交互即用户通过某种方式发出指令，系统接收信息并对此做出相应的反馈。交互设计基于用户体验，它优化现有体验、创建新的体验，目的在于增强和扩充人们的工作、通信及交互方式，使人们能够更加有效地进行日常工作和学习。

用户体验和交互设计不能被割裂开来，它们是相伴而生的，用户使用产品是一个自然的体验过程。交互设计研究的是用户在使用产品时可能遇到的困难，通过设计弱化困难和阻碍，使用户在使用的过程中能够简单、快速、愉悦地达到目的，总之是提升用户在使用过程中的正面感受，这将涉及产品造型、界面设计、操作方法等诸多方面。交互设计的存在是为了改善用户体验，而用户体验的效果又反作用于交互设计，推动交互设计的发展。那么设计师到底是设计了一款产品还是一种体验呢？或许可以这样理解：设计师设计一种产品，使其为用户提供一种体验。对于同一个产品，每一个用户的体验是不同的，这个产品不可能满足所有用户的需求，但是可以通过设计尽量优化用户的体验过程。这样一来，以用户为中心进行设计的思想，就不但是一个愿望，而且是指导设计的切实原则。

4. 设计师体验并非用户体验

在以用户体验为目的的交互设计中，往往有一个误区：设计师想当然地认为客户需要什么，可结果往往并非如此。人们需要认识到一个事实：设计师的体验并非用户体验。在实际操作中，一个人的体验感受不能代表全部用户，只凭设计师的一己之见，很容易陷入个人主义的旋涡。设计师可以通过点击率、停留时间、投资回报、回访率和相关评论等数据从侧面了解用户体验状况，然而这需要足够庞大的数据支撑，当收集到一定量的用户体验反馈时才能谈论该产品的用户体验。在设计过程中，不但要忌讳进行一些空虚的揣测和讨论，还要忽略个人偏好，真正做一些有据可依的用户研究和测试。设计活动不能任由设计师臆想，同样也不能由用户完全决定。虽然用户有自己独特的观点，但他们往往以自己为中心做出选择，这样缺少一种全局意识。设计师要做的工作便是对客户的诸多想法做出理性和专业性的判断，从中找出一个合理的方案。

2.1.2 可用性目标与用户体验目标

1. 可用性与用户体验的关系

交互设计的目标可以分为"可用性目标"和"用户体验目标"两种。可用性是满足特定的可用性标准，而用户体验则是研究用户体验时的直觉感觉所到达的程度。可用性高并不意味着拥有好的体验。但是好的体验必定是以可用性作为前提的。一个产品创造出来一定是有用的，能够解决用户问题，这不仅仅限于功能性需求，还应该包括人们心理、情感以及对美的需求。可用性目标和用户体验目标的层次和设计目标的三个层次也有着对应的关系。Norman 根据人脑有三种不同的加工水平把设计的目标分为三个层次，即本能水平设计、行为水平设计和反思水平设计，这三个不同的层次被转化成了不同类型的设计（Donald Arthur Norman，2012）。本能水平设计主要是指最初的、产品外观的冲击性的反应。行为水平设计是关于产品看上去和用起来的感受，即使用产品的全部体验。而反思水平设计则是用户后来的想法，即这个产品后来给用户怎样的感觉。总的来说，从可用性到体验性，是一个关于设计水平"基础（本能）—提高（行为）—期待（反思）"的过程。

2. 可用性目标

可用性目标是指在特定环境下，产品为特定用户用于特定目的时所具有的有效性、效率和主观满意度的目标。一个产品对用户有没有用，即能否满足用户的需求，决定了这个产品是否具备用户价值。解决用户价值的问题，等于解决产品的有用性。可用性目标包括以下内容：

（1）功能的可用性。功能的可用性是指产品存在的价值就是为使用者提供满意的功能服务，帮助其完成特定的任务目标。随着对交互式产品研究的深入，"功能服务"的概念也进一步扩延，从最基本的使用向操作舒适、容易、可靠的层面渗透，由此构成了产品的可用性基础内涵。

设计的目的是为用户提供一种解决问题的方法，产品功能是方法的基本构成。在做具体的交互设计之前，完成功能的定义是十分必要的。人们期待产品完成一定的功能，只有功能被实现，产品才被认为是有用的。可用性直接关系着产品是否能满足用户的功能性需要，是用户体验中的一种工具性的成分。如果人们无法使用或不满意产品的功能，那么该产品的存在也就没什么意义了。

（2）有效性。有效性是用户完成特定任务和达成特定目标时所具有的正确性和完整程度。任何一个交互过程的操作，对于用户来说都有学习成本，谁也不能保证所有人都可以准确无误地完成一个流程。所以，设计师需要优化整个交互过程，引导用户的操作尽可能准确，使系统可以有效地帮助用户完成各自的任务，提高整个系统的有效性。促进产品具有有效性的设计原则如下：

1）用户控制原则。首先，用户在使用产品时，对产品的流程和操作应该具有可控感，产品给人的感受应该是人在控制软件而不是被软件控制。其次，要保证操作与目标相符，如果用户所执行的操作与他们的目标没有明显的联系，用户将会变得烦躁，放弃产品。最后，尽可能地使用用户熟悉的操作方式，并尽可能让开发的产品操作简洁明了，这样用户将很容易理解并记住这些操作。

2）快捷高效原则。交互式产品开发过程中，产品应该缩减专家用户的操作步骤，并为初级用户提供尽量少的功能，此方法可以同时迎合初级和高级用户的需要。另外，产品还要允许用户快速回退、复用历史动作、重用以前的文字输入和添加用户常用对象列表。例如，在界面中为用户提供经常打开的文件列表；在输入框中提供默认值，在很多情况下，默认值很少需要修改。这些方法都是提高软件使用效率的途径。

3）灵活变通原则。软件可以在多种环境中使用并能适用于多种不同的需求。高效的工具应该具有足够的灵活性，可以执行不同环境所需要的功能。以搜狗拼音输入法为例，它具有 U 模式部首拆分输入功能，遇到不会的字时，用户输入 U 和陌生字偏旁部首的拼音，

图 2-1 搜狗拼音输入法的 U 模式部首拆分输入

系统便可显示出所寻找的汉字，并提供它的正确读音。这样，用户在遇到不认识的字时，就算不会读，也能正确输入（见图 2-1）。

（3）一致性。一致性几乎是设计中的一条最基本的原则。从外部看，一致性包括程序与所在设备的一致性；从内部看，一致性包括信息架构的一致性、交互逻辑的一致性、视觉的一致性和文案的一致性等。另外，需要注意的是，现代产品虽然更新换代快，但要确保程序时间轴上诸多版本的一致性。而目标并不是绝对的，不加取舍的一致性可能会降低执行任务的效率，需要具体问题具体分析。在视觉上，一致性就是通过视觉层次、比例、颜色、质感、排版等在设计上达到一致性。例如，在设计一款软件产品的多终端界面时，不妨将该产品品牌的象征符号、图形、字体等元素结合起来设计，这样不仅能增加产品的品牌认知，同时也能保证多终端的视觉一致性（见图 2-2）。在操作上，一致性可以让界面控件的使用方法更容易被预知，可以降低用户的学习成本。

图 2-2 多终端的视觉一致性

（4）易学性/易记性。易学性是指产品是否易于学习；易记性指客户搁置某产品一段时间后是否仍然记得如何操作。使用产品只是一种手段，不是用户的最终目的，因而用户期待利用尽量少的时间和精力去掌握它。人们打开应用不是为了花时间去学习怎样使用，而是为了在最短的时间内以最小的成本解决他们面临的问题。

（5）可见性。

1）操作可见。产品界面设计首先要保证用户操作的控件与其呈现的信息是可见的。控件中的语义符号是界面语言中最常见、最易被感知的信息，例如各种按钮和图标，"+"代表"添加"操作的集合，"▼"代表下方有更多信息。音乐播放器界面中的心形符号表示"喜欢"，用户可以通过点击此图标来收藏自己喜欢的歌曲。因此，用户是通过识别控件信息后以操作控件的方式完成人与产品的互动。要实现产品的可见性，首先要做到操作的可见性。其次，控件图形的可见性还与界面隐喻的应用有关。附带性语义符号中有个特殊的类型是必须提及的，也是设计师最乐于关注的，那就是隐喻。修辞上认为隐喻是通过比较两个好像无关的事物，制造的一种修辞的转义。而设计中的隐喻往往借助拟物化来产生附带性的信息，但并不是单纯地拟物，而是通过与现实物的类比，对界面语言进行转义，当应用程序中的虚拟设备和行为是以现实生活为参照模型时，用户就可以很容易地理解它的操作。

最经典的例子是计算机桌面上的"文件夹"，用户可以根据现实中把文件放到文件夹中这一动作，轻松地理解计算机中的文件与文件夹之间的关系。在设计实践中的注意事项：分清主次，突出重点功能，隐藏不常用的功能；循序渐进，隐藏的功能也要能够在一定的时间或环境中，通过渐进披露的方式显示；某些辅助性的信息不要喧宾夺主。

2）反馈可见。人机交互是人与机器的交流，有交流就应该具备信息的输出和输入。人要提供指令，同时机器对用户的操作做出即时反馈，这样才算完成一次人机交流。在用户使用互动式产品时，用户向产品主机提交数据，产品向用户呈现处理结果。用户在接到机器的反馈之后，确定了一次操作的完成，继而进行下一个动作。系统应该让用户感觉到计算机在自己的控制下工作，因此，在适当的时候应提供恰当、合理的反馈，以便用户随时掌握系统的运行状态，让用户知道此时正在发生什么。在设计实践中的注意事项：反馈形式要清晰且易于理解。选中和未选中的控件应当有明显的视觉反馈，以便用户区分。处于不可用状态的控件应当在外观上区别于可用的控件，防止用户产生迷惑，避免误操作。相同类别的反馈形式要一致。相同的控件和类似的操作反馈在视觉样式及展示位置上要保持一致。反馈的持续时间要足够充足。反馈要持久，以便用户有足够的时间注意到反馈，并理解其含义。反馈的形式要恰当，持续时间要适中。去掉不必要的反馈。一般情况下，不要让反馈阻碍了用户正常的工作流。

3）信息可见。信息的可见性要求界面所承载的信息被用户看到后，用户可以第一时间识别并了解其含义。以一个应用程序为例，界面上的按钮最好能"告诉"用户它能做什么，应该怎么操作。直接操纵界面需要高可见性，因为它们依据用户的动作来界定即时的视觉反馈。

（6）容错性。无论做过多少测试，一个产品都不可能是完美的，用户仍然会在使用过程中遇到错误和问题。既然任何一个软件产品或系统出错不可避免，那么系统的容错性就至关重要了。容错性是一种防御性设计，设计时提前预估用户可能犯的错误，提前进行设计，使得用户在执行某些错误操作的时候，至少不会造成严重的后果。

1）防错性。在不可逆转的重要操作前提供提示，以减少有严重后果的错误出现的次数。设计应用程序时，需要注意下面一些关于用户的操作：在执行某个操作之前，保留取消的余地；在执行某个危险的操作时，先让用户确认过程；在执行中止操作时，应有个过渡过程；限制用户某些交互操作，界面控件置灰是限制某些操作的解决办法。例如，图 2-3 中防止用户跳过第一步而直接进入后面操作就采用置灰的方式。一方面告诉用户当前操作的焦点；另一方面告诉他后面还有哪些操作步骤。

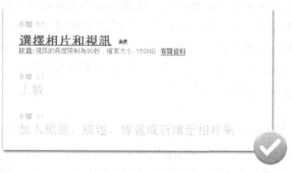

图 2-3　界面的置灰防错功能

2）容错性。如果错误不可避免地发生了，合理恰当的提示可以减少用户的挫败感。错误信息应当使用简练的语句，清晰地表达当前系统状况，而不应空泛模糊。面向用户的错误信息中避免使用难懂的代码，用户应当在不查阅任何手册的情况下就能够理解错误信息。设计应用程序时，需要注意下面一些关于用户的操作：提前提示某些操作可能引起错误。例如，图2-4中在输入密码需要区分大小写时，提供 CapsLock 键提示以免出错；操作后提示确认。例如，在用户点击发送后提示没有输入主题信息，防止用户直接发送无主题邮件；不仅要反馈出错，而且要给用户解答。最好能够告诉用户具体错误的原因在哪里，是哪句话和文字出现的问题；给予用户适当指引和建议。例如，在图2-5谷歌搜索引擎中，当用户没有搜索到相关内容时进行提示。

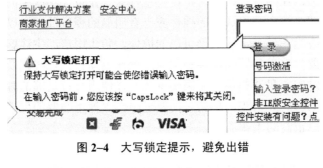

图 2-4　大写锁定提示，避免出错

图 2-5　谷歌搜索的容错指引功能

3）纠错性。错误信息提示应当为用户解决问题提供建设性帮助，这就需要提供犯错之后的恢复机制来挽回用户出错时造成的损失，例如，当用户在电子邮箱中写信，如果浏览器意外关闭，用户重新登录邮箱页面后，之前没写完的文章还会保留。搜狗输入法的智能纠错功能也是典型的案例。使用全键盘的用户，经常会遇到 i 与 o 敲错的情况，在想输入"想你了"你输入 i 时，手指点在了 i 和 o 之间的区域，如果没有屏幕位置纠错，那么你看到的结果就是"xoangnile（想哦昂你了）"，但如果有了搜狗输入法的屏幕位置纠错，你看到的结果就是"xiangnile（想你了）"。

3. 用户体验目标

（1）基础层面。用户体验在基础层面首先要实现两个目标：效率和安全。一件任务可以由多种途径来完成，但是效率的高低给使用者的感受完全不同，效率高的产品在使用时给用户提供一种流畅快捷的感受。以大学中最常见的校园一卡通为例，这种卡片提供了快捷的支付体验。一卡通在校园范围内可以完成食堂、澡堂和学校超市的支付，提高了支付速度。对于生活在校园内的学生用户，一卡通一方面大大提高了生活效率；另一方面可以进行身份的确认，提供资金安全保证。校园一卡通有这样一个策略：如果在一日内，同一张卡累计消费超过一定的额度，则需要输入密码才能够进行交易。这是一种很好的安全机制，可以防止卡片遗失或被盗后由于挂失不及时而产生大量的消费，使得持卡人的损失降到最低。

（2）附加层面。

1）创新性，如果说好的设计满足了客户的需求，那么更好的设计便是为用户提供超出想象的产品。往往一个创新性的产品问世之前，人们并没有想到还可以有这样的产品存在，创新性给用户带来的惊喜感是一种绝佳的用户体验。为此，我们需要提前了解社会发展趋势，判断人们的动机和价值观，挖掘潜在的需求。

2）极致性，世界上没有完美的产品，极致不是完美，而是做到最好，不放过一个细节，最好地表现出设计和产品的状态。例如，苹果公司之所以有如此多的拥护者，便是因为将产品的每一个细节都推敲到了极致，从而带给用户一种近乎完美的感受。

3）愉悦性，用户体验的最终目标是要让使用者有愉悦的感受，使得用户看到产品即能产生强烈的认同感和积极情绪，使用户与产品产生情感互动，引导用户探索与操作。人的生理和心理均具有趋利性，一个为用户带来愉悦感的设计会促使他们再次使用，并与产品产生黏性。

2.2　信息架构

2.2.1　信息架构的定义

信息架构（Information Architecture，IA），它最早是由美国设计师 Richard Saul Wurman 提出的概念。他对信息架构的定义是：信息架构是关于如何组织信息，把复杂的信息变得清晰，以帮助人们有效地实现信息需求。他认为无用的信息将会引起信息焦虑。想要消除信息焦虑，并最终满足用户信息需求的最有效方法，就是为用户提供有效的信息访问路径，以便于以用户易于理解的方式呈现和表达信息（Richard Saul Wurman，2001）。另一种从网站设计的角度对信息架构做出的定义是：信息架构为共享信息环境的结构化设计，一种创建信息产品和体验的艺术和科学，提供可用性和可寻性（Peter Morville & Louis Rosenfeld，2008）。2000 年 4 月在美国波士顿举行了第一届 IA 高峰会议，该次会议给出了信息架构的定义：组织信息和设计信息环境、信息空间和信息体系结构，以满足需求者的信息需求的一门艺术和科学。

信息架构主要运用在情报学、图书馆学和网站的评价研究方面。信息架构主要从跨学科角度来研究信息的有效结构化和信息体系的有效描述方式，它为用户认知和信息内容之间搭建了一座顺畅的桥梁，是信息内容直观展示的媒介。它可以研究信息的传达和表述，实现对网络信息资源的有效控制，实现网络信息空间的有序化。因此，可以这样认为，信息架构是一门基于信息架构方法论，运用计算机技术管理与组织信息的学科。信息架构的主体对象是信息，由信息构架师来加以设计结构、决定组织方式以及归类，最终目的是令用户容易寻找与管理信息。简而言之，信息架构就是优化信息的展现形式。

2.2.2 信息架构的作用与意义

信息时代存在着大量复杂但又相互影响、相互作用的数据，人们该如何从如此拥挤的信息渠道中获得有用信息，并将信息转化为可被理解的内容是信息架构要解决的问题。信息爆炸或信息超载产生的重要原因之一是信息处理以及管理不善，信息构架的意义就是将诸多繁杂无序的信息进行科学合理的筛选与组织，让用户能够快速获得有用信息，从而提高信息的可用性和可寻性。而同时，组织良好的信息体系可以大大提高人们工作学习的效率。无用的信息将会引起信息焦虑，每一个人的信息负载量是有限的，当信息接收者所接收的信息超过其所能消化信息量时，就会使其产生各种无所适从的焦虑感或紧张感，从而导致对信息的获得和接收能力下降（Richard Saul Wurman，2001）。也就是说，信息焦虑是指因人们所理解的内容与人们期望自己应该理解的内容之间产生了差距而引起的负面情绪。

在设计层面，信息架构可以减少用户对信息的忧虑，创建合理的组织、搜索以及导航系统来构建信息，让用户可以便捷、顺畅地获得信息。信息架构如同建筑物的架构一般，影响身陷其中的人：好的信息架构，可以提升使用者存取资料的便利性，使其快速了解内容；不好的信息架构，将使人如同身陷于迷宫中，失去方向。若网站的信息架构设计良好，将吸引更多使用者驻足于此，而网站拥有者可利用此优势增强网站价值和影响力，例如增加商业用途、教育用途，影响民众思想等；反之，对于不良的信息架构，就必须付出更多时间和金钱来减少使用者的流失。因此，在现代社会，信息架构这门学科理应受到足够的重视，对其投入更多的精力，培养更多的信息架构师来优化日趋庞大的数据信息系统，缓解现代人的信息焦虑。

2.2.3 信息架构职业

随着信息架构概念的提出，信息架构师这个职业也应运而生。那么信息架构师应当具备什么样的特质与知识背景呢？信息架构师的日常工作内容是什么？事实上，作为一门新兴学科，信息架构领域仍然需要大量与信息学科有交叉的复合人才，其中包括图形设计与信息设计、图书馆与情报、新闻工作、可用性工程、营销、计算机科学、产品管理等方面的人才。信息架构要保证信息的全面性、可用性、关联性、可查询性，信息架构师需要做如下工作：

1. 研究客户和商业

信息架构师可以通过进行焦点小组访谈、用户调研等方式研究项目的客户群，以认识用户的心智模型以及对信息的需求。

2. 数据分析

信息架构师需要与设计师、工程师以及其他团队成员亲密合作。通过分析数据，信息架构师可以创建一系列的用户角色，用户角色是真实用户群体目标和行为的代表。在多数情况下，用户角色是通过分析用户访谈收集的数据而综合得到的，包括行为模式、目标、技能、态度和生活环境，运营一些虚构的细节来使得用户角色更贴近于生活中的人物。对于每个产品，一般都会创建多于一个用户角色，其中一个经常会作为设计的主要焦点。

3. 开发标签、导航、站点架构

信息架构师的工作还包括结构化网站。信息架构师会创造一些结构概念，诸如网站地图、网站流程图和线框图来传达站点从实际角度的运作方式。实际上，优秀的信息架构师在创建这些产出物时会将所有的相关要素（包括商业因素、技术因素和社会因素）考虑进来。通过这些要素，信息架构师将帮助决定站点的总体方向。为此，信息架构师应该定期测试站点，制定研究报告，评估开发流程中用户的测试结果。

2.2.4　信息架构内容三要素

信息构架离不开情境、内容和用户三个要素。信息架构不是简单地将庞大的信息群落进行区分，它需要在真实的实践环境中进行归纳，也就是说必须立足于目标情境、真实用户需求以及实际内容来分析，而非依靠设计师个人对信息群落的理解。因此这三个要素必须始终贯穿信息架构的设计过程。

1. 情境

情境涉及客户的商业目标、文化、技术、资源等因素，所有的企业与产品都存在于特定的商业或组织环境中。因此，只有充分了解客户的商业情境，才能更好地组织信息。只有尽可能多地咨询客户企业的商业、文化、技术等方面的战略目标、市场定位，才能更好地为目标用户展现合理的信息内涵。

2. 用户

用户是信息架构的主体。实施交互式产品的信息架构，首先要了解谁是当前用户、潜在用户群以及它们的需求特点。其次才是研究用户的认知模式和信息搜索行为模式，从而能以更合理的方式帮助用户完成信息获得过程，提高用户体验。

3. 内容

内容主要包括文件格式、内容对象、应用程序、服务，以及用户找到产品时所需要的元数据。进行架构设计时要清楚信息的呈现方式、产品承载的内容数量、产品的更新维护周期等。

2.2.5　信息架构的开发流程

企业实践中，信息架构的开发流程为以下五个阶段：研究—策略—设计—实施—管理。

1. 研究

好的研究就是要提出正确的问题。选择合适的问题需要对更宽广的环境建立一个概念性的架构。进行实际项目研究阶段，需要紧紧围绕着前文提出的信息架构内容三要素进行，即通过研究情境、内容和用户，制作研究报告，平衡三要素之间的关系（见表 2–1）。支持用户研究的软件有 MindCanvas、Marae、Mcromedia Captivate、Ethnio、xSort 等。分析网站的使用量，统计性能，为用户行为分析和特性提供数据信息的软件有 Google Analytics、Web Trends 等。

表 2–1　信息架构内容三要素研究

情境	背景研究	会议和报告	投资人面谈	技术评估
内容	启发式评估	元数据和内容分析	内容映射	标杆法
用户	搜索日志和点击流分析	用例和人物角色	情境式查询	用户访谈和用户测试

2. 策略

研究和设计产出之间的桥梁就是信息架构策略。在进行详尽的细节设计之前，信息架构师需要为设计目标建立信息架构策略。信息架构策略是一种概念性架构模式。优秀的信息架构设计师会在研究开始之前，甚至在商业策略和内容完全明确之前，就要构思项目的策略。目的是给设计项目建立一个较为明确的方向和更加集中的视野范围，这不仅能够降低设计风险，同时能够提升设计团队的信心与动力。但这并不意味着策略的开发是轻而易举的事情。很多时候，团队进行信息构架策略开发都伴随着艰难、混乱，当然还有乐趣。

经典的策略开发包括了思考（把研究性资料转变为创造性的观念）、表述（通过图表、蓝图、框架图、场景等向客户和团队传达信息策略）、沟通（向企业和团队内部进行演示、互动、头脑风暴）和测试（封闭式卡片分类和初步原型）四个步骤。而信息结构策略开发的表述又成了沟通、测试与再思考的前提，因此设计师必须明确如何表达策略。设计师在表达信息架构策略之前应与客户进行沟通，为特定用户和需求制定不同观点，同时，也应尽可能利用多种方法、多张图示表达，力求信息传达清晰明确。

3. 设计

设计就是把前期策略付诸实践的过程。信息策略到信息设计是一个连贯的过程，这里介绍两种通过视觉沟通传递"策略—设计"的方式：蓝图和线框图。

（1）蓝图。蓝图是一种显示网页和其他内容组件之间的关系的视觉化表达方式，可以用来塑造组织、导航以及标签系统，通常也称为"网站地图"。蓝图能够协助信息架构师安排内容放置的位置，以及网站、子网站或内容中的导航方式。它可以贯彻整个信息架构设计流程，从一张浓缩的地图逐渐扩展为拥有更多细节信息的地图（见图2-6）。

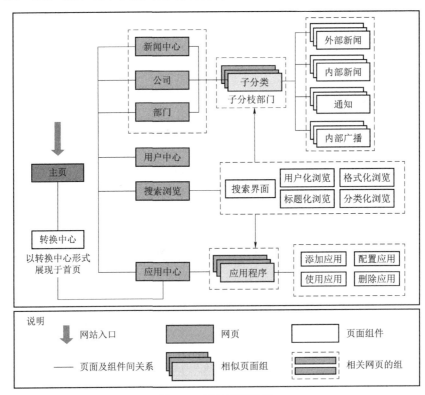

图2-6　网站蓝图设计

（2）线框图。线框图则是从架构的观点出发，来描绘单个网页或模板的表达方式。其传达的信息目标定位于网站信息架构及其视觉与信息设计之间的交叉点上。在实际项目操作中，引入信息线框图并通过它传达产品信息策略是十分必要的，并且几乎每一个参与开发的人都会在一些任务点中使用到它。正如上文提及的信息设计原则，线框图也不可能做到以一概全，对于绝大多数产品来说，需要多个线框图来传达复杂的信息架构预期与策略。线框图设计的三要素：通过安排和选择界面元素来整合界面设计；通过识别和定义核心导航系统来整合导航设计；通过放置和排列信息组成部分的优先级来整合信息设计。以图 2-7 为例，这是一个比较粗略的 Windows 8 理财软件线框图。它表达了信息策略阶段做出的决定，并用一个文档来展现它们，线框图是视觉设计和网站具体实施的参考与向导。支持框图及蓝图的工具有 Visio、Mockups、OmniGraffle、Axure 等。

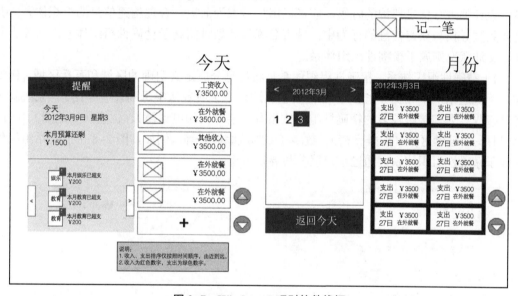

图 2-7　Windows 8 理财软件线框

4. 实施与管理

实施阶段就是网站建造、测试并启用的过程。信息架构师需要参与对信息架构的测试与修改，对文件制定标签，并配合设计团队制作开发说明文件。信息管理的目的是要对网站信息架构持续演化和改善，以保证产品的信息架构能够随着时间变更而开展维护工作。设计团队需要定时监控网站的使用频率与用户的有效反馈，并有针对性地对信息架构部分进行合理完善。

2.2.6　信息架构方法——以网站为例

网站或应用系统进行信息架构时，最主要是关注以下四个部分：组织系统、导航系统、搜索系统、标签系统。这四个系统分别代表了如何组织信息，如何浏览信息，如何搜索信息和如何标识信息。

1. 组织系统（Organization Systems）

理解与组织的源头就是分类，信息组织能力是理解这个世界最为基础的技能之一。组织系统主要是进行信息的有机组织，通过对信息的分类、标识来提高人们获得有效信息的能力。信息组织系统由组织体系和组织结构构成。组织体系定义了内容条目之间共享的特性以及它们之间的逻辑组织形式；而组织结构则定义了内容条目和群众之间的关系类型。组织系统是导航系统和标签系统的基础。因此，设计师在进行信息架构的时候，应当把主要焦点放在缜密与合理的逻辑分组上，这样才不至于被细枝末节分散精力。一款产品的信息架构只有被合理地组织才能真正获得用户支持，只有这样用户才能理解一款陌生的产品，并根据自己的需求快速准确地找到目标，并得到更多惊喜。

（1）组织体系。与任何信息相关的活动都离不开组织体系，人们每天的生活都需要按照一定的组织体系获得需求信息。例如你计划到一个陌生的城市旅游，在出行之前，你很可能会在网络上查找相关的旅游攻略、输入你要去的城市名称、查看计划时间内该城市的特色活动、查找当地美食和交通情况、咨询入住酒店等，这些行为都是用户获得信息的途径。设计师进行信息架构的时候，应当以用户需求为前提，合理构建信息的组织体系。在这一系列寻找与获得信息的行为中，城市名称与计划时间属于精确性组织体系，而美食品种、交通状况则属于模糊性组织体系。

1）精确性组织体系。精确性组织体系是将信息分成定义明确的区域和互斥区域。例如你从手机通讯录中寻找"张三"，只需要输入这两个字或者从字母列表中寻找Z，系统就可清楚接收。人们接触较多的精确性组织体系有：字母（如电话簿）、位置（如地图）、时间（如日历）、连续区间（如排行榜）、数字（如邮政编码）等。例如，图2-8中的网站组织体系属于精确性组织体系，通过字母区分与寻找城市。

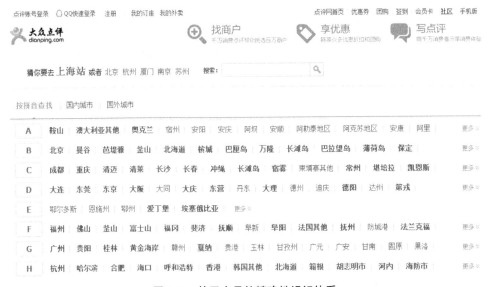

图2-8 基于字母的精确性组织体系

2）模糊性组织体系。模糊性组织体系是比较复杂的组织体系，它受困于语言和组织的模糊，并且还会涉及人类的主观性，这使得这种组织体系很难设计和维护，然而它通常比精确性组织体系更加常用和重要。因为用户往往不能准确地描述自己的需求，而模糊性组织体系恰好可以解决此问题。例如，网购一款鼠标，用户很可能不能确定具体的价格、功能或品牌，所以在进入网站页面的时候，搜索"鼠标"会出现各类鼠标产品，甚至其他设备（鼠标垫、数控板等），这种联想发散式的信息组织体系就是模糊性组织体系。它可以帮助用户在不确定目标时寻找获得到有用信息，同时带来预期之外的用户体验，从而获得更加满意的效果。在信息社会中，人们对模糊性组织体系的需求远远大于对精确性组织体系的需求。

模糊性组织体系最常见的是以下几种分类方式：

① 按照主题或主旨组织信息。图 2-9 中"视频""游戏""军事""新闻""邮箱"就是比较典型的按照主题构建信息的方式。

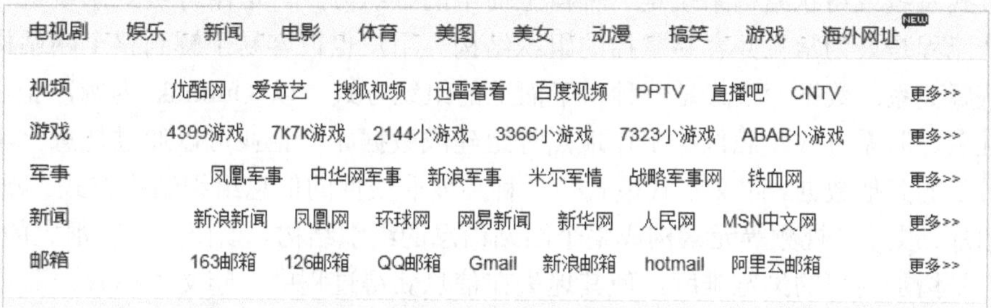

电视剧	娱乐	新闻	电影	体育	美图	美女	动漫	搞笑	游戏	海外网址 NEW	
视频	优酷网	爱奇艺	搜狐视频	迅雷看看	百度视频	PPTV	直播吧	CNTV		更多>>	
游戏	4399游戏	7k7k游戏	2144小游戏	3366小游戏	7323小游戏	ABAB小游戏				更多>>	
军事	凤凰军事	中华网军事	新浪军事	米尔军情	战略军事网	铁血网				更多>>	
新闻	新浪新闻	凤凰网	环球网	网易新闻	新华网	人民网	MSN中文网			更多>>	
邮箱	163邮箱	126邮箱	QQ邮箱	Gmail	新浪邮箱	hotmail	阿里云邮箱			更多>>	

图 2-9　按照主题或主旨组织信息的方式

② 按照任务组织信息。任务导向的组织体系把信息组织成流程、功能或工作的集合体。优秀的任务型组织体系应当预测出用户希望执行的任务流程。这种形式在电子商务网站上应用得最为广泛（见图 2-10）。

③ 按照用户分类组织信息。当面向的用户群体有不同分类时，有的网站会以用户类别来组织信息。以工商银行主页为例，用户登录就分为个人贵宾、个人普通和企业三种登录方式，让用户自行区分身份，获得所需信息（见图 2-11）。

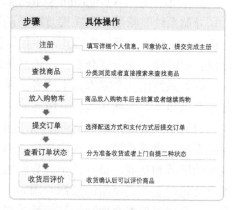

图 2-10　按照任务组织信息的方式

图 2-11　按照用户分类组织信息的方式

④ 混用。现实中，多数网站信息是通过以上两种或多种方式混合使用来组织信息结构的。用多种方式共同组建信息，可以令不同的用户在搜集获得信息的过程中得到更加个性化的选择，从而提升了网站的用户体验。

（2）组织结构。信息的组织结构在网站的设计中非常重要，但用户一般感觉不到它的存在，它定义了用户浏览时的主要方式。其主要包括等级式（树状结构）、数据库模式和超文本三种形式的组织结构。

等级式系统或树状结构系统是一种自上而下的组织方式。运用等级式系统进行信息架构的设计流程是最为常见并容易掌控的组织结构。用户也很容易了解到整个网站构架模块之间的从属关系。数据库模式是一种自下而上的组织方式。以 Outlook 为例，企业员工的信息以姓名、联系方式、职位、工作地点等组建成数据库。企业可以通过任意一类信息搜集到该员工的其他数据。超文本式模式是一种高度非线性的信息组织结构方式。顾名思义，它通过图片、文字、视频等元素构成整个网站信息的组织结构。该模式具有很大的灵活性，但它也容易增加用户的浏览难度，使其迷失在信息获得过程中。超文本模式一般只作为等级式和数据库模式辅助组织结构。当然，它也可以成为一种探索发现式的新浏览模式。

2. 导航系统（Navigation Systems）

导航系统是帮助用户在繁复庞杂的信息流中定位路径的信息部件。它可以告知用户当下位于网站何处，可以去哪儿，并且如何返回。它就像 GPS 系统，当人们能够准确定位自己位置的时候，安全感会变强，信息焦虑会降低，用户体验也就随之提升。

导航系统由几个基本元素或者子系统组成。在针对 web 的信息架构中，导航系统大致分为全局导航、区域导航和情境导航三种模式。

（1）全局导航系统（Global Navigation Systems）。全局导航系统是整个网站的最高层次导航系统，也就是说，无论用户位于网站哪个层次，都能够随时随地地链接到网站的各大主要的区域和功能。良好的全局导航需要对用户的需求特点、网站的目标、信息内容、技术及文化理念的高度凝练概括，因为一个全局导航所包含的标签内容十分有限。既要简单明了，又要尽可能全面地囊括网站重要信息，因此在设计这类导航时，需要邀请用户来进行设计和测试。

（2）区域导航系统（Local Navigation Systems）。区域导航系统可以补充全局导航系统的不足，让用户更加快捷地进入所需信息的内容区域，是辅助全局导航系统的有力助手。如果说全局导航需要找到 z 信息的步骤是 x→y→z，那么区域导航很可能搭建一条捷径让用户直接从 x 找到 z。

（3）情境导航系统（Contextual Navigation Systems）。有些内容信息不适合归类到全局导航系统和区域导航系统结构中。这时就需要建立情境导航系统。当用户快速浏览页面时，可能遇到某些自己感兴趣的信息词汇，于是产生了解更多这方面内容的需求。此时，可以适当增加一些情境式链接导航，这样会带来更多的灵活性。典型的例子就是维基百科中，在文字部分出现超链接的情境导航模式。

以"北京理工大学—师资队伍"页面作为典型范例，用户可以区分出三种导航模式的功能与适用原则。深色线框圈出的部分是全局导航，它帮助用户明确"我在哪里"这样的位置信息。浅色线框圈出的是区域导航，它指示了"附近有什么信息"，用户不必逐级回到主页面就可以查看相同级别的信息内容。而灰色线框圈出的是情境导航，它将那些重要推荐的、包含在一定情境之内的信息通过情境导航组建起来，这样用户就能寻找到"在这里有什么相关的东西"这类信息。大部分网站都包括以上三种主要的导航模式。每一种模式在组织信息时都会有其优点与不足，重要的是针对网站用户以及特定的使用情境综合这三种导航模式，组建更加灵活的导航系统。从图 2-12 中，可以看出网站导航的三种模式。

图 2-12　网站导航的三种模式

3. 搜索系统（Search Systems）

搜索系统是除导航系统外另一种高效的查寻和获得信息的形式。搜索系统看起来很简单，只要在搜索框输入要查寻的信息，然后等待结果就可以。然而，搜索系统实际上非常复杂，搜索引擎本身包含了很多算法，可以把用户的查询字符串通过算法迅速处理，还可以为这些结果的关联性优先排序。面对庞杂繁复的信息系统，以用户有限的时间和精力很难只通过浏览的方式获得信息，这时搜索系统就变得尤为重要。在网络生活中，用户也已经无法脱离搜索系统的帮助。在 Google、百度等搜索引擎的输入框中检索寻找的关键字、主题词，甚至一句话或一个问题已经成为网络用户的生活常态。同时，对于网站设计和维护人员来说，搜索系统还是一种行之有效的信息收集工具。通过收集与分析用户搜索的关键词，企业可以更加明确用户的信息需求，进而有针对性地提高用户体验。

搜索系统按照检索难度可以分为简单搜索和高级搜索。以中国知网的搜索系统为例，简单搜索就像人们通常使用的 Google 搜索引擎一样（见图 2-13），输入关键词，就可以从数据库中检索出相关的信息。简单搜索更适合一般用户在仅知道搜索主题的情况下进行的较模糊搜索，其检索出来的结果范围比较大，在一定情况下可以给用户带来预期外的惊喜，但也可能因结果条目众多而使用户感到困惑。而高级搜索包含了更多的条件因素，形成一个包含了"并""且""排除"等关系的搜索公式，因而可以更加精准地检索出信息（见图 2-14）。高级搜索系统面向的是一些专业领域用户，比如研究生、医生、图书馆或档案管理者，或是简单检索不能得到满意结果的用户。他们更加明确自己所需求的信息，因而可以列出辅助界定信息的条件，所得到的检索结果少而精确，从而提高了检索效率。

图 2-13　简单搜索

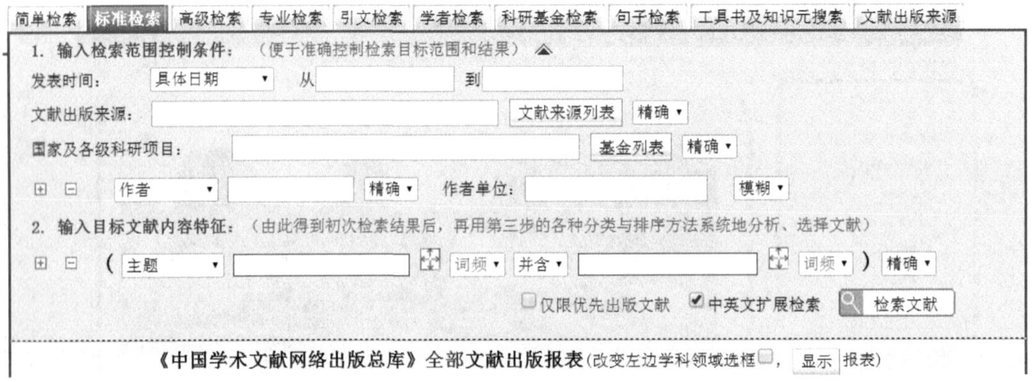

图 2-14　高级搜索

在构建信息之前，网站设计人员需要思考：应在何时何处介入搜索系统。这里列举一些可能影响搜索系统的因素。

（1）信息量大小：通常在网站信息内容比较少的情况下，例如一些简要展示型网站，这类网站以浏览为主要方式，信息简要，不需要加入搜索系统。而信息量庞大且有不断更新的网站就必须引入搜索系统，以帮助用户查找对其有用的信息。

（2）平衡搜索系统与导航系统：当网站引入搜索系统的时候，必然会影响导航系统的功能发挥效果。设计师需要根据网站建设目的、用户的需求以及使用习惯来平衡两者的关系。

（3）技术支持：优秀的搜索体验需要有绝对的技术支持。如果网站建设和维护人员不具备较高的技术能力，却要一味追求搜索体验，很可能就会让用户感到沮丧。用户可能都有这样的经历，在某些网站上搜索曾经浏览过的文章，输入关键词以后却检索不出来。

目前，搜索系统正朝着更加自然的搜索方式发展。其过程是从刚开始只能查找包含关键词的词条，到解决用户提出的问题，再到现今很多搜索网站能够完成以一张图片、一段声音为检索条件的相关检索。未来的搜索就犹如孩童时代我们用手指着不认识的事物，向父母提问一样简单自然。

4. 标签系统（Labeling Systems）

网络信息架构中，标签是用来标示信息分类或内容，以便于用户或网络设计与维护人员查找定位信息的工具。介入标签系统的目的是有效地传递信息，减少信息的物理空间和用户的认知空间之间的距离。

标签系统包括文字标签和图标标签两种模式。文字标签包括情景式链接（指向其他网页中大块信息的超链接，或者指向同一张网页中的另一个位置）、标题（描述标签后面的内容）、导航系统选项（代表导航系统中选项的标签）、索引术语（供应搜索或浏览的关键词和标题词）。　图标标签就是以图标作为指代来划分信息的标签。相比于文字标签，图标标签具备一定符号性，即不需要特殊的语言文化背景就可以被大众理解。但使用图标标签比使用文字标签更具风险性，设计师必须确认图标标签能够传达意图。同时，网站标签系统需要文字标签与图标标签在内容与数量上相互平衡，将最有效的信息传达给用户，被用户第一时间理解。

由于语言的模糊性，在构建网站信息的时候，设计标签系统实际上并不容易。需要保证以下几条设计原则：

（1）尽可能精简标签范围。首先应当把网站锁定在更加明确的用户群体上，只有在精简网站信息的基础之上，才能设计更加有针对性的标签。如果标签系统过于庞大，内容宽泛，就不能体现标签系统的有效性。当网站的内容、情境和用户比较集中和简单时，比较容易简化标签内容；如果网站的信息比较复杂庞大，这时需要把内容简化分成模块，放置到相关的子页面中，标签的分类和命名就相对明确。如图 2-15 和图 2-16 所示，网站 A 与 B 都是门户网站，提供的信息量十分庞大，它们在标签的设计上思路各有不同。网站 A 通过内容模块分类，把信息分成了不同的小组，如"新闻"组可以包括"军事"与"社会"。网站 B 通过色彩的明度把信息分为两个部分：搜狐的企业产品推荐与网站内容模块。

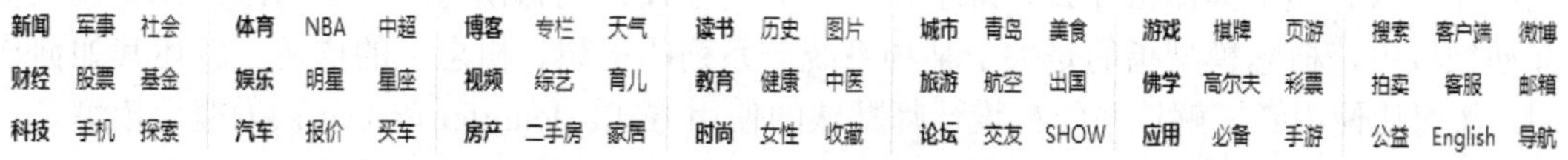

图 2-15　网站 A 的标签设计

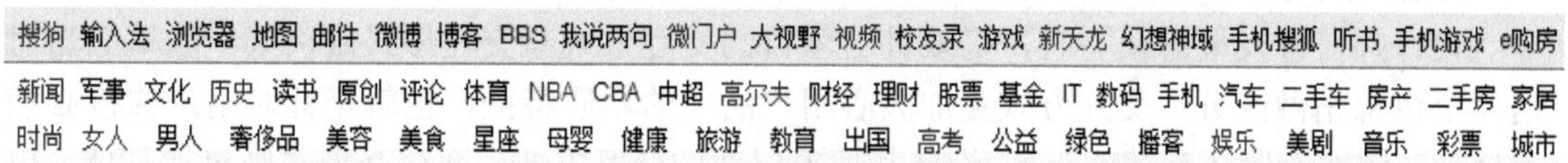

图 2-16　网站 B 的标签设计

（2）开发一致性的标签系统。风格、语法、版面等因素都能够影响系统的一致性。当网站标签系统高度统一的时候，就意味着该标签系统是可预测的，因而用户也就能更加容易地学习并使用标签系统。

今天，标签系统已经不再是信息架构师或网页设计及维护人员的任务，大众标签的出现将内容的组织权力从网站管理者下放到用户手中，让用户也参与到网络建设的过程中。例如，用户看完一部电影，在豆瓣电影上标记的时候，对话框中会显现与电影主题相关的"标签"。用户选择的这些标签数据将被记录下来，通过记录所有被标记标签的类型和被标记次数，网站就能推算出该电影的类型与潜在喜好人群，从而向目标用户有针对性地推荐电影（见图 2-17）。

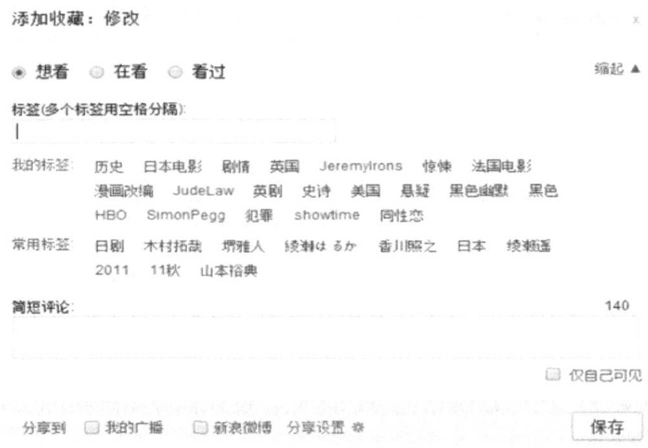

图 2-17　用户自定义标签

2.3　交互设计中的概念模型

2.3.1　概念模型的定义

David Liddle 曾这样评价用户概念模型在设计中的重要地位："设计中最重要的东西就是用户的概念模型。设计的首要任务是开发明确、具体的概念模型，与此相比，其他的各种活动都处于次要的地位。但是，大多数的软件设计实际上是反其道而行的。" 那么在交互设计中概念模型具体指什么？维基百科中对交互设计概念模型的定义为：在计算机人机互动领域中，概念模型指的是关于某种系统一系列的构想、概念上的描述，叙述其如何作用，从而让使用者了解该系统被设计师默认的使用方式。Jennifer Preece 认为概念模型是一种用户能够理解的系统描述，他使用一种集成的构思与概念，描述系统应做什么、如何运作、外观如何等。

设计师在开发概念模型时，需要针对项目的交互方式与交互形式做决策。这里应当对这两个概念稍做区分：交互方式更加关心用户活动的本质特征，也就是针对用户的核心使用模型（例如浏览还是搜索等），设计其抽象层面的交互方式；而交互形式则更加具体，更关心以何种界面类型与形式支持交互方式（例如用语音输入还是命令系统等）。一般来说，概念模型的开发必须根据用户的需要来规划整个产品的开发过程，可以通过用户参与设计的方式，确保概念模型能够让用户轻松地学习与记忆，并符合用户使用习惯，为其真正理解。概念模型设计分为两个类别：基于活动的概念模型和基于对象的概念模型。下面的内容将分别介绍这两种类型。

2.3.2　基于活动的概念模型

在用户和系统进行交互的过程中，最为常见的是四种基于活动的概念模型为：指示、对话、操作和导航、探索和浏览。这四类模型虽然交互方式不尽相同，但它们之间并不相互排斥，可以共存并综合运用。在项目中具体使用这四种活动模型的哪一种，就需要设计者开展深刻的用户研究以模拟用户使用心理，以此选择概念模型的种类。

1. 指示

指示（Instructing）类概念模型指使用者输入指令或要求，通过从目录菜单中选择、按下按钮等操作方式指示系统应当做什么，从而命令系统完成指示任务。

早期计算机使用的 DOS 系统就被设计为指示型系统，用户必须在系统提示符下通过代码向系统发出相应指令。用户在与计算机、智能终端等产品或系统的交互中，指示型概念模型被广泛运用：当用户按下电视机遥控盒的开机键来打开电视时，当用户在浏览器地址栏输入 www.baidu.com 以进入百度主页时，当用户在学校中使用自动售卖机购买饮料时（见图 2–18），当用户持续按住手机侧面的减小音量控制键以使手机静音时，这些简单不过的行为活动都属于指示型概念模型。

图 2–18　自动售卖机：指示型概念模型

此类概念模型的优点在于，它能够提供快速且有效率的互动，因而非常适合应用于简单重复性的活动中，且用于操作多个对象。最典型的例子是桌面计算机中资源存储器重复地删除、组织文件。应用指示型概念模型必须满足一定的条件，即用户非常清楚自己应该对系统下达什么样的命令，以及如何严格地按照系统能够识别的语言表达命令。并且，因为指示型概念模型对应的功能结果是单一的，所以用户需要花费大量的时间与精力去学习记忆每一个指令。这些问题在处理相对复杂的命令时，就很可能令普通用户感到困惑、挫败甚至愤怒。因此学术界也开展了提高指令型概念模型系统可用性命题的研究，探讨如何将这样的系统设计得更加贴近符合用户的使用习惯与使用心理。其主要研究内容包括：指示的形式，即如何在下达命令时使用缩写、全名、图标或标签等；指示的语法，即如何最有效地组合不同命令；指示的组织，即如何组织不同菜单的选项等。在理解用户认知水平的基础上，设计者必须深入思考：当用户希望完成一项任务的时候，需要输入多少次指令才能达到最终目标；指令下达出现错误时的解决办法；指令是否有次序之分；哪些指令合乎逻辑，哪些允许操作者随意输入；如何改进指令系统，令操作者更容易掌握指令的下达方式等。

2. 对话

对话（Conversing）类型的概念模型是指使用者与系统间产生"对话"的模式。与上一种类型不同的是，指示仅仅是使用者命令于系统，系统实施指令，系统本身不具备回应使用者的"能力"。然而，基于对话的概念模型则是将用户与系统之间联系起来，使其产生双向沟通，因而系统本身不再只是简单地执行指令的机器，它更像是使用者的助手或秘书，允许用户以一种更为熟悉的语言方式与系统进行有效的沟通，尤其当用户是新手的时候，这样人性化的沟通方式大大减少了用户的学习与记忆压力。同时，与指令型模型相比，当用户并不清楚该如何直接下达命令的时候，或是对预期目标结果较为模糊的时候，对话型概念模型更能满足用户的需求。

在生活中，对话型概念模型也十分常见。举一个最简单的例子：人们可能都有向银行客服和通信客服拨打电话咨询与求助的经历。在接通人工服务之前，电话系统都会预先由自动语音菜单与你"对话"，你可根据语音提示选择，并进入下一菜单层级。由此，系统便可以筛选你大致所需要办理的业务类型以及划分业务范围，甚至可以代理人工服务处理简单的任务。不过当你需要执行的任务比较模糊或者复杂时，对话型概念模型就显得有些"愚笨"。人们在接听这类自动语音电话的时候，往往都对"漫长的"语音提示感到不耐烦，就算自动语音系统能够处理用户简单的任务，很多用户也会急于按下"0"去接通人工服务，避免花费时间听完所有的语音菜单。这是对话型概念模型存在的弊端之一，它可能会把一些用户认为比较简单的任务转变成了繁复费时的交互模式。另外如果用户不能准确地描述任务时，系统极有可能提供过多的信息反馈给用户，一旦对话往返进行几次之后，系统还不能准确解读用户的需求，那么用户就会对系统逐渐失去信心。

针对这些问题，研究人员正在不断地优化对话型概念模型的交互方式。Microsoft Word 2003 版中出现的一个生动可爱的"曲别针"形象，它就是典型的动画代理（见图 2-19）。用户在使用 Word 产生困惑时，可以向"曲别针"提问。通过一系列对话，曲别针往往能够找到一些可行的解决办法。与电话语音系统不同的是，这样一个可爱的卡通形象，增加了用户的使用好感。虽然它解决问题的速度不快，但是在操作过程中会与用户保持互动，大大减少了用户等待的焦虑。当它解决不了用户所提出的问题时，表情总是一副为难的状态，就好像它真的竭尽全力，对最后的结果也十分抱歉，这种情形让用户很难对其动怒。当然，如果这家伙在软件里待了这么久还什么都解决不了的时候，它就很容易被人嫌弃，这也是动画代理逐渐消失的原因。

图 2-19 Word 中的"曲别针"形象：对话型概念模型

3. 操作和导航

操作和导航（Manipulating and Navigation）的概念模型使用前提是用户在生活经验中已经具备了操作和导航的能力。最常见的例子为"直接操作"，直接操作的特点包括采用渐进式的动作，立即行动且能得到迅速回馈；动作可逆；以实际动作、按键取代语法复杂的指令等。

直接操作界面有很多优点：比如它有助于初学者快速掌握；有经验的用户快速完成操作；不经常使用该界面的用户也能在第一时间回忆起操作流程。这种所见即所得的快速反馈给用户的操作营造了安全舒适轻松的环境，因而用户体验更佳。举一个简单的例子：很多游戏中，在用户花费虚拟钱币购买装备的时候，不仅视觉上出现了钱币飞走或者钱袋变瘾的效果，还会伴随着模拟金币掉落的音效。无论是视觉还是听觉，设计者都在尽力模拟真实生活中的情形——尽管现代生活中，人们通过网络交易或者刷卡等方式消费已经不再有类似生动的感官体验，但这种操作与导航的概念模型依然植根于用户的生活经验中，其相应的反馈无疑给用户营造了熟悉的带有怀旧感情的使用氛围。同样，现在也有很多博物馆的多媒体网站开展了以虚拟现实为技术背景的互动项目，这也是操作与导航型概念模型的典型应用之一。这类虚拟现实是将人带入完全模仿真实的虚拟环境中处理信息；而目前正在风靡一时的 Google Glass 则是将虚拟信息"物化"到真实环境中（见图 2-20）。这种虚拟环境或是虚拟现实手段实际上提供了更加灵活多样的交互模式，通过尽可能真实地模仿现实生活环境和物品，让用户"更直接更自然"地与信息进行交流，而非简单通过用户的想象力或者营造低劣的模仿效果，从而卓越地提升了用户体验，将信息的操作处理方式还原为最为本真的模式。

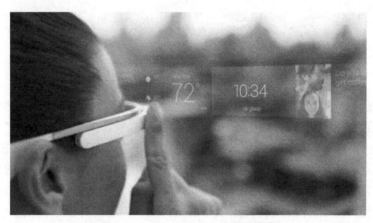

图 2-20　Google Glass 的界面操作

当然这种操作与导航模式也存在一些缺陷。比如，不是所有的任务都能描述为操作的对象，同样，也不是所有的动作都能通过直接操作迅速反馈而得到想要的结果。如果在处理邮件信息的时候，直接操作界面就会被设计成每一封邮件后面加一些功能性的小图标（垃圾桶、三角旗、回复标记等），当想批量删除一些垃圾邮件的时候，逐个将邮件扔到垃圾桶就会显得很愚蠢，这时就会用到命令式的语言，再运用操作与导航系统——先勾选出要删除的邮件，再一起扔进垃圾箱。

4. 搜寻及浏览

搜寻与浏览（Exploring and Browsing）模式的前提是认定使用者已经掌握了搜索并发现信息的能力。这种类型是系统为用户提供结构化的信息，允许用户自行探索学习，让使用者能够自行搜寻或浏览所需的各种资讯。就好像人们通过学校图书馆的数据库查找感兴趣的资料与书籍一样，这种搜寻与浏览的过程是处理信息或服务系统时最常见，也是效率最高的模式。人们在日常生活中能见到很多这样的例子：当你制订一个短期出国旅游计划，一定会先想到在网页中搜索相关旅游团、热门景点、旅游攻略等热点内容。还会根据自己平时的搜索习惯，确定搜索方式：比如，当你确定所需信息该如何表达时，你可以在搜索栏中输入确定的内容；当你不确定时，你也可换一种模式——通过浏览与发现的方式在信息库中逐渐缩小范围，获得有用信息。这样的人与信息交互过程在日常生活中十分常见。

图 2-21 所示为百度的多种搜索浏览方式。

图 2-21　百度的多种搜索浏览方式

最后要明确的一点是，在使用针对基于活动的概念模型时，设计师仍然需要斟酌它们的使用环境是否合适。也许有人认为：从心理学角度来看，人们更愿意把工作委派给其他人，而免去自己操作的麻烦，因而更认同任务型概念模型。但是如果你认真思考就会发现，无论是人工代理还是数字化的代理都很难百分之百地按照人们所思所想完成任务，需要不断地和代理进行沟通与校正，这会花费大量的时间和精力，从而导致工作效率低下。每一个项目任务的使用环境都是不同的，所以不能偏执地认为这四种概念模型哪一类更加有效，而应当在设计过程中，尝试用不同的模式比较分析哪一种更加适合。

2.3.3　基于对象的概念模型

基于对象的概念模型更为具体，是基于对象或者人造物的属性等方面进行模拟的概念模型。相比于前一类基于活动的概念模型，基于对象的概念模型更侧重于特定的对象在特定环境中的使用方式，通常被认为是对物理世界的模拟过程或结果。

实际上，"基于对象"这个概念是由编程语言中抽象而出的。面向对象或基于对象原本是软件编程的开发方法中的专有名词。但伴随着编程语言的发展与其他学科的融合，面向对象的概念和应用已超越了程序设计和软件开发，扩展到数据库系统、交互式界面、应用结构、应用平台、分布式系统、网络管理结构、CAD 技术、人工智能等专业领域。因此，理解什么是基于对象的概念模型，就必须先了解编程语言中相关名词的具体含义。

在编程语言中，面向对象是一种对现实世界理解和抽象的方法，是计算机编程技术发展到一定阶段后的产物（见图 2-22）。对象指每一个具体的人或事物，具有差异性和个性。一切事物皆可以看作对象，那么具有相同属性的事物可以归类为一个集合，对这类事物的外观或者动作进行描述（也就是抽象的过程），便产生了类的概念。类，定义了一个基本的模板，代表着事物的相似性和共性。通过面向对象的方式，将现实世界的事物抽象为对象，将现实世界中的关系抽象成类。对象在归类的时候又出现了封装的概念。封装，就是将对象具有的一些属性和方法通过封装打包在一起，隐藏了具体的实现细节，共同体现一个事物的特征。图 2-22 形象地解释了这几个概念的含义以及相互之间的关系。通过面向对象的方法，以更加便于理解的方式对复杂系统进行分析、设计与编程。

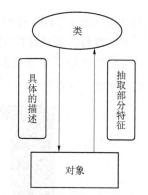

图 2-22　编程语言中的对象

同样，在交互设计的概念模型中，人们也可以套用以上关于对象的解释，来阐述什么是面向对象的概念模型。在建立交互设计的概念模型时，"基于对象"就是首要关注特定用户或特定物品以及特定使用环境的差异性与个性部分。通过总结物理世界的内容，分别抽象出核心特征，也就是模拟出"类"的概念，从而将类似的部分"封装"在一起，令用户在使用过程中头脑中自然而然地投射出物理世界相应的类似物或相似的场景。这就是基于对象的概念模型。

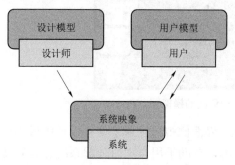

图 2-23　Norman 提出的概念模型的运行机制

Norman 就通过图 2-23 中图形的关系解释说明了他所认为的概念模型的运行机制。设计模型是设计师所设想的模型，说明了系统应如何操作。系统映像实际上是表达了系统如何运作的原理。而用户模型是指用户如何理解系统的运作。在理想的情况下，三个模型应当能够互相映射，这样用户便能通过系统映像，理解设计师的意图，最后顺利地执行任务。然而，如果这里所说的系统映像不能明确清晰地向用户展示设计模型，用户就很难理解系统的运行方式，因此降低了使用效率。

所以，基于对象的概念设计中，设计师如何定位对象的差异性，如何表述特定事物以及特定使用环境的个性，并能够恰到好处地将其抽象，设计成为系统映像中最为重要的一个环节，使得这个系统能够为用户的心智模型所理解，就成为设计模型中极其关键的一步，也是难度最大的一步。

1981 年，施乐推出了 8010 "Star"系统，它彻底改变了个人计算机的界面设计。虽然在市场上未能获得很大成功，但是它的许多设计思想却为其他公司提供了有力的借鉴，例如苹果计算机的 Mac 和微软的 Windows 系统，它们都站在施乐 Star 的肩膀上，取得了巨大的成功。Star 是一个办公系统，针对的是那些对计算机不感兴趣的员工。因此，它的重要设计目标是要让计算机对用户尽可能的"不可见"，也就是尽可能去除计算机本身的软硬件影响，而创造出一个仿真的办公环境，并设计出适合办公室用户的应用软件。在项目初期，Star 的研发人员花了几年的时间为这一办公室系统开发合适的概念模型。最后，他们选择了基于实际办公室的概念模型。这样，用户就可以把计算机想象成一个类似真实的办公环境，而操作对象就是真实世界中的对象在电子世界中的对应物。他们的假设是，这能使得电子世界简单明了，用户不再对它感到陌生，因而更易于学习与理解。

这是对使用环境的抽象与模拟。在语言学中人们大致可以把它等同于比拟或者是类比。还有一种就是通过模仿物理世界的事物而达到界面比拟效果。比如 App Store 的明星产品

Hanx Writer（见图 2–24）就是通过高仿真的还原度模拟老式打字机的视觉效果以及声音效果来为富有怀旧情怀的用户营造一种特别的使用体验。这种通过模拟事物的界面比拟手段，最重要的就是还原物理世界中用户使用它们时的直接感官（包括视觉、听觉，甚至还有触觉、味觉，以及嗅觉），使用户在使用虚拟产品时一样能够感受到类似真实产品的体验。

图 2–24　Hanx Writer 软件对环境的模拟

事实上，伴随着 iOS 系统的仿真型 GUI 的风靡，界面比拟曾经成了交互设计中最为流行通用的手段之一，它为用户提供了一个熟悉的参考，有助于用户学习理解系统并有效使用。然而近几年，人们不断听到对界面比拟的反对意见，比如界面比拟的约束性太强；界面比拟为了满足物理世界的限制要求，而使设计方案与基本的设计原则相冲突；界面比拟的设计完全仿效别的作品，而没有创新等。于是界面比拟不再一味沉迷于对物理世界的机械还原，更加重视对物理世界特征的抽象过程，去尽量平衡概念模型与设计原则之间的利益与冲突。

2.4　理解用户——认知

2.4.1　认知的定义

认知也称为认识，是指人认识外界事物、获得某方面知识的过程，或者说是对作用于人的感觉器官的外界事物进行信息加工的过程。Neisser 于 1967 年对"认知"做过一个总结："认知这个术语指的是对感觉输入加以转换、简化、细化、储存、恢复和利用所依赖的所有加工过程……显然，认知会参与到人类可能做的每一件事情中去；任何一种心理现象同时也是一种认知现象。"奈塞尔开启了人类对"认知"的研究历程，各个领域的学者（包括心理学家、计算机科学家、人类学家等）都投入到对认知心理学的研究之中，到了 20 世纪 80 年代，完整的认知心理学体系基本形成。

对认知活动的解释主要为以下三种：认知活动是人脑对信息的加工过程；认知活动是

人脑对符号的处理过程；认知活动是问题解决过程。以上三种解释是当代认知心理学的基本观点。其共同的认识为，人类认知活动过程不是一个被动地接受或加工信息、符号和解决问题的过程，而是一个主动地、积极地加工和处理输入信息、符号与解决问题的动态系统。

通过对认知活动过程的研究，学者总结出人类认知系统的四个主要特征：第一，人是一个符号运算系统。人类具有接收、存储、加工和运用符号（语言、文字、记号）的能力。第二，人类的认知系统是一个多阶段、多层次的信息传递系统。第三，人类的信息加工能力有限。研究表明，人类在注意、感知、识别、记忆和学习等方面的能力都存在一定限度。第四，人类能够习得并发展创造出有效的认知策略。有效的认知策略可以提高一个人对信息加工、处理与利用的效率，使他能够遵循科学的认知活动规律，去感知、记忆、思考和解决问题，以取得事半功倍的效果。

当代认知心理学家主要采用两种模型来进行认知活动的研究：神经科学模型与信息加工模型。神经科学模型着眼于研究产生认知经验的内在脑功能；信息加工模型假定信息加工是分成一系列阶段的，主要包括注意、感知和识别、记忆、学习等，每一个加工阶段都只执行一项单独的功能。信息加工模型是一种传统模型，在 20 世纪六七十年代一直统治着认知心理学，直到今天，这个模型依然具有广泛的影响力。信息加工模型建立在三个基础假设之上：认知活动可以分解为一系列阶段。每一个阶段都对输入的信息进行独一无二的加工，最终输出的反应被假定为这一系列阶段和操作的结果。每一个阶段都从前一阶段接收信息，然后完成其独特的功能。由于信息加工模型的所有阶段之间都存在某种相互联系，所以很难界定哪个是初始阶段。但为了方便起见，人们通常认为整个认知过程始于信息输入阶段。

2.4.2　注意

注意，是心理活动（意识）对一定对象的指向和集中，或者说注意是把知觉和思考限定在少数特定事物的心理活动机能。人类的认知资源是有限的，不可能同时加工处理过多信息。邵志芳、刘铎（Shao Zhifang & Liu Duo，2012）认为，所谓注意，就是心灵从若干项同时存在的可能事物或思想的可能序列中选取一项，以清晰、生动的形式把握它。聚焦、集中、意识，就是注意的本质。它意味着从若干事物前脱身，以便更有效地处理其他事物。

注意具有以下三种特征：

（1）注意的有限性。注意是一种非常有限的心理资源，它直接决定了注意对象的数量，决定了可执行任务的数量及其间的差异度与协同性。

（2）注意的阈限性。这是指心理活动对某一事物的高度集中，同时撇开其他事物的紧张程度。它与注意的数量成反比，注意的强度越高，注意的数量越少。注意的数量越多，注意的强度越低。

（3）注意的持久性（稳定性）。这是指心理活动长时间保持在从事某种活动上的能力。

因为注意的这些特征，人们能够同时加工的信息数量是有限的。很多时候，人们一次只能注意一个声音、一个视觉对象或是一个思维事件。那么，在充满声音、色彩斑斓的忙碌世界中，人们是在信息加工的哪个过程开始撇开其他因素，注意到某个对象的？有哪些因素会影响人们所注意的对象？关于注意的研究，又有哪些有价值的结论呢？

1. 人们如何选择要注意的对象

当身边有众多声音、视觉对象，或者有几件继续思考的事件时，人们如何做出选择，决定注意对象？影响人们做出决定的因素主要有两个：目标导向因素与刺激驱动因素。

（1）目标导向又被称作自下而上的加工，指由已有的知识经验控制信息加工过程，它开始于高水平的目标和期望。例如，当人们准备上网买机票，进入图2-25中的网站后，与机票相关的按钮、链接、图片将更容易引起人们的注意，其他的内容则会自动被忽略。被试表示进入网站后，会自动去搜索与机票相关的信息，例如"机票"、往返日期的输入表格等。尽管网站下方的"手机预订更便宜"广告面积很大、颜色突出，但被试表示未注意到该广告，这是典型的目标影响用户注意的现象。

（2）刺激驱动又被称作自上而下的加工，指由外来的刺激信息激发、导向信息加工，它始于对刺激进行的低水平的特征分析。当人们站在路口，望向人群时，很可能被身穿鲜艳色彩衣服的人吸引，这就是一种刺激驱动，不是人们想要注意它，是它抓住了人们的注意力。

图 2-25　购票网站——目标导向影响用户注意

2. 听觉注意：选择所要追随的声音

早期的关于注意的研究主要针对的是听觉注意。这些研究基本都是围绕"双耳分听任务"展开。被试头戴耳机，两只耳朵分别传入不同信息，被要求持续追踪其中一条信息。绝大多数被试都能够注意这一条信息并忽略另一条。研究者又做了很多拓展试验，最终提出了两种理论来解释人类的听觉注意原理：过滤器理论、衰减与后期选择理论。

（1）过滤器理论：声音信息在系统内穿行直到到达某个瓶颈，在那里，人们可以根据声音的物理特征（例如音调）和语义内容选择要注意的信息。注意就是一个过滤器，或是一个闸门，在信息负荷超过认知加工容量的情况下阻断一部分信息，放行另一部分信息，使其进入加工系统。

（2）衰减与后期选择理论：人们会对所注意的声音信息进行增强，同时会对非注意信息进行减弱，而非完全阻断某些信息。注意能够增强或减弱对初级听觉皮层中的听觉信号的反应幅度。

3. 视觉注意：选择所要追随的视觉对象

（1）视觉注意的神经基础。构成视觉注意基础的神经机制与构成听觉注意基础的神经机制非常相似，集中于某一区域的视觉注意也能够增强来自这一区域的大脑皮层信号，同样，被忽略的视觉对象也将被削弱。与听觉注意相同，基于内容的注意也比基于物理特征的注意需要付出更多努力。在交互设计中，应当强化重要信息的物理特征，例如通过位置、色彩、形状、大小等给予突出表现，使用户花费尽可能少的时间完成任务。

（2）转移注意焦点。人们能够将注意力集中在视野的某一部分，并且能够转移注意焦点去关注更吸引他们的事物。视网膜不同区域的敏感度不同，其中位于中央的中央凹区域分布了最为密集的视锥细胞。中央凹仅占视网膜面积的 1%，但大脑的视觉皮层却有 50% 的区域用于接收中央凹的信息输入，而边缘视觉的敏感度非常低，视野边缘的物体更难引起注意。通常，人们会将大部分视觉加工资源投向关注点，并减少对视野中其他部分的资源分配。当阅读时，人们会移动眼球以注视下一个词汇。外来的刺激能够使人们将眼球从正在注视的位置上转移，当这一刺激出现在预期的位置时，能很快地进行转移；当刺激出现在意外的位置时，反应则较慢。在用户界面设计中，操作的反馈和提示应当出现在用户的视野中心，不然很可能被专注于任务的用户忽略。在图 2–26 中，界面的错误提示离用户的操作位置很近，配有醒目的禁止标志，很容易获得用户的注意。

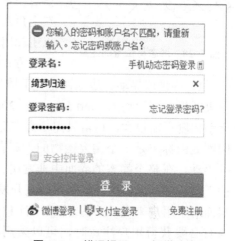

图 2–26　错误提示——视觉注意

（3）视觉搜索：特征越明显，越容易被搜索。人们能够根据物理特性来搜索物体，通常，目标与干扰物之间的差别越明显，搜索就越迅速。例如在一片白色花卉中寻找一朵红色花将是非常容易的，甚至不需要搜索，红色就像自己跳出来一样——刺激驱动注意。当人们在一个阵列中搜索某个对象时，只有当这个对象不具备我们要搜索的特征时，才需要逐行搜索。图 2–27 中的提交订单按钮特征明显，它作为整个页面最重要的按钮最能获得用户的注意。

图 2–27　提交订单按钮特征明显

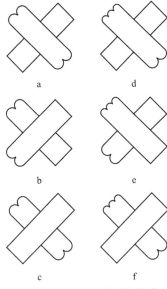

图 2-28　形态与位置的注意

（4）注意一个物体比注意一个位置更容易。

如图 2-28 所示，实验中要求被试快速判断位于这些物体两端的突起数是否相同。实验发现，当突起位于相同物体上（a、c、d、f）时，被试做出判断要快于突起位于不同物体上（b、e）。结果表明，将注意转移到一个物体上要比一个空间位置上更容易。

（5）返回抑制机制。注意具有返回抑制机制。当人们正在寻找一个物体时，他们更愿意到其他地方去寻找，而不愿意回到已经搜索过的位置。人们在将注意转移到已经注意过的位置时会比较慢。

（6）界面设计中引起用户注意的方式。每个界面中不同信息的重要性是不同的，通常可以通过位置（如用户一般从左上角开始浏览）、大小、形状、色彩等方式来强化某些信息以引起用户的注意。除了这些方式外，还可以用一些更强有力的方式来加强注意：

1）闪烁或晃动。边缘视觉善于捕捉运动，而视觉边缘的运动会导致眼球反射性地将中央凹投射到运动上（Jeff Johnson，2011）。设计界面时可以利用这一点引起用户的注意，运动幅度不需很大，通常只需一点点运动便足够引起用户的注意。如图 2-29 中的示例，圆圈处的标志是一个淘宝购物的入口。当用户开启该天气应用时，这个购物标志会旋转并晃动，在整个静态的界面中非常引人注目，用户通常会点击进去查看。作为一个免费的天气软件，提供这种购物入口是开发者盈利的方式之一，这对于开发者来说非常重要。然而对于用户来说，这种强烈吸引注意力的广告行为影响了应用整体的使用体验。因此，当有必要获得用户注意时，可以采用闪烁和晃动的形式，但一定不可滥用。必须使用时也应尽量减少持续时间和出现次数，否则会影响用户完成主要任务，引起其强烈的不满。

2）弹窗。弹出式窗口覆盖了原有的界面，可以强迫性获得用户的注意。这一形式也不可随意使用，只有足够重要、影响巨大的信息才应该用弹窗呈现；若经常弹出一些无关紧要的信息，就会打断用户的操作和思路，让人觉得厌烦。如图 2-30 所示，当用户要删除重要文件时，通过弹窗询问其是否确认删除是很合理的，进一步的确认可以防止用户的误操作。

图 2-29　闪烁引起注意

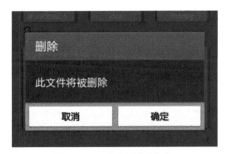

图 2-30　弹窗引起注意

4. 中枢注意：选择所要追随的思路

在多数情况下，人们每次只能追随一条思路，当不得不同时执行两个任务时，花费的时间要比分别执行两个任务的总时间要长。额外花费的时间可能是用在了注意的转移上。然而，同时执行多任务的能力可以通过练习获得提高，使某些任务达到自动化处理。例如，熟练的司机完全可以在听广播的同时进行安全驾驶。因为绝大多数人难以同时进行多个任务，这也提示设计者在设计交互产品尤其是移动产品时要精简产品功能。冗余的功能会让界面变得混乱，任务变得繁多，本来能触动用户的核心功能反而被掩盖了。所以，在设计之初，就要确定用户最想完成什么任务，针对特定需求进行精致设计的应用将会更纯粹、更易用，远比那些堆砌功能的应用更能打动用户。

2.4.3　识别

在人们成功识别客体之前需要进行大量的信息加工，现在我们就要讨论一下信息加工识别流程，其中包括人类如何获得视觉信息，将其整合为客体，最终完成识别的过程。图 2–31 所示是视觉信息加工识别的主要流程：

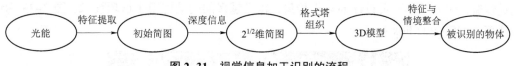

图 2–31　视觉信息加工识别的流程

本节将视觉信息加工识别过程分为以下三个阶段进行讲解：从视觉信号中提取信息、将视觉信息整合为客体、识别视觉信息。

1. 如何从视觉信号中提取信息

光线穿过晶状体和玻璃体投射到视网膜上，视网膜上的光感受器细胞与神经细胞相连，进一步将视觉信息传递到大脑皮层下的神经结构。负责处理视觉信息的神经结构包括外侧膝状体和上丘，外侧膝状体在觉察细节和辨识物体方面有重要作用，而上丘主要负责觉察物体的空间位置。

（1）觉察物体的线条方向和颜色。当视觉信号最初到达大脑皮层区域时，大量信息就已经被提取出来。视皮层细胞中的边缘察觉器和直条察觉器能够察觉物体的线条、颜色等特征。

（2）觉察物体的空间位置。仅仅察觉出物体的边缘、直条、色彩等是不够的，还需要确定这些边缘直条的空间位置，以此将投射在视网膜上的二维图像转换为外部世界的三维表征。视觉系统通过三种方式确定空间位置：纹理梯度、立体视觉、运动视差。

1）纹理梯度：指随着离观察者距离的增加，各个元素更紧密地聚在一起的趋势。如图 2–32 所示，墙砖从左到右的砖块越来越密集，人们会认为右侧的砖块离得更远。

2）立体视觉：两只眼睛所接收到的视觉信息略有不同，所以具有 3D 感知的能力。3D 眼镜就是利用了立体视觉原理，当显示器输出左眼图像时，左眼镜片为透光状态，而右眼为不透光状态；而在显示器输出右眼图像时，右眼镜片透光而左眼不透光，以这样地频繁切换来使双眼分别获得有细微差别的图像，经过大脑计算可以生成 3D 立体图像。

图 2-32　纹理梯度

3）运动视差：较远的点移动时，会比较近的点更慢地通过视网膜，这种运动使景物的尺寸和位置在视网膜的投射发生变化，进而产生深度感。这一原理目前也被用于网页设计中，称为视差滚动，是指让多层背景以不同的速度移动，形成立体的运动效果，带来非常出色的视觉体验。作为近年网页设计的热点趋势，越来越多的网站应用了这项技术。图 2-33 为运动视差（iOS Little Fox App）。

图 2-33　运动视差（iOS Little Fox App）

2. 如何将视觉信息整合为客体

仅仅知道边缘、直条、色彩以及位置信息还不足以使人们感知外部世界，人们还需要将它们组合在一起形成某些物体。那么人们是如何组合物体的呢？20 世纪早期，由德国心理学家组成的一个研究小组试图解释人类视觉的工作原理，他们观察了许多重要的直觉现象并进行分析。其中最基础的发现是人类的视觉是整体的：视觉系统自动对视觉输入构建结构，并且在神经系统层面上感知形状、图形和物体，而不是只看到互不相连的边、线和区域。这些理论表现为视觉感知的格式塔组织原则。这些原则早已广泛应用于学术界，为设计提供了准则和依据。下面将主要讲解格式塔组织原则中的六个重要原则及其在界面设计中的应用。这六个重要原则是：接近性原则、相似性原则、连续性原则、封闭性原则、对称性原则、主体/背景原则。

（1）接近性原则。接近性原则是格式塔理论中最为人们所熟知的，也是人们最常用到的一项法则，是指物体之间的相对距离会影响人们感知它们是否以及如何在一起。相对于其他元素来说，相近的元素倾向于被组织成单元。越接近，组合在一起的可能性就越大，它强调的是位置。

接近性原则被广泛应用于页面内容的组织以及分组设计中，对于引导用户的视觉及方便用户理解界面起到非常重要的作用。通过接近性原理对同类内容进行分组，同时留下间距，以便于用户理解界面中的元素分类，并给用户的视觉以秩序和合理的休憩。设计者经常使用分组框或分割线将屏幕上的控件和数据显示分隔开来。图 2-34 中，微软的 Word 软件使用分隔线将多个功能划分为五大类：剪贴板、字体、段落、样式和编辑。这样的方式方便人们记忆各个功能的位置，也使界面更加整齐而有条理，弱化功能的复杂感。Instagram 软件的设置页面，通过运用接近性原则使不同选项区分开，相关的功能在视觉上成为一组。如果接近性原则运用不当，相关内容距离太远，人们将很难感知到它们是相关的，软件学习将变得更加困难。

图 2-34　Word 软件的功能划分

（2）相似性原则。相似性原则强调形式。人们通常把那些明显具有共同特性（如形状、大小、颜色等）的事物归为一组。这一原理在界面设计中应用得非常广泛。如图 2-35 中的微软 Office 2013 图标设计所示，五个软件图标具有明显的共同特征。首先，图标的外轮廓都采用正方形，大小相同，图标的内部都有一样的翻转梯形，正方形与梯形作为五个图标的统一元素。其次，设计的风格具有高度的统一性，它们都采用平面化的抽象图形来表达软件的功能。最后，软件通过色彩与辅助形结合的方式来区别不同的软件，使软件图标做到既相似又不同。

图 2-35　微软 Office 2013 图标设计

（3）连续性原则。以上两个格式塔原则都与人们天生试图给对象进行分组的倾向有关，另外的几个格式塔原理则与人们的视觉系统试图解析模糊和填补遗漏来感知整个物体的倾向有关。连续性原则是指人们的视觉倾向于感知连续的形式而不是离散的碎片。图 2-36 是界面设计中常见的滑动条，一般用来调节屏幕亮度和音量。滑动条某个位置上有一个可滑动的按钮，而不是由滑动按钮分隔成的两条线。即使滑动按钮两边的滑动条颜色差别很

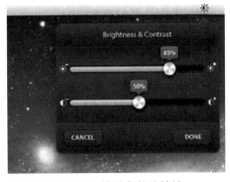

图 2-36 滑动条的连续性

大，也不会打破认为滑动条是一个连续整体的感知。

有时候为了简化界面，设计师会去掉一些分隔线，导致"连续感"变弱，而"接近感"变强，使得知觉上更倾向于意识到"列"，而用户理智上当然会想要去看成"行"，此时便产生了不适感。设计者需要帮用户建立连续感，例如使用一个起引导作用的条形背景作为对信息的提示，当用户意识到这种连续性时，对空间组织的困难与不适感会大大降低（见图 2-37）。

今天 (2封)					
□ ⊠	huofar.com	气[柳体质惊蛰节气的"活法儿"(100) - 您曾在活法儿里[[注[[注[[,并留了了邮箱。如果在需要需订此再添订，请点击此去退订，请[...会再[[接[[收]	今天 11:33	☆
□ ⊠	SEPHORA会员俱...	【丝芙兰春季新品推荐第一季】会员尊享5倍积分! (4) - 本邮件如能正常显示？ Can't see any images? -Click To Vie...	今天 09:27	☆
昨天 (3封)					
□ ⊠	聚美优品	聚美优品：超值团购[伊丽莎白雅顿绿茶香水2.6折】【美即199减50品牌团】【COACH名表全场2.3折起】【梵贝拉春季童装场...	昨天 15:01	☆
□ ⊠	Amazon.cn	美国数码摄影教程（完美版）（第2版）(6) - 我的亚马逊Z秒杀 查看全部商品 轻松购物，您最喜[[	昨天 09:32	☆
□ ⊠	Behance	Please Confirm Your Email Address (1215808251@qq.com) - If you cannot read this email, please click here . Please Confir...	昨天 00:46	☆
星期二 (4封)					
□ ⊠	人人网-人人校招	王乐, UPS公司邀请你加入2014校园招聘 - 本邮件包含图片信息，请勿转发他人，如本邮件不能正常显示，请点击此... 王乐，您好： UPS诚请你...	3月4日	☆
□ ⊠	1号店推荐	亲爱的小伙伴，【花草茶】【桂圆/荔枝】不是您的菜么，这里有合您口味的商品，总有一款急喜欢! (6) - 请[[edm@yhdmail.yhaed...	3月4日	☆
星期一 (5封)					

图 2-37 分组的连续性

图 2-38 中的网页界面使人们能识别出画面中表现的是三辆车：轿车、摩托车和越野车。仅选取物体的某一部分不会打断人们的想象，人们会自动在脑海中补充为完整连续的图形。这种表现方式很常用，可以给用户一定的想象空间，同时又具有视觉冲击力。

图 2-38 图片的连续性

（4）封闭性原则。与连续性相关的是格式塔的封闭性原则：人们的视觉系统自动尝试将敞开的图形关闭起来，从而将其感知为完整的物体而不是分散的碎片。人们的视觉系统强烈倾向于看到物体，以至于可以将一个完全空白的区域解析成一个物体。我们通常会将图 2-39 感知为一个三角形、一个边框三角形和三个圆形叠加在一起，然而画面上实际只有三个 V 形和三个吃豆人。设计师通常会用叠起的形式表示对象的集合，例如文档、消息或者图片。仅仅显示一个完整的对象和其"背后"对象的一角就足以让用户感知到有一叠对象构成的整体。

（5）简单性和对称性原则。人们倾向于分解复杂的场景来降低复杂度。人类的视觉系统会试图将复杂的场景解析为简单和对称形状的组合。在图 2–40 中，人们会感知为图中有三个丰富的条形叠加在一起，而不会感知为它是多个不规则的小三角形和矩形组成的复杂画面。人们总是倾向于以最简化的形式去理解自己所看到的一切。

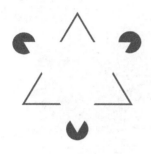

图 2–39　封闭的三角图形

图 2–40　识别的简化功能

人们也试图给自己减少视觉压力，尽量避免看到过于复杂的图形。如图 2–41 所示，人们感知到的是一个可爱的人脸表情，而不是其他抽象的图形，这是因为人们希望自己看到的是对称的、简单的、有实际意义的物体。因此在界面设计中，常用的图形元素还是以矩形、方形、圆形等既对称又简单的形状为主。对于移动端应用的界面设计，这一点更为重要。因为移动端用户常常会在移动的场景中进行操作，只有界面的图形足够简单才能使用户快速地完成某个任务，而不是占用用户宝贵的时间去猜测图形的含义。

图 2–41　人们感知到的人脸表情

（6）主体/背景原则。此原则指出大脑将视觉区域分为主体和背景。主体包括整个场景中吸引人们主要注意力的所有元素，其余的则都被认为是背景。在界面设计中，正确运用背景有利于渲染使用场景的氛围或告知用户自己所处的位置。近年来，网站设计者倾向于用高质量的图片作为整个网站的背景，一张精彩的图片能够立刻将浏览者带入网站营造的氛围和情绪中，使用户产生共鸣。如图 2–42 所示，这是一个意大利的房地产公司宣传网站，进到主页，人们首先会被中间的圆形吸引，获知信息"Love Italian Style"，在阅读文字的同时，人们已经受到整个背景的感染，开始认同美丽而典雅的意大利风格的确值得所爱，而这种情感的共鸣能够将更多的访客留在网站继续探索。主体/背景原则也经常用来在其他内容之上弹出信息。之前作为用户注意力焦点的内容临时成了新信息的背景，新的信息短暂地作为新的主体。这种方式可以避免大量的页面跳转，更能获得用户的注意，并且让用户更清楚自己所处的环境。

在现实使用的界面中，各种格式塔原则并不是独立存在的，通常都是共同发挥作用。在进行界面设计时，应遵守格式塔的基本原理，顺应人的视觉规律，使界面更好用、更易用。在完成设计之后，可以拿格式塔原则对各个设计细节进行检验和验证，避免为了视觉效果或特立独行而违背人的视觉规律。同时，在设计的过程中，要灵活运用格式塔原理，在符合基本规律的基础上做出适度的、合理的创新，不仅让用户觉得产品好用，还要不时送给用户惊喜，使用户愿意留在界面中继续探索。

图 2-42　意大利的房地产公司的宣传网页

3. 视觉模式识别

前面主要论述了如何将视觉世界整合为客体,接下来将分析认知外部世界的重要一步:识别这些客体。这一过程称为模式识别。学术界关于模式识别方式的研究成果主要有两种:模板匹配原则和特征分析。

（1）模板匹配原则。模板匹配原则认为,模式识别就是通过模板的比较辨别事物。当人们面对一个刺激时,会将该刺激与大脑中存储的模板进行一一匹配,寻找出匹配程度最高的模板,来进行物体的识别。当一个字母 A 出现在人面前时,视网膜上的影像传到大脑,大脑将此影像与其存储的各种模式的模板进行比较,实现对应后则该影像被识别。若找不到相似的模板,则该模式会被认为是一个未知的模式,并建立新的模板,以便以后识别该刺激。模板匹配理论对于识别的解释并不完全准确。人在识别刺激时是有很大概括性的,常常会把具有一定差别的物体识别为同一物体。例如当好友进行乔装打扮后,即使与之前有了很大变化,人们也能认出来,这点是模板匹配理论难以解释的。

（2）特征分析。特征分析认为,刺激实际上是基本特征的组合。各种模式是以它们分解后得到的一系列特征形式来表征的;模式识别的过程就是抽取当前刺激的各方面特征,然后与记忆中各种模式的特征进行比较,找到最佳的（至少是最满意的）匹配。例如字母 A,其实是由以下特征组成:一条水平线、两条反方向斜线、一个交叉、对称。使用特征形象而不是宏观的认知模式可以减少大脑中模板的数量,仅需识别出几个特征,这样便可识别出该刺激。

（3）综合利用情境与特征进行识别。研究发现,人们在识别刺激时并不仅仅是依靠上述特征,也要依靠该刺激所处的情境。例如,单词 WORK 的字母 K 被部分遮挡,只看该字母我们无法判断它是 K 还是 R,但测试发现,人们都能立刻识别出它是 K,因为它处在了 WORK 这个单词的情境中。因此,综合利用情境与特征,即使特征缺失了一部分也不影响识别。

2.4.4　记忆

记忆是过去经验在头脑中的反映。所谓过去的经验是指去对事物的感知，对问题的思考，对某个时间引起的情绪体验，以及进行过的动作操作。记忆不像感知那样反映当前作用于感觉器官的事物，而是对过去经验的反映。这些经验都可以以映像的形式存储在大脑中，在一定条件下，这种映像又可以从大脑中提取出来，这个过程就是记忆，如图 2-43 所示。

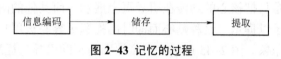

图 2-43　记忆的过程

在心理学范畴，通常把记忆区分为短期记忆和长期记忆。外部世界的信息短暂地保持在感觉存储中，如果没有受到注意则会消失，若受到注意则会成为短期记忆。短期记忆中的信息需要经过反复复述才能进入长期记忆中，过程如图 2-44 所示。

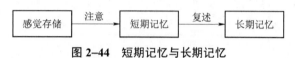

图 2-44　短期记忆与长期记忆

短期记忆和长期记忆都有其特性和优缺点，在把握这些特点的基础上，人们可以使交互系统益于支持和增强人的记忆，并避免人为增加负担。

1. 短期记忆

（1）定义。人的大脑有多个注意机制，它们使人专注于感觉和被激活的长期记忆中的某个子集，而忽略其他刺激。这些存在于"此时"的刺激构成人们短期记忆的主要部分，保持时间一般不超过 1 分钟。短期记忆中的信息是当前正在加工的信息，因而是可以被意识到的，又叫工作记忆。

（2）特点。短期记忆最主要的特点是低容量和高不稳定性。

1）低容量：人无法将信息始终保持在短期记忆中，因为新的信息会不断涌入并将旧的信息从短期记忆中挤走。那人能够储存多少短期记忆呢？1956 年，美国心理学家 G·米勒发表了题为《神奇数 7 加减 2：我们加工信息的能力的某种限制》的论文，根据复述 3～12 位的随机排列数字表发现，信息一次呈现后，被试能回忆的最大数量——短时记忆的容量一般为 7±2 个单元。

2）高不稳定性：短期记忆可以视为当前所注意的焦点，当人们需要注意新事物时，必然需要将注意力从当前关注的事物上移开。这就意味着，短期记忆保持的时间很短，随时可能消失，比如在谈话中若突然被某件事打断，处理完后人们经常会忘记之前正在谈的内容。

（3）对交互设计的影响：短期记忆的低容量和高不稳定性对交互系统的设计提出了很多要求。其中最基本的要求是交互系统应当帮助用户记住核心信息，不能指望用户记住他们的位置、任务的进行状态等。因为用户在使用产品时很容易被其他事物打断，当他们的注意力重新回来时，应当告知他们在哪儿中断、已经发生了什么。接下来仅举三个例子说明交互设计该如何照顾用户的"坏记性"。

示例 1：新手引导

安装新应用时，人们发现绝大多数应用都会设置新手引导页，用来讲解产品的主要功能、使用方式、设计理念等。在新手引导页设计的初期，通常都是把产品的所有功能、信息一股脑全抛给用户，引导页一般为 3 页，多的时候甚至达到五六页。对于刚安装完应用，急切地想要开始使用的用户来说，仔细看引导页上的所有信息非常困难，况且，即使是全部看了，这种短期记忆也是非常容易遗忘的。用户很可能在使用过程中忘记这个产品都有哪些功能，或者是翻遍整个应用去寻找某个功能。鉴于这种情况，目前很多新手引导方案都进行了优化，通常是只把核心的功能在引导页上展示，而其他的附加功能或信息在用户跳转至相应界面时才予以提示。这种贴心而即时的提醒更容易被用户记忆，用户随之进行操作也能进一步加深印象。图 2-45 所示为百度地图的帮助引导与提醒。

图 2-45　百度地图的帮助引导与提醒

示例 2：提醒用户在任务中所处的阶段

当用户需要完成的任务需要多个步骤时，他们经常会忘记自己进行的阶段和位置，这会使其产生迷失感，可能会返回到上一步中查看，或者是放弃任务，于是用户体验大打折扣。这就需要设计人员时刻在界面中提醒用户他们所处的阶段。例如淘宝的购物页面，页面上部通过箭头说明了任务阶段（见图 2-46），并且通过明显的亮度区分提醒用户自己所处的位置，清晰明确。

图 2-46　提醒用户的任务阶段

示例 3：提醒用户正在搜索什么

当人们在网站中搜索信息时，输入搜索词后便开始了较长时间的结果查看过程。由于短期记忆的有限，人们在查看结果的时候常常会忘记自己输入的搜索词是什么。百度的搜索页面对此做出了优化，在用户不断向下浏览时，搜索框始终固定于窗口上方，减轻了用户的记忆压力，如图 2-47 所示。

图 2-47　百度的搜索页面

2. 长期记忆

（1）定义。短期记忆经过多次的重复和强化可以形成长期记忆，长期记忆是记忆的存储，一般能保持多年甚至终身。

（2）特点。

1）容量无限：长期记忆的容量，无论是信息的种类还是数量，都是无限的。

2）容易出错：对事物进行长期记忆的过程，通常伴随着大量详细信息的丢失。

3）需要再认和回忆：长期记忆中存储的信息如果不是有意提取的话，人们是不会意识到的。只有当人们需要借助已有的知识经验时，长期记忆存储的信息被提取到短期记忆中，才能被人们意识到。再认是将新信息与记忆中的旧信息进行匹配；回忆是对旧信息的再现。一般来说，再认可以等同于模式识别，比回忆要容易。

4）可以遗忘或衰退：长期记忆的遗忘或因自然的衰退，或因干扰造成。

（3）对交互设计的影响。

示例 1：应该帮助用户加强记忆。

由于长期记忆的信息不完整以及回忆时容易出错，人们需要工具去加强记忆。在网站或者移动应用注册时，通常会有密保问题这一选项，方便用户找回密码。但是密保问题的问题和答案本身又都需要用户进行长期记忆，又增加了用户的记忆负担。现在很多设计者对密保问题做出了优化，允许用户自己设置密保问题，这样用户可以选择自己印象已经很深刻的问题进行设置，减小了遗忘的可能性。

示例 2：保持用户界面的一致性。

操作越一致、界面布局越一致，越能加深用户对产品使用的长期记忆，用户使用产品的体验就越流畅。例如，安卓 4.0 系统中，统一设计为取消键在左、确认键在右，用户在使用系统的时候已经形成了确认键在右边的记忆。安卓平台的应用在设计确定、取消键位置时应当与系统的设计保持一致。因为用户常常会依靠记忆不假思索地认为右边的按键为确认键。因此，保持一致性、按照用户的记忆和习惯设计，可以大幅降低用户对产品的学习成本。

示例 3：识别和选择比回忆和输入更容易。

让用户记忆信息并提取出来使用是困难的，对人的脑力要求很高。用户更愿意进行识别和选择。给用户选项让用户去选择要比强迫用户回忆容易。

2.4.5 学习

人类能够从经验中学习，并将学习的技能用于完成任务、解决问题。本小节将首先讲解人类是如何学习的，接着总结人类学习的特点以及影响因素，最后提出这些结论对交互系统设计的启示。

1. 学习的三个阶段

（1）第一阶段：认知阶段。在这个阶段，人们对任务进行陈述性编码，即记住与任务相关的一系列事实，这些事实可以指导人们完成任务。例如新手学习开车的初期，需要记住每个挡位的功能，油门、离合器、刹车踏板的位置及使用方法，还需要知道仪表盘上数值的意义、按键的作用等大量的知识。但在这一阶段，人们只是能记住这些知识，还不能应用于实践，需要经过仔细的思考才能解决开车的问题。

（2）第二阶段：关联阶段。在这个阶段主要产生了两种变化。第一种变化是人们会慢慢地发现并修正认知阶段中的错误认识。比如离合器想要正确使用需要快踩缓抬，否则容易熄火；上坡时应当挂低挡、加大油门等。第二种变化是人们执行任务时需要思考的时间变少、操作更熟练。在这一阶段，人们已经能正常地执行任务了。

（3）第三阶段：自主阶段。在这个阶段，人们执行任务的过程变得更加迅速，以至达到了自动化的程度。当人们对一个任务的执行变得熟练时，中枢认知开始逐步退出执行任务的过程。一些复杂的技能，比如开车，已经越来越自动化，不需要动用过多认知资源了。例如熟练的司机完全可以边开车边与乘客自如地交谈了，甚至意识不到自己根据路况进行了换挡、加油门的操作。

2. 学习的主要特点

（1）人们善于从经验中学习。人类大脑进化出快速而容易地从经验中学习的能力，不过这一能力并不完美。学习的效果会受到任务难易度的影响，越复杂的事物越难以学习，耗费的学习时间越多。

（2）完成任务越熟练则动用的认知资源越少。随着人们对任务的掌握程度越来越高、操作越来越熟练，所占用的大脑资源也就越来越少。当人们对任务熟练到能用无意识的方式完成时，那么任务对人的注意力要求就会降低，这时，人们完成它也就变得轻而易举了。

（3）人们倾向于在无意识中完成任务。无意识的方式消耗很少的注意力，并且能够多任务同时进行；而受控的方式对注意力的集中有着很高的要求，一般无法与其他活动同时进行，这就要消耗更多的脑力，完成任务更加疲惫。

（4）动作型的任务容易学习。例如骑自行车、演奏乐器、烹饪等以动作为主的任务比较容易学习，一般经过多次重复后很容易达到无意识操作。

（5）解决问题和计算难以学习。解决问题和计算需要的注意力更多，学习的过程更加缓慢。它们需要大脑始终处于受控的状态，消耗大量注意力和短期记忆的资源。通常需要通过专业的、持续的训练才能熟练掌握。

3. 对交互设计的启示

学习对象不同，操作的难易度也就不同。简单的任务可以在无意识的状态下完成，而困难的任务则需要在受控的状态下完成并需要消耗大量的注意力和脑力。显然，技术的进步可以使那些需要受控完成的任务转化为无意识完成的任务，以减轻用户的压力和负担。

那么，交互系统该如何设计，才能使用户尽可能用无意识方式来完成任务呢？针对这一问题，设计者对交互系统设计提出了四条基本原则：专注于任务、尽可能简单、保持一致性和低风险性。

（1）专注于任务。用户使用任何产品都是为了完成某些任务，产品则充当了完成任务的工具和帮手（见图 2–48）。开始设计时，设计者应当牢记产品只是作为工具来帮助用户完成任务，任务才是用户最关注的对象，而产品（工具）本身不应牵扯用户过多的注意力。应使用户不需要考虑工具本身，而能更关注于他们的

图 2–48　产品与任务关系

任务。要做到这点，要求设计者彻底了解用户目标，进行任务分析并设计一个以任务为核心关注点的产品模型，最后根据分析结果和产品模型进行用户界面的设计。

例如，有的手机配有触控笔，当用户拔出触控笔时，界面将自动切换到记笔记的界面，并已开启输入状态，用户可以直接书写，无须任何其他操作。这是一个任务分析很成功的例子，用户拔出触控笔时，通常是为了进行记录信息这一任务。通过自动切换页面，最大限度地弱化了工具的操作感，用户能立即投入书写的状态中去。

（2）尽可能简单。产品开发人员经常会担心"用户万一需要某某功能"，这一担心很可能导致产品功能过多、操作繁杂、界面拥挤，而实际上用户需要用到的只是某几个主要功能而已。这些次要功能的加入反而使产品越发难以学习。因此，在设计中，找出用户的主要任务后，应当坚定地把主要功能做好，忽略小众用户的需求，很多时候，少就是多。必须为特定的需求进行细致的裁剪，才能带来良好的用户体验。

（3）保持一致性。用户通过对交互系统的适应，逐步从受控的、有意识监控的、缓慢的操作，进步到无意识的、无须监控的和更快的操作，这个进步过程的速度受到系统一致性的影响。（Schnerder & Shiffrin，1997）。在不一致的系统中，用户无法对不同的功能如何操作做出估计，所以就必须把每一个功能学习一遍，耗费更多的精力。

（4）低风险性。人都会犯错。设计不合理的交互系统会使用户容易犯错，而且又难以修正错误，或者是犯错的代价很高。这种"危险"的交互系统会使用户感到紧张和焦虑，阻碍用户对系统功能的探索，自然也会打击用户的学习热情。因此在设计中，应尽可能地降低系统的风险。需要向用户清楚地表明他们正在做什么，有没有风险，当出现错误时要及时提醒用户并告知如何修正，修正的方式要尽可能简单。在这样低风险的系统中，用户才更愿意探索新的功能、做新的尝试。

例如图 2–49 中 QQ 的账号管理页面中，"退出当前账号"几个字起到警示效果，告诉用户点击是有风险的，因此退出之后用户将要面对重新输入密码登录的麻烦；当用户仍然选择点击时，第二次警告出现了，即弹出"退出当前账号"和"取消"的选项，而不是直接退出。用户需要再次确认是否退出，以避免误操作造成的麻烦。这就是一个降低系统风

险的案例。

图 2-49 QQ 的账号管理页面

2.5 交互式产品的生命周期模型

想要真正了解交互设计，就要了解交互设计的每一个阶段里都涉及哪些活动，以及这些活动与整个产品开发过程的关联。在交互式产品开发过程中，人们已经提出了一些所谓的生命周期模型，以表示各项活动的相互关系，其中最典型的包括瀑布模型、螺旋模型、星型生命周期模型和可用性工程模型。

2.5.1 瀑布模型

1970 年 Winston Royce 提出了著名的"瀑布模型"。瀑布模型是第一个得到广泛认可的模型，在它出现之前并不存在大家一致承认的软件开发方法。瀑布模型基本上是线性的，它要求必须完成一个活动之后才可以开始下一个活动。其核心思想是按工序将问题简化，将功能的实现与设计分开，便于分工协作，即采用结构化的分析与设计方法将逻辑实现与物理实现分开。将交互设计生命周期划分为需求分析、设计、编码、测试、维护五个基本活动，并且规定了它们自上而下、相互衔接的固定次序，如同瀑布流水，逐级下落（见图 2-50）。在瀑布模型中，交互设计的各项活动严格按照线性方式进行，当前活动接受上一项活动的工作结果，实施完成所需的工作内容。当前活动的工作结果需要进行验证，如果验证通过，则该结果作为下一项活动的输入，继续进行下一项活动，否则返回修改。

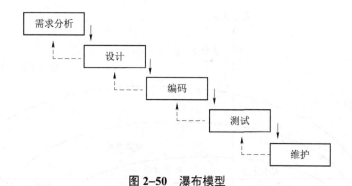

图 2-50　瀑布模型

瀑布模型有很多优点，它为项目提供了按阶段划分的检查点，当前一阶段完成后，只需要去关注后续阶段就行了，我们还可在迭代模型中应用瀑布模型。它提供了一个模板，这个模板使得分析、设计、编码、测试和支持的方法可以在该模板下有一个共同的指导。同时瀑布模型也有一定的缺点，各个阶段的划分完全固定，阶段之间产生大量的文档，极大地增加了工作量；由于开发模型是线性的，用户只有等到整个过程的末期才能见到开发成果，从而增加了开发风险；瀑布模型的突出缺点是不适应用户需求的变化，过程基本不可迭代，需求在开始存在不确定性，错误到最后才能发现，开发进程呈现阻塞状态。尽管瀑布模型招致了很多批评，但是它对很多类型的项目而言依然是有效的，如果正确使用，可以节省大量的时间和金钱。

2.5.2　螺旋模型

1988 年，Barry Boehm 正式提出了"螺旋模型"，它将瀑布模型和快速原型模型结合起来，强调了其他模型所忽视的风险分析，特别适合大型复杂的系统。

螺旋模型（Spiral Model）采用一种周期性的方法来进行交互产品的设计。这会导致开发出众多的中间版本。使用它，产品经理在早期就能够为用户创造出某些低版本功能的产品。该模型是快速原型法，以进化的开发方式为中心，在每个阶段使用瀑布模型法。这种模型的每一个周期都包括需求定义、风险分析、工程实现和评审四个阶段，由这四个阶段进行迭代。交互设计过程每迭代一次，就相当于又前进一步。每一次迭代都可基于不同的生命周期模型，可以有不同的活动（见图 2-51）。

螺旋模型的核心就在于不需要在刚开始的时候就把所有事情都定义得清清楚楚，而是轻松上阵，定义最重要的功能，实现它，然后听取客户的意见，之后进入下一个阶段。如此不断轮回重复，直到得到满意的最终产品。螺旋模型强调风险分析，使得开发人员和用户对每个演化层出现的风险有所了解，继而做出应有的反应，因此特别适用于庞大、复杂并具有高风险的系统。对于这些系统，风险是软件开发不可忽视且潜在的不利因素，它可能在不同程度上损害软件开发过程，影响软件产品的质量。减小软件风险的目标是在造成危害之前，及时对风险进行识别及分析，决定采取何种对策，进而消除或减少风险的损害。螺旋模型鼓励考虑不同的方案并且修改存在问题或者潜在问题的步骤。螺旋模型基本做法是在瀑布模型的每一个开发阶段前引入一个非常严格的风险识别、风险分析和风险控制阶段，它把交互设计的整个过程分解成一个个小阶段。每个小阶段都标识一个或多个主要风险，直到所有的主要风险因素都被确定。

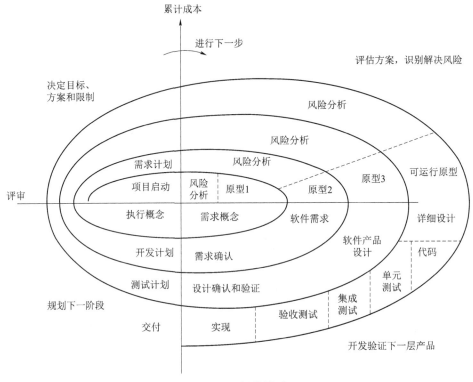

图 2-51　螺旋模型

螺旋模型有很多优点，首先是设计上的灵活性，可以在设计的各个阶段进行变更。其次以小的分段来构建大型系统，使成本计算变得简单容易。客户始终参与每个阶段的开发，保证了项目不偏离正确方向以及项目的可控性。但是螺旋模型也存在一定的缺陷，它很难让用户确信这种演化方法的结果是可以控制的。另外，开发过程建设周期长，而软件技术发展比较快，所以经常出现软件开发完毕后，呈现的产品和当前的技术水平有了较大的差距，进而无法满足当前用户的需求。

2.5.3　快速应用开发模型

1999 年，James Martin 首次提出的快速应用开发（Rapid Application Development，RAD）模型，是一个增量型的软件开发过程模型，强调极短的开发周期。在 20 世纪 90 年代，人们越来越注重用户，快速应用开发模型（RAD）也应运而生。RAD 采用的是以用户为中心的方法，目的是把因时间问题而导致需求的变化所造成的风险降到最低，这一模型的提出也弥补了瀑布模型这种线性方式模型的不足。

RAD 项目有两个关键特征，其一是周期时限大概六个月。当时间一到就要求提交已完成的系统或者部分系统，实际上 RAD 项目是把大型项目分解为许多小项目，以便逐步交付产品。RAD 允许开发人员使用更为灵活的开发技术，它也能提高最终系统的可维护性。其二是用户和开发人员可以共同参与联合应用开发（JAD）专题讨论，研究并确定系统需求。JAD 专题讨论是广泛收集需求的过程，其间需要解决各种难题并做出决策。邀请用户代表参加专题讨论，这样才能了解到用户的真实意见，设计出真正符合用户需求的交互产品。

基本的 RAD 生命周期包含五个阶段，它们是：项目启动、专题讨论，迭代开发、评估系统、实现复审（见图 2-52）。正因为 RAD 的普及，出现了基于 RAD 的行业标准——DSDM（动态系统开发办法）（Millington&Stapleton，1995）。DSDM 联盟是非营利性的，由一些倡导软件标准化的公司组成。DSDM 提出的原则中有一项就是"用户的积极参与是必要的"。

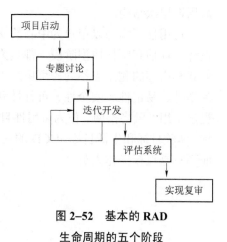

图 2-52　基本的 RAD
生命周期的五个阶段

RAD 模型开发速度快，质量有保证，对信息系统特别有效。然而，RAD 模型也存在很多局限性，对于较大的项目，需要足够的人力资源去完成。设计师和用户必须在很短的时间内完成一系列的需求分析，任何一方配合不当都会导致 RAD 项目失败。这种模型对模块化要求比较高，如果有哪一个功能不能被模块化，那么建造 RAD 所需要的构件就会有问题。技术风险很高的情况下不适合使用这种模型。

2.5.4　星形生命周期模型

1989 年，Hartson 和 Hix 在研究了界面设计师如何进行设计之后，提出了人机界面开发的星形生命周期模型。它是从人机交互（HCI）设计问题的种种方法中推导出来的，形成了一个非常灵活并且以"评估"为核心的开发过程，当一个活动结束时，必须对它的结果进行评估。星形生命周期模型没有指定任何开发次序，可以从一个活动经过"评估"之后切至任何一个活动，但它的每个活动都是密切相关的。项目可以开始于需求分析工作，也可以评估现有的情形，或者是分析现有的任务。星型生命周期模型有两个不同的活动模式，分别是分析模式和合成模式。分析模式是从系统到用户的方法，特征是自顶向下、组织化、判定和正式化。合成模式是由用户至系统的方法，特征是自底向上、自由思考、创造性。在进行交互设计时，设计师可以在两种活动模式之间转换。

2.5.5　可用性工程生命周期模型

1999 年，Deborah Mayhew 最先提出"可用性工程生命周期"，这是一种更为结构化的开发方法。许多研究人员都发表过关于可用性工程的论文，Mayhew 自己曾说过："'可用性工程生命周期'这个概念不是我发明的，我也没有发明它所含的任何可用性工程任务。"但是，Mayhew 的贡献在于她最先把生命周期模型的概念用在可用性工程中，提出了解决可用性工程的具体方法，论述了执行可用性工程的具体任务，并且说明了如何把可用性工程的概念融入传统的生命周期模型，对那些没有进行多少可用性工程研究经验的人来说意义重大。它说明了如何把可用性任务与传统的软件开发活动相联系。

可用性工程生命周期模型包含了三个基本任务：需求分析、设计、安装。其中设计环节十分关键，同时也包含很多子设计阶段，如设计、测试和开发，这三个任务与软件工程中经典的瀑布模型是匹配的，因此对真实的软件开发过程具有现实的指导意义。可用性工程的第一任务就是要提出一系列可用性目标，Mayhew 提出可以用"风格指南"的方式来表示目标，然后应用于整个项目开发，以确保满足最开始提出的可用性工程目标。Mayhew 还提出应该根据开发系统的不同，舍弃一些不必要的子步骤，有些项目并不需要完整的生命周期层次结构。

可用性工程与以用户为中心的交互设计（UCD）有相似的地方，它们都包含了需求、设计、评估和制作原型阶段，都是为了开发出更加适合用户使用的软件，不过它们的研究方式和内容的侧重点不同，可用性工程侧重于满足直接操作用户的交互需求，使软件具有易学性、易记性、安全性、可行性和有效性等可用性目标。它包含了更多的细节，并明确提出了用"风格指南"作为可用性目标的表现机制。而 UCD 从另外一个角度，给出最终目标、体验目标和生活目标。UCD 的三个目标使得其用户群扩展到与软件相关的其他一些人，而不只是直接操作人员。

第 3 章
建 立 需 求

当人们希望借助某种方式来完成某些任务时，产品便应运而生。简单来说，产品的出现正是借助需求的驱动，人们设计出各种产品的根本目的就是满足使用者的需求，对于使用者需求的满足程度也是人们评判产品成败的最基本方式。一个成功的产品设计必然依托对需求的准确把握。对产品设计过程而言，需求的明确就如建筑的地基一般，具有决定性的意义。

3.1 明确需求

UCD 即以用户为中心的设计，这一思想已经广泛应用于交互设计过程中，因为用户才是产品成功与否的最终评判者，用户需求的重要性不言而喻。然而，对于交互设计的整个流程来说，明确的需求并不仅仅是用户的需求，还包括同样重要的企业需求。企业对于任何一款产品都有自己的需求和目标，即企业的产品目标和战略——企业想从产品中得到什么。这些需求包括推广自己的理念和品牌，提高知名度；改善购物网站以增加产品销量；更新企业内部管理系统以提高员工工作效率等企业活动。

在产品设计的整个流程中，企业需求和用户需求共同决定产品的走向。设计人员正是在两种需求的指导下，不断权衡、调整和改进产品的设计，做出正确的决策。因此，以需求为导向的设计过程如图 3-1 所示。

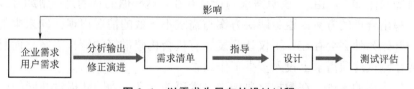

图 3-1 以需求为导向的设计过程

软件产品的需求可以分为功能性需求和非功能性需求。功能需求（Functional Requirement）定义了开发人员必须实现的软件功能，使得用户能完成他们的任务，从而满足业务需求。作为功能需求的补充，软件需求还应包括非功能需求。

3.1.1 功能需求

在软件需求规格说明书（Software Requirements Specification, SRS）中说明的功能需求

充分描述了软件系统所应具有的外部行为。软件需求规格说明在开发、测试、质量保证、项目管理以及相关项目功能中都起了重要的作用。对一个大型系统来说，软件功能需求也许只是系统需求的一个子集。功能需求力求告诉开发者要构建什么。功能需求指明了产品必须做的事情，即产品为了满足其存在的需求而必须执行一些动作。

需求描述的是产品需要做什么来支持拥有者的业务。解决方案强调需求的技术实现。需要注意的问题是开发者在描述如何编写需求时，要理解企业真正的业务需求，把握产品的核心功能，确保打造方向正确的产品。不要去尝试打造技术方案，而是要确定技术方案需要解决的问题，具体的解决方式由设计师和工程师提供。

1. 发现功能需求

从真实的用户场景中提取需求，将需求转化成为产品的功能需求。针对每一个任务问一个问题："为了完成这些任务，产品必须经过哪些步骤？"完成所有步骤后，就为这个任务写好了功能需求。

从一个步骤导出的需求数量经验值通常要少于 6 个，超过经验值就表示需求粒度太小，或者用例本身很复杂。少于经验值则表示场景的粒度太小，或者需求粒度太大。

注意：（1）用户使用场景的价值在于可以让开发者对功能有概括的理解，再针对它编写需求。（2）场景中的步骤是业务利益相关者可以识别的，因为要用利益相关者的语言编写这些步骤。（3）这意味着这些文字描述的情景还原程度较高，封装了产品的功能细节。即我们可以将每一步的细节理解为产品的功能需求，现在的任务是通过编写功能需求来展示这些细节。

2. 优质功能需求的标准

标准必须包含足够的细节，让开发者能够依据需求设计出正确的产品。用尽可能精简、专业的语言描述功能需求，达到最佳效果。

3. 优质功能需求的要素

（1）细节程度和粒度。需求由一个单句写成，只有一个动词。如：产品将接收一个调度日期（如果调度日期不是今天也不是明天，产品将发出警告）。使用一致的形式来编写需求描述（"产品应该/必须/将……"是最常见的），并使用单独的属性来说明需求的优先级。

（2）给需求添加"理由"，说明需求为什么存在。这样做的目的是：帮助开发者理解真正的需求，写出合理的方案，避免解决方案与需求不一致的情况出现；向未来的维护者说明了需求一开始为什么会存在；不仅让开发者有机会构建最好的解决方案，而且也告诉测试人员需要在测试这项需求上投入多少工作量。

（3）收集常用的术语，在数据字典中定义术语的含义，为团队提供共同的语言。

（4）针对每个场景中的"异常/可选"步骤编写功能需求（即确定产品完成这个步骤必做的事）。

（5）针对有条件的需求（只有在特定的处理环境下才会发生）编写功能需求。

（6）避免二义性的方法：语言本身有很多一词多义的情况。如"产品要显示未来 24 小时的天气预报"还是"它必须显示某种天气情况并持续一天"；虽然所有东西都有可能存在二义性，但是场景为需求设定了上下文，从而减少了这种风险；在数据字典中渐进地定义术语，将在很大程度上消除二义性；消除需求中所有的代词，用主语或宾语取代它们，指明所代称的东西；编写一项需求时将它大声朗读出来。如果可能，让一个同事把它朗读出来。与利益相关者确认所有人都把需求理解为相同的意思。

（7）对于技术需求（纯粹因为所选择的技术而产生的），建议将它在一份单独的规格说明书中记录下来，或者清楚地指出它是技术需求，与业务需求记录在一起。

（8）对功能分组，好处是容易发现相关的需求组，也容易测试功能的完整性。

4. 描述产品功能的其他方式

（1）利用使用场景添加实现细节作为规格说明。

条件：面对的预期产品是常规产品，开发成员已经对此业务领域非常熟悉，需求分析师和开发者很有经验，并且愿意合作。

注意：对场景进行改写时要让场景中的步骤体现出产品的视角，需求分析师和开发者、测试者必须相信，他们能够基于这种增强的场景编写和测试该产品。如果产品构建要外包给外部供应商或组织机构中的其他部门，就不要采用这种方法。对于外包，最好编写原子功能需求，以减少误解的可能性。

（2）用户故事。用户故事是编写功能需求的一种方式。用户故事通常由产品拥有者（客户的代表）写在故事卡片上，产品拥有者是敏捷团队的一部分，代表业务的视角。故事卡片的意图不是要指定需求，而是作为需求的起点。在开发过程中，通过开发者和利益相关者之间的对话，会发现这些故事。故事通常写在卡片上，开发者会在卡片上标注他们的详细需求，以及必要的测试用例。

（3）业务过程建模。如果创建了流程图（或其他类型的过程模型），那么考虑它们是否可以和过程描述一起作为功能需求。流行的技术有 UML（Unified Modeling Language）活动图、BPMN（Business Process Model and Notation）过程模型图、数据流模型等，可以把过程模型作为基础，然后根据图中的每个活动编写原子需求。

3.1.2 非功能需求

非功能需求的类型包括观感需求、易用性和人性化需求、执行需求、操作和环境需求、可维护性和支持需求、安全需求、文化需求和法律需求。

1. 观感需求

简单来说，观感就是用户第一眼看到产品界面、初步操作后的感官感受，描述了对产品外观期望的精神实质、情绪或风格。这些需求规定了外观的风格、目标，但不是一份详细的界面设计。

2. 易用性和人性化需求

易用性和人性化需求使产品符合用户的能力以及对使用体验的期望。产品易用性会影响生产效率、错误率和接受程度。易用性和人性化需求包括：

（1）用户的接受率和采用率；

（2）因为引入该产品而导致的生产效率的提高；

（3）错误率；

（4）在产品使用的国家被不该说该国语言的人使用；

（5）个性化和国际化，让用户改成本地拼写方式、货币，以及其他选项；

（6）对残障人士的可用性；

（7）被没有计算机使用经验的人使用；

（8）在黑暗的时候使用；

（9）礼貌（如避免要求用户重复已输入的数据）。

易用性需求来源于两个方面：客户期望产品达到的易用性水平与预期用户具有怎样的经验，值得注意的是，易用性常常是可以让产品与竞争产品产生差异化的因素。

3. 执行需求

执行需求主要来自操作环境。每种环境都有自己的特点和条件，人、机器、设备、环境条件等都会对产品有要求，产品如何响应这些操作环境的特点，就是相应的执行需求。在考虑执行需求时，要考虑以下方面：

（1）完成任务的速度；

（2）结果的精度；

（3）操作者的人身安全；

（4）产品的数据容量；

（5）允许的值的范围；

（6）吞吐量，诸如单位时间完成的事务数；

（7）资源使用的效率；

（8）可靠性，通常表述为两次故障间的平均无故障时间；

（9）可用性，不停机时间，用户可以访问该产品；

（10）容错能力；

（11）以上大多数特性的可伸缩性；

（12）对人和物造成损害的风险。

4. 操作和环境需求

操作和环境需求规定了如果要在特定的环境中正确操作，产品必须具有的特征。操作需求可以包括以下问题：

（1）操作环境；

（2）用户的情况，他们是否处在黑暗中，或在很匆忙的状态下使用等；

（3）伙伴或合作系统（针对移动环境）；

（4）产品应该经得起从肩部高度跌落（针对移动环境）；

（5）产品应该能在不同的照明条件下使用（针对移动环境）；

（6）产品应该节省电池用电（针对移动环境）。

5. 可维护性和支持需求

可维护性和支持需求指产品在它生命周期所需的确切维护工作量。要考虑以下方面是否会发生预期的变化，以及发生变化时该如何紧急应对：组织机构、环境、适用于产品的法律、业务规则。

6. 安全需求

安全需求是最难指明的一种需求类型，如果对其关注不够，可能给产品带来最大的风险。在编写安全需求时，要考虑安全的本质，因为它适用于软件和相关产品。安全可以认为有四个方面：

（1）可得性，产品的数据和功能对授权的用户是可以访问的，并能及时地提供。其他可得性需求主要是指拒绝未授权的访问。

（2）私密性，产品存储的数据受到保护，防止未授权的访问和意外的泄露。

（3）完整性，产品的数据与它的来源或权威数据保持一致，能避免冲突。

（4）审计，产品必须允许对其操作和数据进行全面审核（对于所有与钱或与价值有关的产品来说，审计需求是标准的需求）。

软件开发者通常没有接受过安全培训，而某些功能和数据的安全是如此重要，最好由专家来编写安全需求。

7. 文化需求

文化需求规定了一些特殊因素，它们可能导致产品不被接受，原因是习惯、宗教、语言、禁忌不同。文化需求常常出于我们的意料，这时要考虑聘请文化专家。

8. 法律需求

诉讼的费用对商业销售的软件来说是一项主要风险，企业必须注意那些适用于自己产品的法律，为产品写下符合这些法律的需求。咨询组织机构的律师，他们会在合法性方面提出建议。法律需求不限于国家的法律，有些产品必须满足一些行业或职业标准。如 ISO 9000 认证。

3.2 获得需求

从物质和精神两个层面，用户需求可以分为 Need（需要）和 Want（想要）两类。根据马斯洛提出的需求理论，Need 相当于最基本、最核心的生理和安全需要；Want 相当于更高层次的感情、尊重和自我实现的需要。真正杰出的产品通常是满足了用户这两个层面的需要，在实现基本功能的基础上，使产品与用户的精神产生沟通和共鸣，在打动用户内心的过程中使其对产品产生认同与依赖。近几年，"自我实现"这一需求成为设计者竞相追逐的目标，设计者希望能让用户在使用产品的过程中对自身产生积极影响，比如获得一种能力、成长和感悟，这一目标的实现更能打动用户，增加用户黏性，能让用户"变好"的产品是有意义有价值的产品。因此，在获得用户需求的过程中，设计者绝不能仅局限于更为显性的 Need 基本需求，而应该努力挖掘更有价值和指导意义的 Want 精神需求，人的需求如同冰山，露在外面的显性需求仅仅是冰山一角，如何挖掘潜藏的隐性需求正是考验用户研究人员能力的关键所在。

那么，设计者可以通过哪些方式来获得用户需求呢？目前，主要的方式是进行用户研究，在这一过程中，设计者将会明确产品的目标用户，了解目标用户的基本情况、思维、行为特征以及用户使用产品的环境特征，得出相关数据，为下一步分析用户需求做准备。图 3-2 所示为进行用户研究的一般步骤：

图 3-2 进行用户研究的一般步骤

3.2.1　获得需求的常用方法

下面将介绍用户研究的七种主要方法，按照研究方式的不同可以对这些方法进行如下分类：

1. 访谈法

根据访谈对象的人数，分为焦点小组（多人）和深度访谈（单人）两种方式。有针对性地选择用户进行面对面的访谈，工作人员的组成应多元化，主要包括心理学家、人因工程师、交互设计师等，从多个角度了解用户需求。在访谈过程中，应合理引导谈话内容，使每位用户都能有同等的机会充分地发表意见。这种方法一般适合于获得用户对事物的一般看法和意见，因为访谈时用户并非在进行实际的产品使用，其看法与真实的使用过程可能存在较大的差异，所以得出的结论并非绝对准确，在设计过程中不能完全依靠访谈的结果，而应当把它作为一种参考性的结论。访谈法的步骤如下。

（1）确定研究目标、访谈提纲、访谈对象。做任何的用户研究之前都应确定此次研究的目标，根据目标确定访谈提纲，并确定需要招募的访谈对象的特点，并归纳其类型。

（2）招募访谈对象。招募访谈对象包括三个主要步骤：确定被访对象类型、寻找被访对象、说服被访对象参与访谈。

（3）确定访谈时间与访谈物资。确定访谈的时间，通知访谈对象；确定访谈所需物资，如会议室、纸笔、录音设备、饮料食品等。

（4）进行访谈。首先由主持人向访谈对象说明访谈目的，进行自我介绍，讲解访谈规则。开始正式访谈后，一般会先问一般问题，再问深入问题，过程中应鼓励被访谈者表达真实想法，避免具有引导性和指向性的提问，避免给被访谈者施加压力。访谈时间一般不超过一小时。

（5）访谈记录。访谈前应询问被访谈者是否同意进行影像、音频的记录，在征得同意后方可进行记录。同时更为重要的是在访谈过程中需要研究员及时记录访谈过程的要点、思考、疑问等，作为访谈结果分析的指导。

2. 观察法

观察法是一种非常有效的用户研究方法，相比访谈，直接观察用户使用现有产品或新产品原型时的行为，其得到的结果更为真实可靠。绝大多数用户意识不到自己对产品的全部不满和需求，所以需要用户研究人员通过观察用户的实际使用行为来进行需求的挖掘和提炼。在观察时，最为理想的情况是让用户意识不到观察者的存在，以呈现最为真实的使用场景。如难以达到，也应当尽可能减少对用户的有意引导和干扰。在观察过程中，可采用记录、拍照、录像、眼动测试等方式进行记录。观察过程结束后，应当针对用户的使用行为和感受及时向其提问，以获得更为丰富的信息。观察法的步骤如下：

（1）确定研究目的。参与研究的团队成员均应明确研究目的，有清晰一致的研究思路，否则在观察中很容易被对象、环境中庞杂的信息迷惑，无法敏锐地发现问题和价值点。

（2）制订观察计划。

1）观察对象：根据产品的目标用户选定观察对象，若一开始无法明确界定观察对象的类型，则可以适当放宽筛选条件，通过初期观察后，再调整筛选条件。

2）观察方式：需要考虑的是，将被观察者请到实验室进行观察还是到被观察者的实际生活场景、产品使用场景中观察。一般来说，真实场景下观察所得出的结果会更加真实，也能发现更多产品创新的价值点，不过其成本相对来说也更高。

（3）进行观察。观察过程中要选好观察位置，保证较好的视野、光照、声音清晰度等，并尽可能不影响观察对象，不随便与观察对象交流。若为非参与性观察则尽量不让观察对象发现。在观察过程中，要仔细查看被观察者的行为，仔细倾听现场的声音、被观察者的话语，在必要的情况下进行询问，并采用录音、录像、笔记等形式记录观察内容。

（4）整理与分析。在观察的过程中会获得大量的信息，这些信息需要经过整理、总结才能用于结果分析，并且最好是在访谈后及时进行信息整理，以免时间久了对重要信息产生疑问甚至遗忘。

3. 问卷调查法

调查法分为问卷调查法和电话调查法。调查法的主要优点是调查成本低、可进行大范围调研、结果易于统计和分析。其缺点是调查对象给予的口头或书面信息真实性较低、问卷回收率较低、调查内容深度低于访谈与观察法等。问卷调查法的步骤如下：

（1）选取被调查者。一般采用随机抽样法来选取被调查者，由于发放的问卷通常难以全部回收，所以通常发放的问卷数量应当多于所需的研究样本数量，有如下公式来确定：发放的问卷数量=所需的研究样本数量÷（回收率×有效率）。

（2）问卷设计的前期准备。在设计问卷问题前，应当先对被调查者的情况有个大致的了解，可以通过查找相关资料、走访调查对象等方式实现。通过提前了解，可以对所提问题的内容、形式、敏感性等有所把握。

（3）设计问卷初稿。根据调查的目标列出问卷整体的逻辑结构，分成几大部分内容；编写每部分内容的各个问题；最后整体检查问卷结构是否合理，进一步调整。

（4）问卷预填。在正式发放问卷前，需要对问卷进行预填测试，例如抽取小部分被调查者填写，或请相关专家填写，发现其中问题，及时修正。

（5）问卷发放。问卷发放的方式主要有邮寄发放、网络发放、当面发放等，可根据需要选取适当的方式。另外，发放的时机也很重要，例如周末和工作日发放所收回的问卷数量可能会差异巨大，这也需要根据被调查者的情况来确定发放时机。

（6）问卷回收。若问卷的回收率仅有30%左右，则其结果只能作为参考；在50%以上时，可以采纳建议；当回收率在70%以上时，就可以作为研究结论的依据。

（7）问卷分析。问卷分析一般会同时包含定性分析和定量分析。通过定性分析，可以对现象有大致的理解和认识；而通过定量分析，可更准确地反映出问题的程度等。

采用问卷调查法时应遵守问卷设计的四个原则：

（1）客观性原则，即设计的问题必须符合客观实际情况，不能具有引导性和指向性，避免问卷具有设计者的主观倾向。

（2）必要性原则，即必须围绕调查目的和主要内容设计最有必要的问题，严格控制问题的数量，以免调查对象疲于作答。

（3）可能性原则，即必须符合被调查者回答问题的能力。凡是超越被调查者理解能力、记忆能力、计算能力、回答能力的问题都不应该提出。

（4）自愿性原则，即必须考虑被调查者是否自愿真实回答问题。凡被调查者不可能自愿真实回答的问题，都不应该正面提出。

4. 电话调查法

在进行电话调查时，应当合理选定调查对象、调查时间，准备好调查提纲，在征得对方同意的前提下对通话过程进行录音和记录，以便后期进行信息的分析和整理。目前，企业常用的方法是利用计算机程序控制通信设备进行随机电话访问。在进行电话访问时，须事先输入受访人的电话号码，由计算机按程序自动拨号。访问过程和内容可以实时录音，以确保调查访问内容的真实可靠。这种电话调查方式具有调查内容客观真实、保密性强、访问效率高、便于分析等特点。

5. 角色扮演法（体验法）

可以让设计人员或者用户在模拟的、逼真的工作环境中进行对某一类用户的扮演，来模拟这类用户使用产品的全过程。通过这种角色扮演，可以体验到真实用户在使用产品过程中的心理感受、遇到的问题并发现潜在需求等。这些信息可以帮助设计人员发现自身对用户的理解与实际情况的偏差，进而深入地理解用户，提炼用户需求，以作为产品开发和改进的依据。

6. 文献法

文献资料主要包括与产品相关的书刊、技术规范以及最新研究成果等。在调查的初期，应当安排专门人员进行文献资料的研究和总结，其结论可以作为后续用户访谈、调查的理论依据和产品设计的理论、技术规范等。

7. 竞争对手分析法

俗话说"知己知彼，百战百胜"，在充分了解竞争对手的基础上，设计者才能设计出具有竞争优势的产品。可采用列表形式，对多个主要竞争对手情况进行比较。比较的主要内容包括竞争对手对用户需求的满足情况，分析其满足了哪些重要需求（值得借鉴并超越），未满足哪些需求。在未满足的需求中，哪些是亟须满足的，哪些是意义不大的。通过这样的分析，设计者可以找到竞争对手的优势和劣势，发现其空白点，进而在产品设计过程中有针对性地借鉴、超越、创新和舍弃。

8. 专家意见法

可以参照"德尔菲法"的方式进行产品相关领域专家意见的收集和分析，最终总结出专家认可的用户需求。

其主要步骤如下：

第一步，组成专家小组。按照产品涉及的主要领域确定专家人选，一般不超过 20 人。

第二步，向所有专家提供该产品设计的相关背景材料，提出需要专家回答和预测的问题。

第三步，专家根据材料和问题，给出自己的意见。

第四步，将意见汇总整理，列成图表进行比较分类，再发给所有专家，让专家参考其他人意见，对自己的意见进行修正。

第五步，将修正的意见汇总，再进行整理，发给所有专家，以便进行二次修改。通常需要进行三或四轮修改。

第六步，得出专家最终的统一意见，即专家共同认可的用户需求。

3.2.2　获得需求的其他方法

1. 可用性测试

在产品原型已设计完成（或改版原型）时，设计者可以让用户来使用产品原型，发现其中存在的可用性问题和用户的其他需求，测试得到的结论可以再指导产品进一步的修正，这种方法称为可用性测试。可用性测试的基本流程为：准备测试方案、招募测试用户、测试过程、测试结果的研究和分析。

每一个优秀的产品都是靠着不断地修正、优化、迭代而造就的，新版本上线前一般需要进行可用性测试。需要注意的是不要赶在产品即将上线时才做可用性测试，因为测试中很可能发现很多急需修正的问题和需求，这就要求预留出修正的时间，否则可用性测试的结果也失去了价值。产品快速迭代时，可以做轻量级的可用性测试。可用性测试是一个很专业也很复杂的测试方法，一般来说，要做一个严谨的可用性测试，其成本是很大的，例如保证较大的样本量、专业的测试工具、严谨的统计分析等。所以有很多公司干脆回避可用性测试环节，但其实这是一个误区。对于快速迭代的产品来说，完全可以选择做轻量级的可用性测试。一般来说，5～8 个用户就能发现 80% 的可用性问题，在时间紧迫的情况下，小型的可用性测试也是有很大意义的。

2. A/B 测试

A/B 测试是一种测试不同设计版本如何影响页面的简单方法。通过给不同用户使用两个版本，在设定时间内，比较这两个版本之间的数据（如转化率、点击率、跳出率等），来选择更优方案。当设计人员无法决定 A、B 方案哪个更合适时，可以采用 A/B 测试的方法。例如对于网站中的广告栏，当我们不知道把其放顶部还是侧部点击量大时，可以先随机挑选少量用户投放，一半放顶部、一半放侧部。过一段时间后，分析后台统计的点击量数据，可以直观地了解哪个是更优方案。确定后，再正式上线。

3. 日记研究

产品上线后，很多行业人士或者一般用户会在社交网站、专业论坛里发布一些自己的使用体验和感想，而这些都是很宝贵的一手的用户反馈。产品设计者平日也应当关注这些用户体验日记，从中提取有价值的问题点和需求点。

4. 卡片分类

设计者可以把产品的各种需求（或功能）写在多张卡片上，让用户与设计人员共同讨论，完成需求的分类，这样可以直接了解用户对产品需求的模块划分，以及产品结构的理想模型，因为通常产品设计人员的思维模式是与一般用户有区别的，而这种方法可以避免"闭门造车"式的产品设计。

5. 公司员工提需求

公司的员工都可以成为产品的用户，每一个员工都是最尽职的产品测试员，在使用产品的过程中，一般会发现产品的可用性问题，甚至提出新的功能需求。这些都是很宝贵的用户意见，现在很多公司都会建立"需求池"，来收集内部员工对产品的需求，从中找出代表性和有价值的需求，推动产品部门去实现这些需求。

3.2.3 用户需求转化为产品需求

试用前述的多种需求采集方法后，设计者可能收集了大量的用户需求，并且记录在多个文档中，但形式未必统一。这时就需要定期对用户需求进行整理，总结出一些核心需求后，将其转化为产品需求，再经过产品需求的属性确定、商业价值评估、优先级评定等过程，来确定这些需求是否要正式加入开发流程之中。

需求转化时，首先需要团队成员对用户需求有全面的了解和认识，在此基础上，共同讨论如何将其转化为产品需求。例如，用户提的需求可能是"在应用推荐页面，点击安装时应当再让我确认是否安装，以免误操作"，而经过分析后，设计者认为每次安装都弹窗确定过于烦琐，毕竟误操作的情况是少数的，设计者需要做的是在用户误操作后给予其修正的机会，因此，经过转化，设计者给出的产品需求可能是"用户点击安装后即进入安装流程，但给予用户取消安装的选项"。

3.3 分析与输出需求

通过以上的各种用户研究形式，设计者收集了大量的用户需求的原始信息，接下来需要对这些信息进行分析、整理和总结，最终以易于交流和理解的规范形式输出，以便于在后续的设计阶段转换为产品概念。设计者可以采用三种形式来输出用户需求：用户档案、场景模型和用例图（Use Case Diagram）。运用好这三种形式可以建立较为明确的用户需求（见图 3–3）。

图 3–3　输出用户需求

1. 用户档案

构建一份完整的用户档案通常需要以下五个步骤（见图 3–4）。

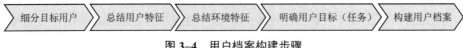

图 3–4　用户档案构建步骤

（1）细分目标用户。在制定产品策略阶段（开展用户研究之前），设计者已经大致明确了产品的目标用户群体。经过用户研究过程，设计者对用户的特征有了更为明确深入的认识，在此基础上可以将用户群进行细分，以针对各用户群进行差异化的设计。例如，设计者将要设计一款背单词的 App，其用户群是有英语学习需求的人。进行细分时，按照用户的身份可以将其分为学生、上班族、退休老人等；按照用户背单词的目的可以将其分为准备英语等级考试（如高考、四六级、雅思等）、提高英语水平以增加职场竞争力、出于爱好学习英语等；根据产品的实际情况，将用户分为多种细分人群，接下来，选取合适数量的、有代表性的、有分析价值的目标人群进行特征分析。

（2）总结用户特征。最基本的用户特征包括年龄、性别、职业、教育水平、收入等，但根据产品的不同，需要总结的用户特征也不尽相同。应当选取与产品本身有相关性和影响力的特征进行分析，特征选取得越准确，对用户需求的分析越有价值。再来看上述的背单词 App 的例子，可以对用户特征进行如下分析（见表 3–1）：

表 3–1　用户特征分析

用户特征	学生	上班族	退休老人
年龄/岁	16～25	22～65	65 以上
移动设备经验	较高	高	较低
英语水平	高	较高	较低
背单词目的	备考	提高竞争力	爱好

（3）总结环境特征。用户使用产品的环境主要分为场所、硬件设备及软件设备三方面。

1）场所：用户是在室内还是室外使用产品；该场所是安静还是嘈杂；环境是舒适还是恶劣等。

2）硬件设备：用户的设备处理速度如何、屏幕大小如何、重量是多少等。

3）软件设备：用户常用何种浏览器、何种音乐播放器等。

环境的特征会明显影响产品的设计方案。例如，在室外环境中使用的产品，应当自动根据环境明暗调整界面亮度（或提供方便的手动调节选项）；若要设计一款能在嘈杂的环境中顺畅使用的导航产品，则界面的信息呈现应当足够简洁（嘈杂环境下人的心情会烦躁、焦虑），语音导航应仅作为辅助方式，将重点放在文字和图形导航上；根据用户的主流屏幕分辨率设计不同版本的产品，或者采用响应式设计。

（4）明确用户目标（任务）（见表 3–2）。设计者要分析各细分用户群使用该产品想要达到的目标或者需要完成的任务，采用图表的方式分析各任务的重要性与操作频率，并指定优先级。对于极为重要且操作频率高的任务，应当给予重视，尽可能优化。

表 3–2　明确用户目标

用户任务	学生	老师	管理人员
登录	√	√	√
设置课程			√
录入成绩		√	
申请修改	√		

（5）构建用户档案。经过以上四个步骤，设计者已经了解了某几类细分用户的特征、产品使用的环境特征以及用户的目标和任务。接下来设计者将构建用户档案，将这些信息融合在一起，构建几个虚拟的用户角色，从而在设计者心中建立起直观、形象、具体的用

户形象。这些生动的用户形象可以帮助所有的设计人员迅速了解自己是为"谁"而设计，从而准确把握用户需求；同时，也有助于产品开发的各个环节人员之间的沟通和交流，避免因用户需求传达不准确导致的效率低下。用户角色不宜过多，通常为 3 个或 4 个，应尽可能准确地代表各类细分用户，以指导差异化设计。表 3-3 所示为某背单词 App 的用户档案范例。

表 3-3　某背单词 App 的用户档案范例

姓名：小明 雅思备考者			
简　　介			
年龄	20 岁	职业	大三学生
爱好	篮球、台球、唱歌、电子游戏		
性格	理性、自律、完美主义者		
移动设备使用情况			
使用的移动设备是三星大屏手机和 iPad。日常出行、上课、去自习室时通常携带手机，在宿舍时主要使用 iPad。热衷于试用各种 App，主要类型为游戏、社交、效率工具、学习等。具有三年的智能手机使用经历，为熟练使用者			
雅思备考情况			
在两周前开始准备雅思考试，在未来三个月的主要任务是记忆雅思 6 000 个核心词汇。希望使用手机和书籍来记忆单词，目前手机已安装多个背单词应用，但均存在很多使用上的不便和功能的空白点			
用户使用背单词 App 的目标			
1. 背单词，每个单词配有读音、词组、丰富的例句、词根解释等信息			
2. 标注每个单词的记忆情况，不熟悉的单词加入复习库，可进行专门复习			
3. 已记忆过的单词移动至"已背"列表，可随时查看			
4. 有测验功能，随机出现已背单词的英文或中文，方便测验自己的记忆情况			
5. 有雅思真题库，提供考试中出现的与所背词汇有关的考题			
……			

2. 场景模型

用户档案的主要作用是客观地描述用户的基本情况、特点、使用产品的诉求等，通常为文字形式。接下来，设计者要采用一种更直观、更生动的方式来呈现用户在完成某一任务时的实际情境，主要包括用户所处的环境、动机、思考过程、情绪和行为等。构建场景模型的主要方法有两种：情境描述和故事板。

（1）情境描述。情境描述一般为文字形式（见表 3-4），故事板一般为漫画形式。这两种方法，可以直观地呈现用户在完成某一任务时的痛点和需求以及在整个过程中的心理、情绪变化。这种呈现方式非常有利于团队之间的沟通，所有参与产品设计的人员都能迅速理解目标用户是谁、他们的使用场景如何、他们对产品的期望是什么、他们希望获得怎样的产品体验等。这可以明显提高团队人员之间的沟通效率以及沟通的准确性，保证各个环节的工作人员都朝着同一个方向努力。

表 3-4　情境描述

用户	学生小丽
任务	寻找附近的 ATM 机取款
情境描述	小丽经常和朋友到校外吃饭、购物，但常常出门后才发现自己身上现金太少，需要寻找 ATM 机取款。在自己学校附近的时候小丽很清楚哪里有取款机，但一旦到了其他不熟悉的地方，寻找取款机真是一件很麻烦的事。小丽曾尝试过从百度地图上搜索附近的取款机，却发现操作起来较为烦琐，需要输入自己所在的详细位置，再选择"在视野内搜索"，输入 ATM，单击确定才能显示 ATM 机的位置。而且无法搜索某个银行的 ATM 机，只能在大量搜索结果中筛选出自己需要的银行，整个过程操作步骤多且结果准确性低。 　小丽希望能有一款手机 App，专门用来搜索附近的取款机，而且能指定自己所需的银行，最好是打开此 App 就自动显示。整个过程尽可能简洁、迅速且结果准确

　　（2）故事板。讲故事的方式可以还原用户真实的使用场景，使设计者对用户的需求产生同理思维。故事版主要有以下三个要素：

　　1）角色：目标用户。故事板中的角色指的是某一个或某一类目标用户，并非所有用户。要求这一角色有其明确的特征。

　　2）环境：环境的概念包括物理环境和社会环境。具体到故事板中，包括时间、地点、周围的情况等一系列的内容。

　　3）事件：具体的人和系统的交互行为，它将人、物和环境结合起来，构成了整个故事的内容。

　　制作故事板时应遵照以下原则：每一个故事板的内容量不宜过多，可以通过多个故事板创建故事片段，每个片段描绘不同的任务场景；图文结合，对场景加入适当的文字描述，使情节更加清晰明了；合适的细节程度，故事板是从整体上呈现使用情景，若表现的细节过多，将不利于迅速地沟通和理解。图 3-5 为故事板。

图 3-5　故事板

3. 任务描述

通过前两个阶段,设计者完成了用户档案的建立以及场景模型的构建,这些工具能帮助设计者深刻理解用户需求和使用场景。接着,设计者开始进入实质性的设计环节,即任务描述。任务描述主要表述的是用户为了完成某一目标的一系列活动过程,常用的工具有用例图和流程图。其结果即可以用于后续的原型构建和评估等阶段。

(1)用例图。用例(Use Case)是一种描述工作流程的形式化和结构化的方法,被广泛应用于撰写产品需求文档。用例用于描述系统对于用户所执行操作的反馈,需要涵盖所有可能的情况。用例需要通过用例图和用例描述来呈现。用例图包括行为者(即使用系统的角色,如购买者、店主等)、用例名(系统提供的功能,为动词+名词形式,如提交订单)、连接(连接行为者和用例,表示行为者正参与用例)。

图 3-6 所示为一个用例图的示例。人形符号代表行为者,圆圈内为用例名。常用的关系有 Include(包含关系)、Extend(扩展关系)和 Generalization(泛化关系)。行为者与用例名之间的连接采用实线箭头,用例名之间的关系(Include 和 Extend)用虚线箭头表示,泛化关系用实线空心箭头表示。

泛化关系定义:父用例可以特化形成一个或多个子用例,这些子用例代表了父用例比较特殊的形式。尽管在大多数情况下父用例是抽象的,但无论是父用例还是子用例这两者都不要求一定是抽象的。子用例继承父用例的所有结构、行为和关系。同一父用例的子用例都是该父用例的特例,这就是可适用于用例的泛化关系。

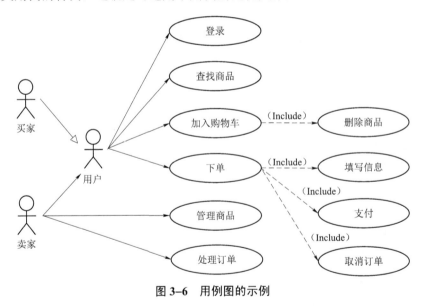

图 3-6　用例图的示例

用例描述则是更详细的文字描述,通常采用表格形式,表格内容如下:

用例名:此功能环节的名称;用例编号:在产品中该用例的编号(每个用例有其唯一的编号);行为角色:参与或操作(执行)该功能的角色;简要说明:用简洁的文字描述该用例的需求;前置条件:参与或操作(执行)此用例的前提条件;后置条件:执行完毕后的结果。

以上文中的用例图中的"加入购物车"用例为例,撰写用例描述如表 3-5 所示。

表 3–5　用例描述

用例名	加入购物车
用例编号	A3
行为角色	买家
简要说明	买家可将任意尚有库存的商品加入购物车中
前置条件	商品库存量大于 0
后置条件	购物车中加入该商品

（2）流程图。在进行任务描述时，设计者通常采用流程图来描述产品功能的执行步骤和条件，以上例中的"加入购物车"功能为例绘制流程，如图 3–7 所示。

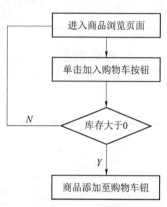

图 3–7　绘制流程

3.4　需求文档应用实例

3.4.1　产品概述

1. 产品定义

某大学设计与艺术学院人因工程与交互设计实验室网站旨在介绍该实验室的概况、教师学生作品、研究成果及学术交流活动等，并为校内外的企业、机构或高校提供与该实验室进行交流、合作的平台。

2. 产品目标

对内（本学院教师及学生）介绍实验室的设备仪器情况，方便教师与学生了解设备信息，并合理充分地利用该资源进行教学、科研与学习；介绍优秀的教师、学生作品、研究成果、学术交流活动成果等，在学院内形成互相学习、共同进步的良好学术氛围；发布相关学术活动、竞赛及项目等信息，成为信息发布平台。

对外（校内其他学院以及校外企业、组织、机构、高校等），宣传实验室的科研设备、教师及学生的最新作品与学术成果，提升学院影响力；吸引其他学院、企业、机构、高校等与实验室进行项目合作；方便考生了解实验室以及工业设计专业发展现状，吸引考生报考。

3. 用户需求描述

用户需求描述如表 3–6 所示。

表 3–6　用户需求描述

用户	需求描述
学院学生	了解实验室设备的使用方法，合理运用到设计过程中
	了解同学和老师的作品及研究成果，促进交流与自身能力的提高
	获得学术活动、竞赛等事项的相关信息
学院老师	了解学院的人因工程与交互领域发展动态，促进不同专业间的交流、合作与学习

用户	需求描述
其他学院	了解该实验室的设备资源与研究成果，应用到交叉学科教学当中
	展开相关项目的合作
企业机构	了解该实验室的研究领域、设备资源与学术能力，就企业实际项目进行合作
其他高校	了解该实验室的发展动态，促进高校间的交流与学习
	举办高校间的学术活动与学术合作
考生	了解该实验室概况、研究领域及工业设计专业的教学内容、教学水平、学术成果等，决定是否报考

4. 功能总览

功能总览如表 3–7 所示。

表 3–7　功能总览

功能总览表		
功能名称	功能描述	优先级
1. 浏览各页面	当用户浏览页面时，根据访客浏览位置的不同，显示不同的页面	1
2. 查看实际案例	用户单击案例的链接网址，可以跳转至案例的页面（如某产品、企业的网站）	2
3. 中英文切换	用户单击中文或英文按钮，可将网站文字转换为中/英文	1
4. 申请合作	有与实验室进行项目合作意愿的用户可以填写并提交项目说明	1
5. 接收通知	学院的学生和老师可以提交邮箱，以接收实验室发布的学术交流活动、竞赛、项目等信息	2
6. 提交信息	学院的老师和学生可以提交作品、学术活动、研究成果、竞赛、项目通知等信息	2
7. 审核发布	网站管理员可以审核提交的作品、学术活动、竞赛、项目通知等信息，并择优发布	2
8. 发表评论	用户可以对网站发布的作品等信息发表评论，展开问答、讨论，提出建议等	2
9. 查看合作单位	单击合作单位链接，可跳转至各合作单位网站	1
10. 关注微博、微信	用户单击实验室网站上介绍的老师和学生的微博微信链接，可跳转至微博页面/弹出微信二维码	1

3.4.2　功能描述

1. 浏览各页面

功能说明：用户进入网站后，可通过首页的导航或按钮进入各个二级页面，在二级页面单击可进入三级页面。

角色：访客。

前置条件：进入网站，单击某按钮。

后置条件：跳转至二级页面，包括工作室简介、教师作品、学生作品、学术交流、研究成果、联系我们，或跳转至三级页面，即某仪器设备、作品、学术交流活动或研究成果的详细介绍。

浏览页面用例如图 3-8 所示。

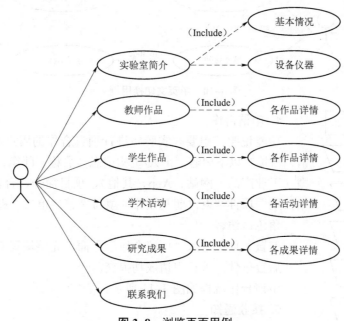

图 3-8　浏览页面用例

2. 查看实际案例

功能说明：教师和学生作品中包括部分为某些企业和机构组织做的实际项目，用户在查看这些作品详情时可以单击链接（企业、机构、组织等），查看实际效果（如为某企业设计的网站、产品等）。

角色：访客。

前置条件：单击链接（企业、机构、组织等）。

后置条件：跳转至该企业网站。

教师作品页面用例如图 3-9 所示。

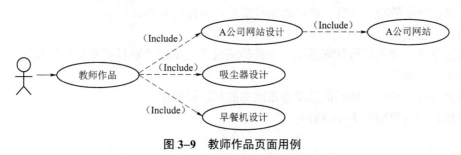

图 3-9　教师作品页面用例

3. 中英文切换

功能说明：用户单击中文或英文按钮，可将网页文字转换为中文/英文。

角色：访客。

前置条件：单击中文/英文按钮。

后置条件：网页文字转换为中文/英文。

中英文切换用例如图 3–10 所示。

图 3–10　中英文切换用例

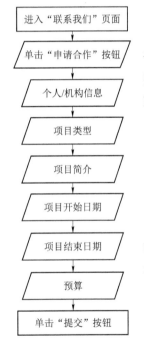

图 3–11　申请合作流程

4. 申请合作

功能说明：想要与实验室进行项目合作的用户可以提交合作申请，需填写以下内容：个人/机构信息（名称、邮箱、电话）、项目类型（工业产品、网站、App、其他）、项目简介、合作内容、项目开始日期、项目结束日期及预算。填写完整后单击"提交"按钮提交。

角色：访客。

前置条件：进入"申请合作"页面，完整填写所需信息。

后置条件：项目申请成功提交。

申请合作流程如图 3–11 所示。

5. 接收通知

功能说明：用户可以进入"联系我们"页面，单击接收通知，输入姓名、邮箱/手机号，单击"确定"按钮，即可免费接收网站发送的学术活动、竞赛、项目等通知。

角色：访客。

前置条件：输入完整、正确的信息。

后置条件：用户的手机/邮箱可接收实验室的通知。

接收通知流程如图 3–12 所示。

6. 审核发布

功能说明：网站管理员可以进入后台管理系统，单击"审核提交信息"按钮，审核提交的作品、学术活动、竞赛、项目通知等信息，并择优发布。

角色：管理员。

前置条件：进入后台管理系统，身份验证成功，单击"审核提交信息"按钮，对优秀信息单击"发布"按钮。

后置条件：经过审核的信息发布在网站的相应页面中。

审核发布流程如图 3–13 所示。

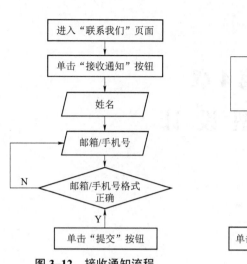

图 3-12 接收通知流程

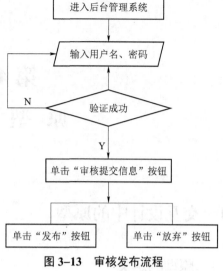

图 3-13 审核发布流程

7. 发表评论

功能说明：用户可以在作品详情页面单击"评论"按钮发表评论，展开问答、讨论，提出建议等。

角色：访客。

前置条件：进入作品详情页面，单击"评论"按钮，输入文字，单击"确定"按钮。

后置条件：评论出现在作品详情下方。

流程图，以教师作品为例（见图 3-14）。

8. 关注微博、微信

功能说明：用户单击网站上介绍的老师和学生的微博或微信链接，可跳转至微博页面/弹出微信二维码

角色：访客。

前置条件：单击微博、微信链接。

后置条件：跳转至微博页面/弹出微信二维码。

关注用例如图 3-15 所示。

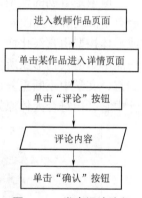

图 3-14 发表评论流程
（以教师作品为例）

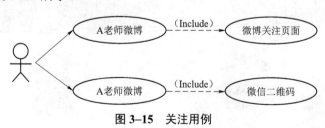

图 3-15 关注用例

第4章
原 型 设 计

4.1　交互设计中的原型

4.1.1　原型的定义

现代汉语词典对原型的解释是：

（1）代表着自身特征的形状。

（2）指在解决问题时，对于新假设的提出有启发作用的那些事物。

原型是首创的模型，代表同一类型的人物、物件或观念。不同学科对"原型"的含义会有不同理解（见图4-1）。古生物学概念中，原型是指原始的类型或形体构型、其他类型或形体构型由它演化而来。文学也有类似的概念，它指代的是原始的模型，特指文学艺术作品中塑造人物形象所依据的现实生活中的人。心理学领域中，原型指神话、宗教、梦境、幻想、文学中不断重复出现的意象，它源自民族记忆和原始经验的集体潜意识。而服装设计中它又指符合人体原始状态的基本形状。原型是服装构成与样板设计的基础。

图4-1　不同学科的原型概念

　　虽然这些"原型"的文字表达形式一样，但需要注意的是，其含义却有所不同。心理学或文学中原型的英文为"Archetype"，是指"原始的形式"。在设计活动中，原型的英文为"Prototype"，应该理解为"先前的形式"，即设计产物处于成品之前的状态时所呈现的某种形式。对于产品设计师来说，原型则是产品概念的形象化和具体化，是从一个或多个维度上对产品的一种近似的和有限的表现，是一种在研发过程中能够快速表达出设计概念，并帮助设计团队成员或相关人员之间交流与评估的有力工具。原型可以是任何东西，从纸张式的情节串联图到复杂的软件，从黏合的纸板模型到精密加工的金属模型。产品原型可以概括地说是整个产品面市之前的一个框架设计，以网站为例，前期的交互设计流程图完成后，就是原型开发阶段，简单地说是将页面的模块、原始素材、人机交互的形式等诸多方面，利用线框描述的方法，使产品得到具象生动的快速表达。

　　原型法是人机交互研究中的一个重要方法，它能够把设计理念视觉化。恰当地使用原型能够在项目开发早期发现许多潜在的问题。目前经常使用的原型是低保真原型，研究人员可以利用这种原型快速获得有价值的反馈，使得软件工程师和开发人员能够迅速了解设计理念，并确认设计模式。

4.1.2　原型的作用与意义

　　原型制作是设计活动的开始，在此之前任何工作都只是准备，只有开始原型制作才意味着整个设计活动的真正启动。在原型开发工具软件出现之前，设计师往往只能用简单的手绘线框图或平面设计软件来表现软件产品效果，但是这样的表现形式却忽略了交互产品中最为重要的部分——动态的交互。当设计师向团队或客户呈现设计时，只能用语言描述交互，甚至有时还要添加肢体动作才能表述清楚。事实上，原型设计概念植入交互设计活动之前，设计师的概念难以被理解。原型相当于一种交流沟通的工具，设计相关人员（包括产品经理、技术人员、客户以及最终用户）通过原型可以准确地理解设计过程，并有效地参与其中。

　　原型设计不仅能帮助设计师快速表达自己的设计思想，利于组内人员沟通，同时也节约了产品开发的成本。首先，原型是对最终产品的一种模拟，可以让用户在产品推出之前体验产品模型，方便设计人员进行产品测试，对于设计的不足之处及时修改，这样既节约设计时间，又节约设计成本。交互设计的核心是"以用户为中心"，所有的规则都应遵循用户习惯、需求，其目的是提供给用户最好的体验，原型设计是其中重要的组成部分，是不断优化设计的必要阶段。其次，由于原型具有直观表达、易感知的特点，可以让设计人员在团队沟通上减少误解。研发团队很少有人原意花时间查看几十页甚至上百页的需求文档，需求文档也不能够直观、有针对性地表达设计，并且管理、研发、设计人员对需求文档也有不同理解，这样会导致团队沟通的障碍和误解。简单直观的原型模拟，展现了用户最终使用产品的场景，这种氛围有利于整个产品团队交流和沟通，也减少了理解偏差。

　　原型设计的最终目的是在团队内部，伴随着整个设计活动，建立起一个更加清晰的产品预览效果。这样，设计师清楚高效地说明自己的设计理念，客户也不至于需要依赖想象来理解设计，这就最大限度地避免了对设计的曲解与误会。同时，原型设计还有一个更为重要的作用，那就是让团队与客户随时跟进并参与设计过程，大大降低了由设计师的个人偏好与局限性而带来的开发风险。

4.1.3　原型的特征

原型设计是逐渐递进的。设计团队不可能只经过一步设计就完成最终的交互式产品。这样既无法保证设计的可用性和可行性，也无法设计出令用户满意的交互式产品。其实，交互式产品的设计是一个迭代的过程，每一个过程都需要设计原型，每一次迭代都需要利用原型进行评估，通过"原型—评估—完善—原型—评估"的不断重复，最终得到用户满意的产品。因此，原型设计是一个多重进行并逐渐递进的活动过程。

原型是设计的一种受限表现形式。虽然原型设计意在准确地传达设计目标，但是它毕竟不是最终产品。需要注意的是，设计师不要陷入试图把整个系统都做成原型的陷阱之中。通常，这样只能起到适得其反的效果，既耽误了设计进程又浪费了大量的人力、物力。事实上，设计师不必为每个细节都制作原型，只需要模拟必要的环节制作合适的原型。同时，设计师在进行原型制作的时候，还需要考虑原型的保真度。

4.2　原型设计的原则

原型作为研发团队沟通交流的工具，自身具有一定的规律性，遵循这些规律与原则，有利于设计者厘清设计思路，提高设计效率，提升设计品质。

1. 快速性原则

快速制作原型是原型设计的最基本原则。原型是整个产品团队交流沟通的工具，所以在原型设计上精雕细琢，花费大量时间是十分不可取的。特别在设计初期，快速地绘制出大量原型，尽可能找出不同的设计问题并且有针对性地提出解决方案，这对原型设计是非常重要的，不能围绕一两个问题画圈，止步不前。同时快速制作原型，可以节约大量时间，这对后期设计的深度挖掘提供了更多的可能性，只有不停修改打磨才能产生好的设计，设计的过程永远不可能只是一步，设计者要快速地思考并且将想法快速表达，这样才有助于提高设计质量和效率。

2. 了解受众和意图

了解受众和意图是原型设计最重要的原则。原型设计之初，首先要确定原型设计的内容，设定适当的期望值，进而确定原型设计的保真程度，最后选择合适的原型设计工具。一切设计都源于受众，因此设计师首先要理解受众。了解谁是受众，就可以确定原型设计的内容和精细程度。如果原型的受众是本人或研发人员，低保真纸质原型或者 Visio 线框图就能满足需求，这些人对低保真原型有很强的理解力；如果受众是用户或者是高级管理人员，原型就需要更加精细，因为他们中的大多数人很难完全理解低保真原型传达的概念；如果受众是客户或者是展览会的参观者，原型必须是高保真，完全模拟真实产品，这样可以增强人与产品的互动性。考虑受众的时候，要清楚他们适合的媒介和保真度。如果粗略的草图就能使受众明白产品的概念，那么低保真原型即可；如果受众不能够理解纸原型一类的代替物，那么就应该考虑换一种媒介或者保真程度。

3. 易用性原则

易用性原则是指原型设计要让目标用户容易理解、快速学习、便捷操作。当用户第一次接触新产品时，心里潜藏着陌生的恐惧感，他们担心自己没有能力使用产品、害怕由于自己的错误尝试导致产品失效，所以在原型设计时考虑产品的易用性是十分必要的。首先，在设计之初要考虑如何表达产品的功能和用途，让用户第一次使用时就能大致了解产品有哪些功能，产品是做什么用的，不能将产品主要功能隐藏起来，让用户摸不到头脑。其次，设计时要考虑到用户的使用习惯，不能为了创新而违背基本的规律，设计尽量做到迁移类似产品的使用习惯，这样可以加快用户的学习进度。最后，方便操作也是必须考虑的，不能为了视觉美观、设计标新立异而牺牲用户的操作便捷性。原型设计只有满足易用性才能保证用户使用产品时舒适、亲切、不陌生。当然这三点实施起来或许存在冲突，需要平衡。微软公司设计的 Office 办公软件中，菜单是所有功能的入口，通过菜单可以找到需要使用的功能，这显然可以使用户学习软件更加方便。复制和粘贴两项功能被放在"编辑"菜单当中，如果每次复制操作只能通过"编辑"菜单一种途径，虽然易学，但不易用。针对这种现象，微软设计出了 Ctrl+C 和 Ctrl+V 快捷方式，让频繁操作的人更加方便，像这类具体的易用性操作问题是需要在原型设计中考虑和衡量的。

4. 原型并不完美

原型并不完美，也不需要完美。原型是不完整、粗略的产品雏形，它的本意也不是力求完美。事实上，略显粗糙的原型往往能获得更好的反馈。诚然有时需要精细的原型，但很多时候，原型的受众并不是展览会上的参展者，也不是客户，所以原型的保真度不需要很高，足够表达概念和设计就可以。花最少的时间和精力向受众传达产品的概念和设计即可，不要过于精细，也不要过于粗糙。

5. 某些原型效果可在后期编程中实现

由于软件的限制或设计师能力的不全面性，某些预想的交互方式原型不能完全实现，这时可以用一些其他方式替换，如直接口述想法给开发人员就能达到想要的结果。在产品开发的过程中，很多交互效果只能在代码中实现，大多数设计师不会写代码，无法做出理想中的原型。面对这种情况，设计师可利用其他页面的类似交互链接到原型里，不需要自己制作。比如在使用 Axure 制作地图时，软件中并没有地图部件，当然也没有必要自己制作，只需要利用内部框架部件将其他页面上相关联的地图网址链接过来即可。原型中的某些动效是用 JavaScript 写出来的，并不能用原型软件制作，如果设计师自己不会编写代码，可以直接向开发人员表述预期效果即可。在实际工作中，设计师最好了解一些编程，这对设计会有很大的帮助。

6. 原型设计需要解决焦点问题

原型设计必须有的放矢，每个原型设计必须解决一个设计团队关注的焦点问题，不能漫无目的。进行原型设计时，设计师要明确目标用户，对其进行观察、描述、研究，构建出任务角色模型，以解决目标用户人群定位等关键问题。只对需要设计的焦点部分进行原型设计，能减少很多方面的投入。此外，对焦点问题进行原型设计，所花费的时间少，能够更快地获得反馈，使得设计工作更加有效率。

4.3　低保真原型与高保真原型

4.3.1　低保真原型

低保真原型设计是对产品的简单设计和模拟，基本保留在产品的外部形态和功能框架上，可以通过设计工具快速设计，它用于产品新概念的探讨和思路方向确定的阶段初期。低保真度原型是元素被快速组合到一起的，并且通常是未经加工的粗糙材料。低保真度原型的表现形式有多种，可以是纸面原型，也可以是电子原型，但是它们共同的特点是只有十分有限的功能和最为基础的界面。低保真原型并不注重实际的交互性，往往呈现的是设计师对产品或信息系统最本质的构想。低保真度代表其不用注重视觉效果，它所传达的是产品内部信息的整体构架，就像树叶中的经脉构建了整片树叶的形态一样。设计师在给出设计方案初始阶段通常会采用低保真原型给团队和客户一个整体意识形态的印象。

1. 低保真原型的优势

低保真原型的设计目的是将初始方案元素快速组合在一起，方便团队研讨。因此低保真原型极易操控与修改，具备快速成型的特点，极大地规避了设计风险。在适当的情况下制作低保真原型能够保证工作效率与设计质量，值得设计开发团队的重视。当然，低保真原型对于设计师来说也方便制作，设计师可以随时随地利用纸和笔记录设计灵感，而不必局限于计算机与软件工具。

如图 4-2 所示，图中描绘的是微软 Office 2010 产品的低保真原型。设计师利用铅笔手绘来传达设计的初步方案，它被用作设计团队对方案的概略测试。由于建立在共同的认知基础上，设计师之间不需要利用更多的视觉细节就能很好地理解这种低保真原型。在设计活动初期，为了快速给客户呈现产品方案，这样的低保真原型也是不错的选择。

图 4-2　Office 2010 产品的低保真原型

2. 低保真原型的劣势

当然低保真原型也存在缺点，这取决于设计师是否在合适的时间针对合适的人群展现低保真原型。经验不足的设计师可能会将低保真原型用在错误的情境中，这是因为非设计人员往往更期待看到完成度高的原型与直观的视觉效果。由于原型设计的目的是展现产品的交互性，而低保真原型这种相对静态的模式仍然要依赖设计师的讲解才能展现交互方式（设计师为了表现一个翻转式的切换模式，需要手动翻转纸面原型），因此，对于客户而言，这样的展现形式不如高保真原型看起来清晰明了。

3. 低保真原型的类别

（1）纸质原型。纸质原型是指设计初期的纸质草图。有些交互设计师为了更好地展现产品的功能和交互方式，也采用纸质原型与团队进行沟通。草图绘制和纸上原型是交互设计中最广泛的原型设计和建构方法。设计初期，设计师在提出产品概念时会在纸上画出产品的最初原型，模拟人机反馈，然后经过与团队、用户、客户等多方测评与沟通，从而发现问题，快速修改，最终形成产品的框架。这样，讨论不再是口中叙述的抽象形态，而是依托更加具体的实物。此过程不但可以让团队设计人员都参与其中，而且不受设备的束缚，节约设计时间，是设计初期必要的阶段，同时纸质原型的一系列修改草图记录着设计产品蜕变的过程，展现一个产品孵化的历程。但纸质原型设计还有些不足，如果设计人员分散或是处于不同地域，大家就不能够仅凭纸质原型讨论设计，而且在美学可用性评估测试时，不能够直接测试纸质原型。

（2）物理原型。物理原型可以是一个简单部件（类似拨号盘和按钮），也可以用物理形态展示整个设备。器具、消费类电子产品、控制面板及移动和医疗器械需要尽可能在屏幕旁边有其物理形态的原型。

图 4-3 中展现的是利用简单的物理原型做辅助，进行产品测试。在推敲手持类电子产品的操作方式时，面对屏幕或纸片，测试者并不能完全沉浸到使用场景之中，设计者也就无法得到最为准确或更加丰富的使用反馈。当辅助简易的产品物理原型时，测试者很容易进入实际的操作状态，这样会对产品做出最客观的评价，进而发现改进需求。

图 4-3 利用简单的物理原型做辅助，进行产品测试

当然物理原型还属于低保真原型阶段，因此这里并不要求物理原型多么贴合实际产品的材料质感等，设计师可以使用身边的任何材料进行原型制作，例如运用泡沫塑料、木头、黏土、厚纸板等，只需要把物理原型的外观较为准确地表现出来就可以。

4.3.2 高保真原型

高保真原型是指高性能、真实、互动性的原型。在低保真原型评估之后，为了使产品的用户体验更流畅，产品更符合用户的期望，设计师针对在低保真原型测试评估中发现的问题进行改进，设计了高保真原型，更好地呈现了产品的设计，并进行用户可用性测试与满意度评估。

一旦产品的基本概念、形式和任务流被确定下来，那么设计师就应当开始适时地集中精力制作高保真模型了。高保真原型设计不仅针对设计方案研讨，同时它在用户测试与产品评估阶段也发挥着十分重要的作用。它力求将产品打磨得更加完美，更加贴合用户的真正需求与使用习惯。在高保真原型设计时需要注意的是：设计师需要在低保真模型制作之后确认基本概念，尽量不要在高保真原型制作过程中反复修改低保真原型，这样会给高保真原型制作增加极大的工作量，降低开发效率。

图4–4所示为微软Office 2010产品的高保真原型，高保真原型与最终呈现给用户的产品基本上没有太大差距。不同于低保真原型需要依赖设计师的讲述和客户的想象力来理解产品，高保真原型一定要像真实产品一样可以操作运行。例如，当测试人员单击"save"按钮，就应当相应地弹出储存窗口，尽可能真实地模拟实际使用情景。虽然高保真模型与最终上线的产品仍然存在差距（比如数据可能不真实），但是高保真模型要求在界面、操作、外观和内容呈现等方面都包含更多的细节。总之，高保真原型在目标用户、用户需求场景、信息架构、布局、控件逻辑、尺寸、色调、纹理、风格等方面对产品进行了极为相似的模拟，这样会更有利于对其进行真实的评估。

图4–4 微软Office 2010产品的高保真原型

1. 高保真原型的优势

正因为高保真原型与真实产品高度相似，设计团队由此可以从高保真原型的测试中得到更加准确的反馈结果。由于能够准确反馈测试，高保真原型能最大限度地降低开发成本。开发中很多易被忽略的问题，只有在产品投入真实的使用场景中才能被发现，高保真原型可以帮助开发者模拟大多数使用场景。如果不进行高保真原型的制作与测试，而直接投产，那么很容易发生各种问题，最终导致产品失败。产品的开发可以分为几个短期阶段迭代进行，也就是以不断诞生的小成果来持续验证产品的用户体验，这样做可以最大限度地避免设计与开发风险。而高保真原型，可以作为迭代开发的替代成果进行测试，也就是说如果证明原型不够合理，那么根据原型开发的产品也不可能令人满意，这是高保真原型最大的优点。客户、产品用户以及设计管理人员也更希望看到既贴近实际产品又美观的高保真原型，这能给他们更加直观有效的方案印象。面向极具创新性或功能复杂的产品，相对于低保真原型，高保真模型能够完整准确地将创新的功能特点与独特的交互方式呈现给目标对象。

2. 高保真原型的劣势

高保真原型也存在一些缺点。它制作原型速度较慢、不易修改、经济效益不如低保真原型高，同时还可能让用户和客户认为它就是最终产品，会对最终产品的评价产生误解。这时，用户体验小组应该向观察对象说明高保真原型的原理、价值与意义，这样才能对产品有积极的客观评价。

3. 高保真原型的制作

这里介绍几种常见的制作高保真原型的工具软件。Axure 是产品开发必备的交互原型设计工具之一，它能够高效率制作产品原型，快速绘制线框图、流程图、网站架构图、示意图、HTML 模版等。在互联网产品设计中，Balsamiq Mockups 是交互设计师绘制线框图或产品原型界面的另一种选择。制作基于浏览器平台的原型时，可以用 Axure、Balsamiq Mockups，但如果开发对象是客户端软件，则建议使用 GUI Design Studio。它可以在不编写任何代码或脚本的情况下快速地创建基于终端硬件平台的演示原型，以展示产品操作工作流程。

4.4 原型设计的基本流程

原型是产品经理、交互设计师、开发人员沟通与交流的最好工具。在确定产品功能与使用方式后，交互设计师设计并输出原型。原型输出的线框图使产品概念更为具体、直观、有针对性、可视化，它是对产品可能性、可行性的视觉化探索与表达，是产品的模拟，是交互设计过程中必要的组成部分。原型设计的表达方式比较自由，可以用马克笔在白板上勾画出设计草图与小组成员进行讨论，也可以用铅笔在草稿纸上不断推敲改进原型设计，或者利用原型设计软件绘制比较真实、贴近用户的原型界面。原型使开发团队之间交流设计的构想更加流畅，对方案评估、用户测试也起到至关重要的作用。

当产品需求提出后，产品的功能、定位以及预期效果也已基本确定，此时交互设计师要根据需求文档将产品视觉化，具体化。设计师首先根据需求文档内容绘制最初的方案草图，进而对方案草图进行修改，并考虑所采取的交互方式，最后输出原型方案。如果原型用于方案的讨论或与研发人员进行沟通，输出线框图即可；如果用于后期的用户可用性测试，则需要进一步进行高保真原型设计。

1. 通过绘制草图进行初步设计

草图是原型生成的第一步，画草图的目的是提炼想法，将想法变成一种更真实、更形象化的存在。在绘制草图的过程中，不用担心想法的好坏，不要担心草图是否美观，因为绘制草图的目标是产生更多的想法，所以数量比质量更加重要，只要提出大脑中的想法，然后将它画出来即可，后面再考虑草图的质量。画草图最好有时间限制，一般以 10~30 分钟为宜，然后进入小组演示及评论阶段。有这种短时间的限制，会让设计者更加关注于想法的产生，而不是细节的捕捉。

大多数的草图都是画在纸上，但偶尔也有一些草图画在白板上。画在白板上的草图最大的好处就是它具有协作性，每个人都很容易参与讨论，需要改进的地方可以立刻擦除重画。

2. 方案演示及评论

在草图绘制完成后，产品小组成员要进行方案演示及评价，此过程是原型设计中至关重要的一个步骤，在这个阶段里，设计人员聚焦于产品的质量。演示及评价的目的是在众多草图中发现最佳的设计想法，然后依据修改建议对草图设计进行最后的加工。方案演示的时间最好控制在 3~5 分钟，在短时间内提出产品实现的最佳解决方案即可；方案的评价时间也要控制在 3 分钟内，在规定的时间内简述方案的优势、劣势和改进意见。这个阶段要把控好时间，因为此阶段的目的就是把好的想法提取出来，然后对其进行深化，要了解原型设计流程中每个步骤的目的，这样才能节约产品的设计时间，提高设计效率。

3. 原型线框图的制作

选出最佳设计方案，对其进行深化和完善后，设计人员就可以利用线框图进一步进行设计可视化的表达。这个阶段需要开始考虑设计的细节，如：用户使用时是否能立刻上手操作，用户对界面是否理解等。在线框图制作过程中，我们一般要通过安排和选择界面元素来整合界面设计；通过识别和定义核心导航系统来整合导航设计；通过放置和排列信息组成部分的优先级来整合信息设计。

4.5 原型设计软件——Axure

制作原型的软件有很多，如 Axure、Visio、Flash 或者 OmniGraffle 等。由于 Axure 是当今国内使用最频繁的软件，它学起来比较容易，无须编程就可以创建交互内容，原型发布也比较简单，因此本节主要介绍 Axure RP 软件以及制作原型的方法。在安装 Axure RP 后，桌面上会有一个绿色叶子的图标，双击图标，打开 Axure RP 软件，然后看到图 4-5 所示的软件界面。为了描述清楚，把界面划分为八个区域，然后分别介绍各个区域的使用情况。

图 4–5　Axure RP 软件的界面

4.5.1　工具栏区域

对于工具栏区域，大部分人都很熟悉，这和 Office 的工具栏有些类似，这里只是先介绍一下 Axure 的特有功能，其他功能在后面的案例中会陆续介绍。

1. 原型

原型按钮的功能是把当前制作的 Axure 文件生成一个 HTML 的网站原型，原型的快捷键是 F5。执行原型命令或者按 F5 键，会弹出图 4–6 所示的对话框。目标文件夹是生成的 HTML 文件放置的地方，可以自己进行更改。打开方式是指用何种浏览器打开已经生成的 HTML 文件，可以选择 IE、Chrome 等。

图 4–6　生成原型对话框

2. 在原型中重新生成当前页面

在原型中重新生成当前页面的功能是将当前的页面重新生成，它的快捷键是 Ctrl+F5。重新生成当前页面功能和原型功能是不同的，前者只是生成当前页面，而后者是生成整个网站原型。多数情况下，设计者只是对其中某个网页的细节进行修改，如果要生成整个网站页面，会比较浪费时间，只生成当前页面会更加高效。

3. 规格说明书

规格说明书的功能是生成当前网站的规格说明。其包括网站每个网页的描述，组件的颜色、字体、坐标、尺寸等。单击"生成"按钮后，会生成一个 docx 格式的 Word 文件。

4. 更多生成器和配置

更多生成器和配置功能可以自定义生成器。原型的不同用途可以有不同选择。这个功能在实际操作中使用得比较少，所以在此不再赘述。

4.5.2 站点地图区域

站点地图区域是管理页面数量与页面之间层级的区域，其树状结构能够方便用户对网站的整体模块和功能有一个清晰宏观的了解。当编辑一个页面时，在站点地图区域找到此页面，然后双击，就可以出现该页面的编辑区域；当需要修改网页的名称时，单击站点地图区域的页面名称，然后输入新的页面名称即可，如图 4-7 所示。

图 4-7　页面编辑

当要需要增加一个新的页面时，单击加号即可，但要注意层级问题。一般 Axure 默认的是在选中页面的层级下添加新的页面，如图 4-8 所示。

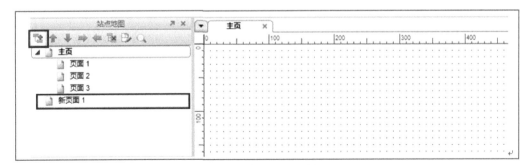

图 4-8　在主页下添加新页面

如果改变同一层级下的页面顺序，那么选中页面后，单击向上或向下箭头进行调整即可；如果要跨越层级调整，单击向左或向右的横向箭头即可（见图 4-9）。

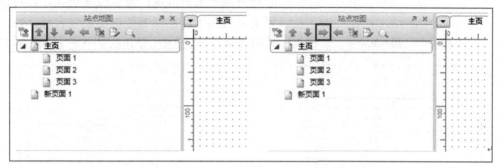

图 4-9　改变同一层级下的页面以及跨越层级调整

4.5.3　部件区域

Axure 中默认的部件区域有两个：一个是线框图部件；另一个是流程图部件（见图 4-10）。本节主要介绍线框图部件中常用部件及其属性。

1. 图片

双击图片部件，会打开 Windows 文件浏览器，选择需要导入任何尺寸的 JPG、GIF、PNG 格式的图片（见图 4-11 左图）。图片的一个特色功能是可以表示鼠标悬停状态替换图片、鼠标选中状态替换图片以及被禁用状态替换图片，这样页面就增加了更多的互动性（见图 4-11 右图）。

图 4-10　流程图部件

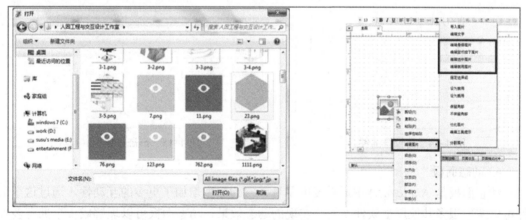

图 4-11　插入图片

2. 文本面板

文本面板用于显示页面上的文字。文字的格式可以任意更改，设置不同的字体、尺寸、颜色、坐标等，图 4-12 所示为插入文本。

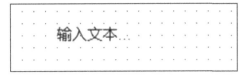

图 4-12　插入文本

3. 矩形

矩形部件具有十分强大的功能，它可以做页面背景或者边框区域，可以改变形状，还可以设置文字链接等。矩形部件自身也包含互动性，可以编辑其悬停、选中、禁用时的状态（见图 4-13）。

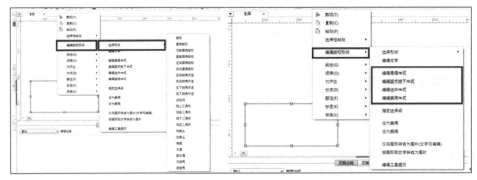

图 4-13　矩形部件

4. 占位符

当需要在页面上预留一块区域，但是还没有确定要放什么内容的时候，可以使用占位符，这样更加方便布局页面（见图 4-14）。

5. 按钮

按钮部件是用于用户点击并提交表单的。线框图部件库里还有一个和按钮形态十分相似的形态按钮。形态按钮在按钮的基础上增加了一些特殊的功能，比如支持鼠标悬停改变样式。可以说形态按钮是按钮和矩形的结合体，具有按钮和矩形的优点（见图 4-15）。

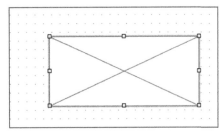

图 4-14　占位符部件

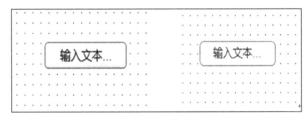

图 4-15　形态按钮

6. 动态面板

动态面板是 Axure 软件中最重要的部件，它为原型增加了更多的互动性，通过这个部件可以实现很多其他原型软件不能够实现的动态效果。动态面板可以理解成一个拥有多种不同状态的部件，设计者可以通过事件来选择动态面板的相应状态。具体如何使用动态面板，本书将在后面实例中详细介绍。

7. 图片热区

图片热区是一个特殊的部件，它可以在图片上实现局部可点击的功能（见图 4-16），最常见的用途是制作地图，此过程将会在后面的实例教程中有所讲解。

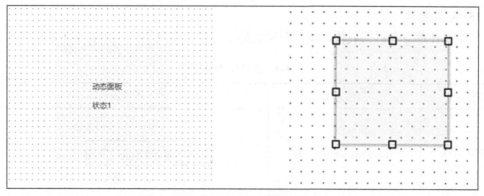

图 4-16　图片热区部件

8. 文本框
文本框是用来接收用户输入文字的部件。

9. 文本编辑框
文本编辑框可以接收用户输入的多行文字，而文本框只能接收用户单行输入的文字。

10. 下拉选单
下拉选单用于让用户从一些值中进行选择，用户不能在下拉选单中随意输入文字。

11. 列表框
列表框一般在页面中可显示多个信息供用户选择，并且用户可多项选择。

12. 单选按钮
单选按钮用于让用户从已给信息中选择单个内容。对于同组的多个单选按钮可设置组，这样便于设计规划。

13. 复选框
复选框用于让用户从众多已给信息中选择多项内容。

14. 内部框架
内部框架是 HTML 的一个部件，用于在页面中显示其他页面的内容。在 Axure 中，内部框架可以引用任何一个链接所表示的内容，比如一张图片、某个网站的一部分、一个 Flash 等。设计者可以对内部框架进行编辑设置，可以根据具体设计需求的样式来调整内部框架的形式（见图 4-17）。

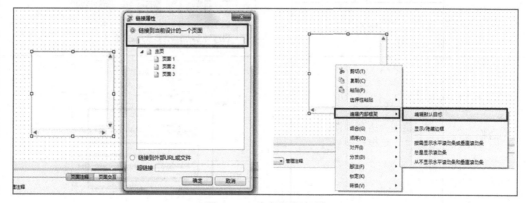

图 4-17　内部框架部件

15. 部件属性

每个部件都有自己的属性，本节归纳总结了部件的常见属性，如表 4-1 所示。

表 4-1　部件的常见属性

属性名称	属性说明	属性图例
部件名称	用来显示部件的名称	
坐标、尺寸	用于确定部件的位置和尺寸大小	
文字设置	字体	
	字体大小	
	字体样式：黑体、下画线、斜体	
	字体对齐：左对齐、居中、右对齐等	
颜色	字体	
	边框	
	填充	
边框	粗细：所有部件的边框粗细	

续表

属性名称	属性说明	属性图例
边框	样式：实线、虚线等	
置于前、置于后	部件的 Z 轴坐标	
锁定部件	固定部件的尺寸和位置，防止部件被编辑或者移动	

4.5.4　主部件区域

主部件区域可以重复使用模板。比如一个网站的一级导航会在多个页面反复使用，那么我们可以把它做成主部件区域，这样方便使用和修改。

4.5.5　页面区域

页面区域是显示各个页面内容的区域，也是将要生成 HTML 的区域，此区域的所有内容都将会生成为 HTML。

4.5.6　页面设置区域

页面设置区域主要有三部分内容：

1. 页面注释

页面注释用来记录页面中的文字描述和说明等。对此部分添加内容便于团队之间的交流沟通。

2. 页面交互

Axure 6.5 中仅支持用户创建一种类型的页面交互——页面加载。页面加载可以让用户看到一些页面互动效果，设计师也可以在加载完毕后赋予某些参数初始值。

3. 页面格式

页面格式用于设置页面的样式信息，比如背景图片、背景颜色、字体等。在此区域内也可以设置页面原型的精细程度。

4.5.7　部件属性区域

部件属性区域用于为部件添加注释、增加交互事件、设置样式。其中常用的是增加交互事件。具体如何添加事件，本书将在后面实例介绍部分具体叙述。

4.5.8　动态面板管理区域

动态面板管理区域会显示当前页面中所有的动态面板以及每个动态面板的状态。如果需要设置动态面板的显隐状态，就可以通过单击某个动态面板后面的蓝色小矩形来实现。

4.6　原型设计案例解析

这部分将以某大学设计与艺术学院的人因工程与交互设计工作室的网站为例，具体讲解如何用 Axure 软件进行高保真原型设计。在进行网站原型设计之前，根据需求文档，将该网站的功能划分为六个部分，分别是工作室介绍、教师及作品介绍、学生作品、学术活动、教学成果、联系我们。根据每个部分的详细需求，设计者规划了每个页面的布局（见图 4-18）。

图 4-18　对页面布局的规划

4.6.1　首页页面设计

1. 导航设置

（1）建立页面背景。拖拽两个矩形，页面设置参数如表 4-2 所示。将灰色的矩形放置在白色矩形上方，然后将两个矩形锁定，防止在制作页面其他元素时移动背景。

表 4-2　页面设置参数

名称	部件种类	坐标	尺寸	填充色	边框
无	矩形	X0:Y0	W1344:H2578	FFFFFF	无边框
无	矩形	X20:Y20	W1384:H2618	F5F5F5	无边框

将人因工程与交互设计的 logo 放到页面中，设置其坐标 X586:Y83。当鼠标在任意页面单击工作室 logo 时，都可以跳转到首页页面，所以要对 logo 添加动作。Logo 设置参数如表 4-3 所示。

表 4-3　logo 设置参数

部件名称	无
部件类型	图片
动作类型	鼠标单击
动作详情	在当前窗口打开主页

（2）设置导航的标签项。当鼠标悬停在标签项时，标签的文字会改变颜色。制作鼠标悬停，字体颜色改变有两种方法：

① 使用矩形部件，设置其在鼠标悬停下的状态。

② 使用动态面板，设置两个状态：一个是正常鼠标未出发的状态；另一个是鼠标滑过或悬停时字体颜色改变的状态。本书为了使用户更快熟悉动态面板的设置，在此介绍动态面板的方法。拖拽一个动态面板到页面中，尺寸、坐标设置如表 4-4 所示。

表 4-4　动态面板的参数设置

名称	部件种类	坐标	尺寸
工作室介绍	动态面板	X194:Y130	W120:H26

为该动态面板添加两个状态。单击状态 1，拖拽文字面板，输入文字"工作室介绍"，设置参数如表 4-5 所示。

表 4-5　动态面板设置参数 1

名称	部件种类	坐标	尺寸	字体
无	文字面板	X0:Y0	W120:H19	微软雅黑
—	字体大小	字体颜色	字体样式	—
—	13	EE6557	黑体	—

单击状态 2，将状态 1 中的文字内容复制到状态 2 中，将字体颜色改变为#16A6B6 即可。接下来对状态 1、状态 2 添加动作，设置如表 4-6 所示。

表 4-6　动态面板设置参数 2

部件名称	调研分析	调研分析
部件类型	动态面板	动态面板
动作类型	鼠标移入	① 单击 ② 鼠标移出
所属面板状态	状态 1	状态 2
动作详情	设置工作室介绍状态 ——状态 2	① 在当前窗口打开工作室介绍 ② 设置工作室介绍状态——状态 1

其他五个导航标签制作方法相同，只是坐标不同，坐标与尺寸设置如表 4-7 所示，最终实现效果如图 4-19 所示。

表 4-7　其他五个导航标签的坐标与尺寸设置

名称	部件种类	坐标	尺寸	名称	部件种类	坐标	尺寸
教师及作品	动态面板	X334:Y130	W120:H26	学生作品	动态面板	X474:Y130	W120:H26
名称	部件种类	坐标	尺寸	名称	部件种类	坐标	尺寸
学术活动	动态面板	X754:Y130	W120:H26	研究成果	动态面板	X894:Y130	W120:H26
名称	部件种类	坐标	尺寸	—	—	—	—
联系我们	动态面板	X1043:Y130	W120:H26	—	—	—	—

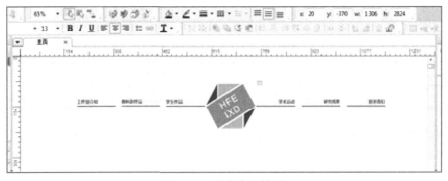

图 4-19　最终实现效果

2. 网站主题文字

拖拽两个文字面板到主页中，分别输入"人因工程与交互设计工作室""Human Factors Engineering and Interaction Design Studio"，文字设置如表 4-8 所示，实现效果如图 4-20 所示。

表 4-8　文字设置参数

名称	部件种类	坐标	尺寸	字体
无	文字面板	X402:Y308	W636:H62	微软雅黑
—	字体大小	字体颜色	字体样式	—
—	48	333333	黑体	—
名称	部件种类	坐标	尺寸	字体
无	文字面板	X521:Y370	W340:H16	Arial
—	字体大小	字体颜色	—	—
—	13	333333	—	—

图 4-20　实现效果

3. 图片添加

将事先制作好的图片粘贴到页面中，调整位置，保持图与图之间的距离相等，最终效果如图 4-21 所示。

图 4-21　最终实现效果

4. 工作室进度

将事先制作的课程进度的图片粘贴到页面中，坐标设置参数如表 4–9 所示。注：由于 Axure 的功能有限，不能做出所有的效果，此处动态是使用 Javascript 编写的，可以在后续网站实现过程中添加效果。注意把握原型设计的度，尽量避免为了追求逼真而浪费时间。

表 4–9　坐标设置参数

名称	部件种类	坐标	名称	部件种类	坐标
课程进度	图片	X297:Y1252	项目 1 进度	图片	X458:Y1252
名称	部件种类	坐标	名称	部件种类	坐标
项目 2 进度	图片	X597:Y1252	学生参赛进度	图片	X767:Y1252
名称	部件种类	坐标	—	—	—
学术活动	图片	X914:Y1252	—	—	—

分别拖拽五个文字面板到页面中，分别输入"课程进度""项目 1 进度""项目 2 进度""学生参赛进度""学术活动"，调整到适宜位置，其他参数设置如表 4–10 所示，实现效果如图 4–22 所示。

表 4–10　其他参数设置

名称	部件种类	尺寸	字体	字体大小
无	文字面板	W79:H19	微软雅黑	13
—	字体颜色	—	—	—
—	333333	—	—	—

图 4–22　实现效果

5. 人因工程交互设计小课堂

人因工程交互设计小课堂是人因工程交互设计中的浏览部分，类似于幻灯片的切换。当鼠标单击下面的动态点时，动态点会呈现选中状态，同时上面的文字会切换到相应页面。制作这种交互形式需要使用动态面板来切换不同内容，下面将逐步介绍制作过程。

拖拽一个动态面板至页面，再添加五个状态，参数设置如表 4–11 所示。

表 4–11　动态面板参数设置

名称	部件种类	坐标	尺寸
人因工程与交互设计小课堂	动态面板	X221:Y1545	W912:H105

进入状态 1 页面，拖拽文字面板，将文字内容输入其中，设置参数如表 4–12 所示，其余四个状态的形式和状态 1 相类似，只是文字内容不同，此处不进行多余的叙述。

表 4–12　文字面板参数设置

名称	部件种类	坐标	尺寸	字体
无	文字面板	X0:Y10	W912:H57	微软雅黑
字体大小	字体颜色	—	—	—
16	333333	—	—	—

鼠标单击动态点时会产生一种状态，未被单击时显示的是另一种状态，针对此种现象可以使用矩形部件，改变矩形的形状至圆形，然后设置其选中状态，或者使用动态面板部件。此处涉及小课堂内容的切换，本书使用动态面板部件。

拖拽五个动态面板到页面中，分别调整其位置，此处以动态点 1 作为设置对象。给动态点 1 添加至两个状态，分别命名为红、灰。进入动态点 1 中的红状态，拖拽一个矩形，编辑其形状为圆形，其他参数设置如表 4–13 所示。灰色状态设置类似，只是将填充颜色变为#BFBFBF 即可。其他动态点设置可以复制动态点 1 中对应状态，修改灰色状态在前，红色状态在后。然后一同对"人因工程与交互设计小课堂"添加事件。

表 4–13　其他参数设置

名称	部件种类	坐标	尺寸	边框颜色	填充颜色
无	矩形	X1:Y1	W35:H35	#EE6557	无

主页面加载完毕以后，默认的是动态点 1 为红，其余四个动态点为灰，显示人因工程与交互设计小课堂状态 1 的文字。当鼠标单击动态点 2 时，动态点 2 为红色，其余为灰色，此时显示人因工程与交互设计小课堂状态 2 的文字，以此类推，可以为每个动态点添加事件。以动态点 1、动态点 2 为例，给出设置参数，具体参数设置如表 4–14 所示，最终实现效果如图 4–23 所示。

表 4–14　具体参数设置

部件名称	动态点 1	动态点 1	动态点 2
部件类型	动态面板	动态面板	动态面板
动作类型	鼠标单击	鼠标单击	鼠标单击
所属面板状态	红	灰	灰
动作详情	设置人因工程与交互设计小课堂状态 1	① 设置人因工程与交互设计小课堂状态 1 ② 设置动态点 1 状态红 ③ 设置动态点 2 状态灰 ④ 设置动态点 3 状态灰 ⑤ 设置动态点 4 状态灰 ⑥ 设置动态点 5 状态灰	① 设置人因工程与交互设计小课堂状态 2 ② 设置动态点 2 状态红 ③ 设置动态点 1 状态灰 ④ 设置动态点 3 状态灰 ⑤ 设置动态点 4 状态灰 ⑥ 设置动态点 5 状态灰

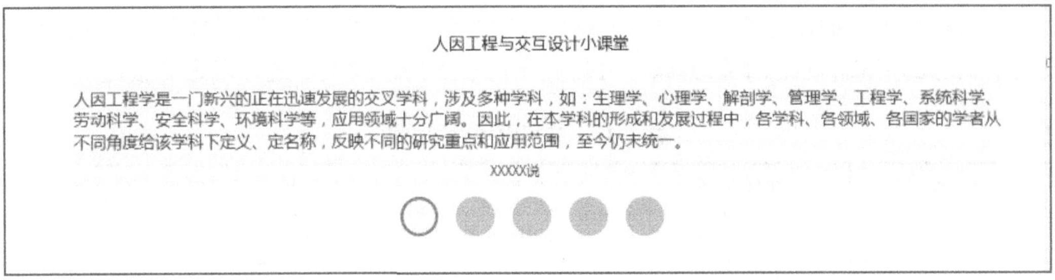

人因工程与交互设计小课堂

人因工程学是一门新兴的正在迅速发展的交叉学科，涉及多种学科，如：生理学、心理学、解剖学、管理学、工程学、系统科学、劳动科学、安全科学、环境科学等，应用领域十分广阔。因此，在本学科的形成和发展过程中，各学科、各领域、各国家的学者从不同角度给该学科下定义、定名称，反映不同的研究重点和应用范围，至今仍未统一。

XXXXX说

图4-23 最终实现效果

6. 页底制作

"合作申请"部分制作：当鼠标悬停在"合作申请"部分时，合作申请图标会有一种向外扩张的动效，同时申请项目的按钮也会改变颜色，提醒用户点击。对于向外扩张的动效，运用 Axure 无法制作，应在网页编写时，运用 Javascript 编写出来，此处用动态面板的不同状态切换来代替此效果。当单击"合作申请"部分时，会弹出 Outlook 邮箱，发送邮件，此部分到网页编写时再添加，此处暂时忽略。

拖拽一个动态面板至页面，命名为"合作申请"，添加状态 1、状态 2。双击进入状态 1 页面，将事先做好的图标复制到页面中，调整坐标至 X88:Y18，然后拖拽文本部件，输入文字。最后拖拽矩形部件，具体设置如表 4-15 所示。

表4-15 动态面板参数设置

名称	部件种类	坐标	尺寸	字体
无	矩形	X67:Y245	W140:H44	微软雅黑
	字体大小	字体颜色	填充颜色	边框颜色
	18	FFFFFF	BFBFBF	无

双击状态 2，将状态 1 中的所有内容复制过来。用已经画好的激活状态的图标代替状态 1 的图标。然后改变矩形部件的填充颜色为#16A6B6。最后当"合作申请"部分的两个状态做好以后统一为其增添事件，具体设置如表 4-16 所示。

表4-16 动态面板参数设置

部件名称	合作申请	合作申请	合作申请	合作申请
部件类型	图片	矩形	图片	矩形
动作类型	鼠标移入	鼠标移入	鼠标移出	鼠标移出
所属面板状态	状态 1	状态 1	状态 2	状态 2
动作详情	设置合作申请状态 2	设置合作申请状态 2	设置合作申请状态 1	设置合作申请状态 1

"联系我们"部分制作：这个部分的制作和"合作申请"部分大致类似，就是在单击"人因工程与交互设计工作室"的文字时，会将页面链接到工作室的官方微博，所以需要给这个文字面板添加事件，具体设置如表 4-17 所示。

表 4-17　文字面板添加事件

部件名称	合作申请
部件类型	文字面板
动作类型	鼠标单击
动作详情	在当前窗口打开 http://weibo.com/u/1400816912

"合作伙伴"部分制作：这个部分制作和上面的制作步骤大致相同，当单击这个部分时，会将页面整体切换至"教师及作品"页面中的合作院校、企业部分，由于涉及动态切换，在最终网页制作时需要 Javascript，不是 Axure 能够独立完成的，所以此处只是静态。

图 4-24 所示为最终的实现效果。

图 4-24　最终的实现效果

4.6.2　"工作室介绍"页面设计

1. 导航设置

首页已经制作过导航，只需将导航部分粘贴过来即可。删除"工作室介绍"动态面板的状态 2，将状态 1 的文字按表 4-18 所示的参数设置。实现效果如图 4-25 所示。

表 4-18　导航设置参数

名称	部件种类	坐标	尺寸	字体
无	文字面板	X0:Y18	W120:H10	微软雅黑
—	字体大小	字体颜色	字体样式	
—	13	EE6557	黑体	

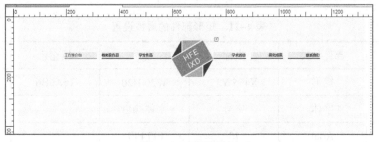

图 4-25　实现效果

2. 工作室图片轮播区域制作

（1）底部制作。拖拽一个矩形到页面当中，当作轮播区域的背景白底色，具体参数设置如表4-19所示。

表4-19 底部制作参数

名称	部件种类	坐标	尺寸	填充色	边框颜色
无	矩形	X178:Y266	W990:H243	FFFFFF	无

图片轮播是很多网站首页采用的形式，它能以一种很清晰和优美的方式展现一个网站或者当前页面的产品和服务。多数情况，轮播会有4或5帧，每隔几秒钟会自动切换，当用户单击轮播显示条上的轮播按钮后，就会跳到相应的专题或者产品页面。整个轮播区域是一个有多个状态的动态面板部件，设计者需要做的就是要控制这个动态面板之间的自动切换，并要为状态的切换添加一个"滚动"的效果。

首先，搭建轮播图片。向页面中拖拽一个动态面板，名称设置为"轮播"，将其坐标设置为X196:Y228，大小设置为W646:H338。为其添加另外四个状态，使该轮播动态面板有五个状态。双击开始编辑状态1，把已经制作好的图片通过一个图片部件导入页面中，坐标设置为X0:Y0。然后为该图片添加鼠标移入、鼠标移出的事件，具体设置如表4-20所示。

表4-20 搭建轮播图片具体设置

部件名称	轮播	轮播
部件类型	图片	图片
动作类型	鼠标移入	鼠标移出
动作详情	设置变量值等于"0"	设置变量值等于"1"

这里只改变变量的值，之后会通过变量的值来确定是否继续轮播图片。状态1中的图片设置已经完成，以同样的方式设置状态2～状态5。

其次，搭建轮播显示条部分。向页面中拖拽一个动态面板，名称设置为"轮播显示条"，将其坐标设置为X196:Y633，大小设置为W646:H43。为其添加另外四个状态，使该轮播显示条动态面板有五个状态。双击状态1，拖拽一个矩形单击右键编辑矩形形状为椭圆矩形，这个矩形部件的属性设置如表4-21所示。

表4-21 矩形部件的属性设置

名称	部件种类	坐标	尺寸	填充色	边框
无	矩形	X455:Y17	W20:H20	16A6B6	无
—	字体	字号	字体颜色	—	—
—	Arial	13	FFFFFF	—	—

文本内容为 "1"。完成后，把 1 号矩形部件复制四个，分别命名为 2、3、4、5，复制出来的四个部件的填充色为无，字体颜色为黑色。为 1 号矩形添加鼠标移入事件、鼠标移出事件，如表 4–22 所示。

表 4–22　添加鼠标事件

部件名称	无	无
部件类型	矩形	矩形
动作类型	鼠标移入	鼠标移出
动作详情	① 设置变量值等于 "0"； ② 设置轮播显示条状态 1； ③ 设置轮播状态 1 向右滑动 out500 ms，向右滑动 in500 ms	设置变量值等于 "1"

在鼠标悬停的时候，除了停止图片轮播，还要将图片和轮播显示条动态面板的状态分别设置为轮播图片 1 和 1。其他四个图片部件的事件相同，只不过是鼠标悬停的时候需要将轮播图片和轮播显示条动态面板分别设置到其他对应的状态，图片轮播的参数设置如表 4–23 所示。数字 2 的事件效果如图 4–26 所示。

表 4–23　图片轮播的参数设置

部件名称	无	无
部件类型	矩形	矩形
动作类型	鼠标移入	鼠标移出
动作详情	④ 设置变量值等于 "0"； ⑤ 设置轮播显示条状态 2； ⑥ 设置轮播状态 2 向右滑动 out500 ms，向右滑动 in500 ms	设置变量值等于 "1"

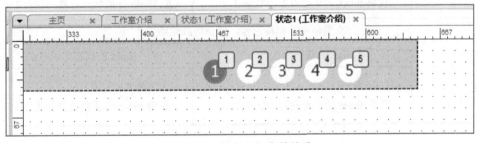

图 4–26　数字 2 的事件效果

完成了轮播显示条动态面板的状态 1 后，分别以相同的方式处理状态 2、3、4、5。每个数字的鼠标移入事件和移出事件同轮播显示条动态面板的状态 1 一样。

再次，timer 面板的无限循环。下面需要用事件让轮播图片动起来，由于这是个无限的循环，所以需要一个 timer 动态面板。拖拽一个动态面板，其尺寸和坐标对整体没有影响，只要不遮挡整个画面就可以。暂定的尺寸 W100:H100，坐标为 X50:Y350，将其设置为隐藏状态。通过 timer 动态面板需要实现的逻辑总结如表 4–24 所示。

表 4–24　timer 动态面板参数

变量值=1　鼠标没有悬停，持续播放轮播图片		
条件	timer 的状态为状态 1	timer 的状态为状态 2
轮播的状态是状态 1	① 等待 3 s ② 将轮播的状态设置为状态 2 ③ 将轮播显示条的状态设置为 2 ④ 将 timer 的状态设置为状态 2	① 等待 3 s ② 将轮播的状态设置为状态 2 ③ 将轮播显示条的状态设置为 2 ④ 将 timer 的状态设置为状态 1
轮播的状态是状态 2	① 等待 3 s ② 将轮播的状态设置为状态 3 ③ 将轮播显示条的状态设置为 3 ④ 将 timer 的状态设置为状态 2	① 等待 3 s ② 将轮播的状态设置为状态 3 ③ 将轮播显示条的状态设置为 3 ④ 将 timer 的状态设置为状态 1
轮播的状态是状态 3	① 等待 3 s ② 将轮播的状态设置为状态 4 ③ 将轮播显示条的状态设置为 4 ④ 将 timer 的状态设置为状态 2	① 等待 3 s ② 将轮播的状态设置为状态 4 ③ 将轮播显示条的状态设置为 4 ④ 将 timer 的状态设置为状态 1
轮播的状态是状态 4	① 等待 3 s ② 将轮播的状态设置为状态 5 ③ 将轮播显示条的状态设置为 5 ④ 将 timer 的状态设置为状态 2	① 等待 3 s ② 将轮播的状态设置为状态 5 ③ 将轮播显示条的状态设置为 5 ④ 将 timer 的状态设置为状态 1
轮播的状态是状态 5	① 等待 3 s ② 将轮播的状态设置为状态 1 ③ 将轮播显示条的状态设置为 1 ④ 将 timer 的状态设置为状态 2	① 等待 3 s ② 将轮播的状态设置为状态 1 ③ 将轮播显示条的状态设置为 1 ④ 将 timer 的状态设置为状态 1
变量值=0　鼠标悬停，停止播放轮播图片		
条件	timer 的状态为状态 1	timer 的状态为状态 2
无论轮播是什么状态	① 等待 3 s ② 将 timer 的状态设置为状态 2	① 等待 3 s ② 将 timer 的状态设置为状态 1

这个逻辑很容易理解，轮播是顺序播放的，如果状态是 1 就切换成 2，如果状态是 2 就切换成 3，如果是 3 就切换成 4……并且，在切换轮播的过程中，还要将 timer 动态面板的状态在状态 1 和状态 2 之间每隔 3 s 换一次，这样就能不断触发 OnPanelStateChange（动态面板状态改变），让循环永远继续下去。OnPanelStateChange 事件参数如表 4–25 所示，事件面板如图 4–27 所示。

表 4–25 **OnPanelStateChange** 事件参数

部件名称	timer
事件类型	OnPanelStateChange
所属页面	工作室介绍
用例 1 动作条件：① If 变量值等于 1；② 动态面板状态轮播等于状态 1；③ 动态面板状态 timer 等于状态 1	
用例 1 动作详情：① 等待 3 000 ms；② 轮播状态状态 2 向右滑动 out500 ms；③ 设置 timer 状态等于状态 2	
用例 2 动作条件：① Else If 变量值等于 1；② 动态面板状态 轮播等于状态 1；③ 动态面板状态 timer 等于状态 2	
用例 2 动作详情：① 等待 3 000 ms；② 轮播状态状态 2 向右滑动 out500 ms；③ 设置 timer 状态等于状态 1	
用例 3 动作条件：① Else If 变量值等于 1；② 动态面板状态 轮播等于状态 2；③ 动态面板状态 timer 等于状态 1	
用例 3 动作详情：① 等待 3 000 ms；② 轮播状态状态 3 向右滑动 out500 ms；③ 设置 timer 状态等于状态 2	
用例 4 动作条件：① Else If 变量值等于 1；② 动态面板状态 轮播等于状态 2；③ 动态面板状态 timer 等于状态 2	
用例 4 动作详情：① 等待 3 000 ms；② 状态 3 向右滑动 out500 ms；③ 设置 timer 状态等于状态 1	
用例 5 动作条件：① Else If 变量值等于 1；② 动态面板状态 轮播等于状态 3；③ 动态面板状态 timer 等于状态 1	
用例 5 动作详情：① 等待 3 000 ms；② 状态 4 向右滑动 out500 ms；③ 设置 timer 状态等于状态 2	
用例 6 动作条件：① Else If 变量值等于 1；② 动态面板状态 轮播等于状态 3；③ 动态面板状态 timer 等于状态 2	
用例 6 动作详情：① 等待 3 000 ms；② 状态 4 向右滑动 out500 ms；③ 设置 timer 状态等于状态 1	
用例 7 动作条件：① Else If 变量值等于 1；② 动态面板状态 轮播等于状态 4；③ 动态面板状态 timer 等于状态 1	
用例 7 动作详情：① 等待 3 000 ms；② 状态 5 向右滑动 out500 ms；③ 设置 timer 状态等于状态 2	
用例 8 动作条件：① Else If 变量值等于 1；② 动态面板状态 轮播等于状态 4；③ 动态面板状态 timer 等于状态 2	
用例 8 动作详情：① 等待 3 000 ms；② 状态 5 向右滑动 out500 ms；③ 设置 timer 状态等于状态 1	
用例 9 动作条件：① Else If 变量值等于 1；② 动态面板状态 轮播等于状态 5；③ 动态面板状态 timer 等于状态 1	
用例 9 动作详情：① 等待 3 000 ms；② 状态 1 向右滑动 out500 ms；③ 设置 timer 状态等于状态 2	
事件类型	OnPanelStateChange
所属页面	工作室介绍
用例 10 动作条件：① Else If 变量值等于 1；② 动态面板状态 轮播等于状态 5；③ 动态面板状态 timer 等于状态 2	

部件名称	timer
用例 10 动作详情：① 等待 3 000 ms；② 状态 1 向右滑动 out500 ms；③ 设置 timer 状态等于状态 1	
用例 11 动作条件：① Else If 变量值等于 0；② 动态面板状态 timer 等于状态 1	
用例 11 动作详情：① 等待 3 000 ms；② 设置 timer 状态等于状态 2	
用例 12 动作条件：① Else If 变量值等于 0；② 动态面板状态 timer 等于状态 2	
用例 12 动作详情：① 等待 3 000 ms；② 设置 timer 状态等于状态 1	

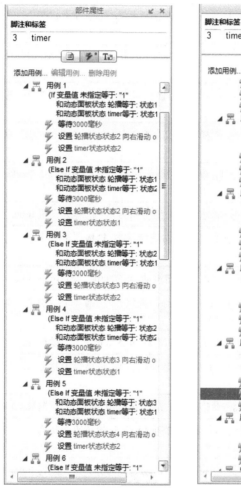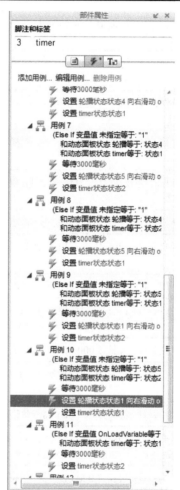

图 4-27　事件面板

（2）文字。拖拽一个文字面板到页面中，设置其大小、位置为 X882:Y434、W277:H348，文字大小为 18，微软雅黑，居中对齐。

3. 图片添加

将事先准备好的工作室的照片拖拽到页面中，每个图片之间的距离相同，第一个图片的坐标为 X264:Y860，第二个图片的坐标为 X474:Y860，以此类推，图片分三排排列，添加效果如图 4-28 所示。

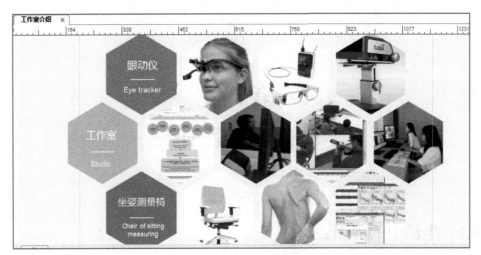

图 4-28　图片添加效果

4. 其他部分制作

　　由于此页下部依然为交互设计小课堂和每页底部，所以只需将这两部分复制粘贴到本页即可。

第5章
界 面 设 计

5.1　生活中的界面设计

尽管本章讨论的是狭义的用户界面，即针对软件的人机交互、操作逻辑和界面美观的整体设计，但也需要对广义的界面设计有所了解。

所谓广义的人机界面，即人机系统模型中，人与机之间存在的介质。界面设计与交互设计非常紧密地联系在一起。界面设计应当说是交互设计的外在表现，而不是交互设计本身。界面是人们看到的、听到的和感觉到的，虽然仅仅作为交互设计的冰山一角，却是直接面向用户的，可见其作用在交互设计中十分重要。

那么，既然界面存在于人与物（或是机）的信息交流之间，那么就可以认定人与物信息交流的绝大多数领域都存在界面设计。下面几类就是生活中比较典型的界面设计。

5.1.1　指示系统

指示系统是指在一定的空间内为了实现指示方向、规定行为、确定功能而设计的标识系统。指示系统设计的首要目标就是要准确地传达信息，不能单纯地以视觉美观为设计初衷。一般来说，指示系统由三方面组成：一是方位指示系统，比如入口、出口等；二是功能指示系统，例如洗手间；三是行为指示系统，譬如禁止吸烟等。功能性、规范性、美观性是指示系统设计的三大要素。功能性要求其达到"此时无声胜有声"的识别效果；规范性要求其图案和文字要严格遵照国内和国际统一标准；美观性要求其最终视觉效果要与其所处的人文环境相和谐适应。

指示系统设计的主要内容涉及：指示系统设计、导向牌设计、指示牌设计、学校导向牌设计、城市导向系统设计等。这里，以原研哉设计事务所为梅田医院设计的视觉指示系统为典型案例（见图 5-1），介绍指示系统设计要素。梅田医院是一家妇科及儿科的专科医院。考虑到孕产妇在医院度过的这段时间需要营造出一种温馨的气氛，因此指示标志本身是用布料制作的，意在向人们传达一种柔和的感觉，给人以心理安慰，增加医院与产妇及家人之间的亲和感。而且在指示设计的细节上也做尽文章。该标志系统是可以洗涤的，之所以特意使用了不耐脏的白色棉布，就是想通过保持标志的洁白，向人传递医院清洁卫生的形象。这与一流的餐厅是通过使用纯白的桌布来向顾客强调餐桌的清洁是同样的道理。

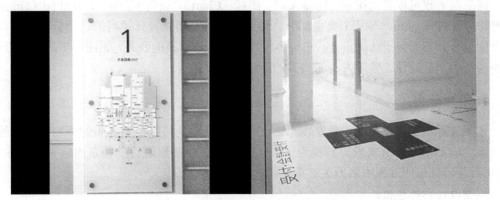

图 5-1　梅田医院设计的视觉指示系统

5.1.2　信息图形

信息图形（Infographic），又称为信息图，即针对内容复杂、难以形象表述的信息，先进行充分理解、系统梳理，再使其视觉化，然后通过图形简单清晰地向读者呈现出来，也就是数据、信息或知识的可视化表现形式（见图 5-2）。信息图形主要用来清楚准确地解释数据或表达复杂且量大的信息，例如在各式各样的文件档案、各个标志、新闻或教程文件上，表现出的设计就是化繁为简。

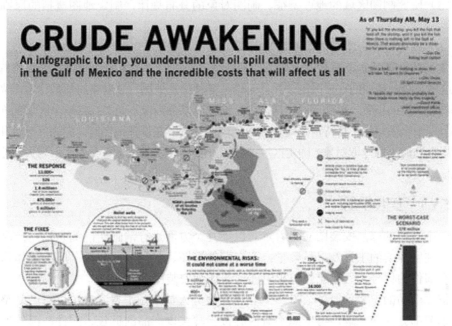

图 5-2　信息图形

制作信息图的目的是用图像的形式表现需要传达的数据、信息和知识。这些图形可能由信息所代表的事物组成（或者是相关事物形成的抽象图形），也可能是简单的点、线、基本图形等，或者还可以为图表设计几个必要的图标，信息图形中的元素应尽量与所表达的信息在语义上一致，达到向受众清晰传达信息的目的。

信息图大致可以分为图解（Diagram）、图标（Chart）、表格（Table）、统计图（Graph）、图形符号（Pictogram）等几个典型部分。信息图设计是信息设计学科的一个分支。如今，信息图设计并不局限于传达设计，它与多种设计都有着紧密的联系，如图形用户界面设计、方便易用的产品设计、残障人士无障碍的环境空间设计等。

5.1.3　地图

地图实际上也可以归纳为信息图形的一个分支，它是将某个地域中的事物缩小后绘制在平面上的图形。将真实世界转换为平面，在此过程中必然要将某些东西略去。实际上，"省略"是绘制地图过程中最为关键重要的程序。

地图设计具体包括：

（1）确定地图性质、特点与制图范围。

（2）确定地图内容并制定地图图例。主要根据地图用途、制图资料和区域地理特点确定地图内容，及其分类、分级系统，然后针对这些内容、设计表示方法和相应的符号，系统、有逻辑地排列组成地图图例表。

（3）确定地图数学基础，包括比例尺、投影、经纬网格以及建立数学基础的方法和精度要求。

（4）广泛搜集编图用的各种资料，并进行整理、分析与评价，做出使用程度和方法的说明。

（5）研究制图区域的地理特征、制图对象的分布规律，制定地图概括的原则、方法与指标。

（6）确定地图分幅与图面配置等。

常见的地图基本上都是以地形图为基础绘制而成的。地图的作用就是提供正确的位置信息，这也是绘制地图的首要原则。并且无论是哪种信息地图，最重要的都是让看图者能够快速找到自己所在的位置。根据目的的不同，信息地图可以分为以下两类：将整个区域的布局或结构完整呈现出来的地图；将特定的对象突出展现的地图。在设计地图时，应先区分使用目的，根据使用目的的不同选取对象，确定区域范围以及具体表现手法。图 5-3 所示为大北窑公交站点区域信息图。

5.1.4　安装手册

一个有效的产品安装图应当着重对以下几个方面进行清晰明确的表达：产品的简要说明；安装所需要的工具及人员数量；五金配件简图、代号以及数量；产品整体示意图、产品所有部件的代号、五金配件与相应部件的详细安装图等方面。

依照产品的安装手册（见图 5-4），售后服务人员或是消费者就可以对产品整体以及产品的细节部分深入了解，再依照手册内容按步骤实现产品的拆包、配件与部件安装和整体安装。以宜家家居为例，其家具产品以模块化设计为特色，方便拆装搬运，由消费者根据产品说明书自行安装组合而成，凸显 DIY 的乐趣。在用户打开宜家家居产品的安装手册时会发现一个最为明显的特征，那就是尽可能地避免文字描述，从而将每一个步骤，甚至注意事项的细节都用指向明确的图示代替，最大限度地减少了语言符号所可能形成的认知障碍。这个特点使宜家家居的安装手册为世界性范围的用户所喜爱，事实上，它也是降低成本的一种有效手段。

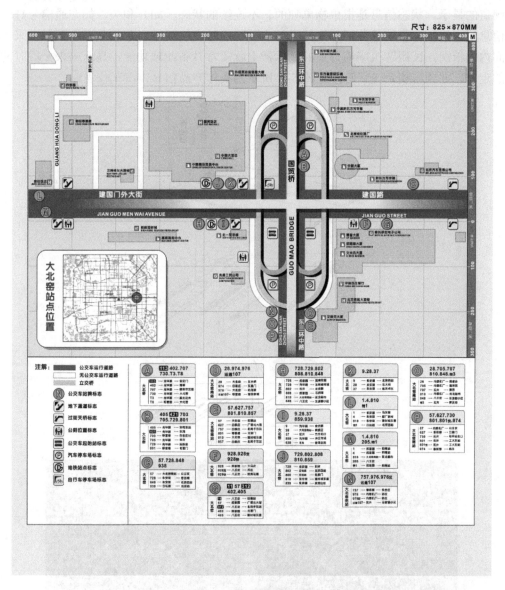

图 5-3 大北窑公交站点区域信息图

5.1.5 实体产品信息

实体产品的界面设计实际上就是硬件产品中视觉显示器的设计。自然环境状况（温度、湿度、空气质量等）、汽车速度与运动趋势、飞机的飞行高度、人的血压与心率、声音频率和强度等动态信息，都需要通过视觉显示器显示给用户。这些信息可以区分为定量信息、定性信息、状态信息和情景信息。例如，温度、压力、速度的相关信息的显示就属于定量显示。而定性显示则突出表现数据信息的变化趋势、速度和方向，常见于车间机器温度变化阈值的显示。状态信息是指事物单独的、不连续的状态，如开和关，如交通信号灯。情景信息用于感知定位信息并把感知信息与实际特定时空的观察对象相联系来预知未来一段时间内的情况，民用客机座椅背后的显示器上就常常具备此项功能，显示未来一段时间飞机的走向，并预告剩余飞行时间。图5-5所示为实体产品信息：汽车仪表。

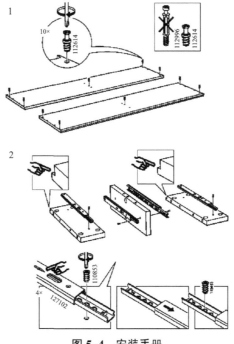

图5-4 安装手册

图5-5 实体产品信息：汽车仪表

5.1.6 网页界面

网页界面设计是人机界面设计的一个延伸，是人与计算机交互方式的演变。人性化的设计是网络界面设计的核心，也就是说如何根据人的心理特点、生理特点，运用技术手段，创造简单、友好的网页是网页界面设计需要解决的重要问题。网页界面设计需要遵循以下设计原则：内容与形式的统一、信息架构合理化、以用户的使用状态和目的为核心和出发点等。设计时需要注意几个最基本的事项：屏幕尺寸问题、屏幕色彩显示、设计创新等（见图 5-6）。

图 5-6　网页界面

5.1.7　软件界面

软件界面设计是伴随着计算机技术的发展而产生的。软件界面是承载使用者（人）与计算机之间信息交流的媒介与平台，一般指人和计算机或包含有计算机的设备、产品（PC、服务器、便携式电子产品等）之间的交互界面（见图 5-7）。

图 5-7　软件界面

　　软件界面的设计大致包含三方面：首先，确定界面的逻辑，即先解决人机对话的方式、信息输入的方式以及信息输出的方式等问题；其次，解决界面的视觉美观问题，即完成电子显示器显示的界面外观设计；最后，编制界面程序，实现界面的交互。优秀的软件界面可以帮助提高工作效率，减少用户学习使用软件时间，降低操作和训练成本。随着计算机技术的发展以及软件界面设计的不断进化，目前软件界面的设计原则就是要达到简单、自然、友好、方便、一致性、减少记忆要求、防止误操作等设计目标。

5.2　用户界面设计

5.2.1　用户界面设计的类别

1. 功能性界面设计

　　功能性界面设计主要强调界面的功能性，即信息能够正确传达，并且界面要容易操作，包括信息的架构、素材的运用、开发技术的手段等。在界面设计中，不论是界面的导航功能、试听功能还是交互功能、设置功能，都要充分体现界面设计中设计与人造物之间的协调关系。

　　功能性界面最大的特征是界面的实用性。在界面设计的过程中，功能性界面要有明确的导航设计，要体现人性化设计和对用户的引导性设计。简约、明确的导航能够引导用户的操作，进行有效的信息沟通。在注重引导功能的基础上，要结合适量的、合理的视觉化设计，将两者很好地结合起来，这是功能性界面设计的关键。

　　功能性界面设计要建立在符合人类浏览习惯、思维逻辑、人性化设计的基础上，人机交互双方的信息传递是功能界面的核心内涵。微软公司的 OneNote 软件的实用性是值得学习和借鉴的（见图 5-8）。OneNote 的导航看似简单但功能强大。首先，界面设计具有一致性，主菜单在整个系统界面中的定位清晰统一。其次，在系统界面中设计简洁的导航是在有限的特定空间内最好的组织内容方式，而且有很高的操作便利性。

图 5-8　功能性界面设计——OneNote 软件

2. 情感性界面设计

　　情感性界面设计和功能性界面设计不同，情感性界面设计的诉求点是"以情感人"，即获得用户的感情共鸣。就像是住房，不但是一个居住空间，更重要的是有着家的温馨。情感性设计要把握好用户的感情，投其所好，而设计师应避免本身个性的自由发挥。

这里将人的情感分为四个层面来探讨，有助于进行更好的设计。第一个层面是人最基本的情感需求，如易懂、刺激、有趣。第二个层面是人随着社会发展所带来的心理需求，如高效、可靠、象征、品质等。第三个层面是人较高层次的、具有一定自主性和个性化的需求，如个人乐趣、想象、浪漫、崇拜等。第四个层面是人更高的情感和思维活动，如理性思考、挑战、探索等。设计师可以通过图像、文字、色彩、互动等多方面的编排、取舍来满足各个层面的需求。图 5-9 所示为情感性界面设计——LittleFox 软件。

图 5-9 情感性界面设计——LittleFox 软件

3. 适应性界面设计

有人曾这样评价电话亭的设计："比起欣赏电话亭设计在造型、色彩、风格上的创新，我更欣赏键盘中央数字'5'上的一个凸起的圆点，这一设计让人在没有光线的情况下也能准确地找到各个键的位置。"这说明界面设计是一种公共设计，要适应各种环境、各种人群。在界面设计中，任何设计与策划都要与环境因素相联系，要想设计出成功的界面，就必须完善处理适应性、功能性和情感性的关系。图 5-10 所示为适应性界面设计——北京公交乘车线路总图局部。

5.2.2 用户界面设计的特征

1. 一致性

由于用户的知识底蕴和文化背景不同，所以产品界面在面对用户时，同一产品的不同界面应在概念模型、显示方式、操作方法保持一致。创新性的界面产品要与所安装的操作系统在界面的外观、布局、交互方式以及信息显示等方面具有一定的继承性。界面设计强调一致性将有助于提高产品的易用性。

2. 艺术性

人们在接受信息的时候，越来越关注信息的呈现方式，具有优秀审美价值的产品能够在最短的时间里吸引用户的注意力。在界面中增加艺术性，传达具有吸引力的信息，并能引导用户正确地浏览信息是界面设计的关键。界面是用户在使用交互式产品时的第一接触面，用户会根据自己的审美习惯，和界面产生不同层面的情感交流。因此，界面设计时要清楚地了解基于消费者的审美心理与面向大众的艺术规律，使界面同时具有审美价值和艺术价值。

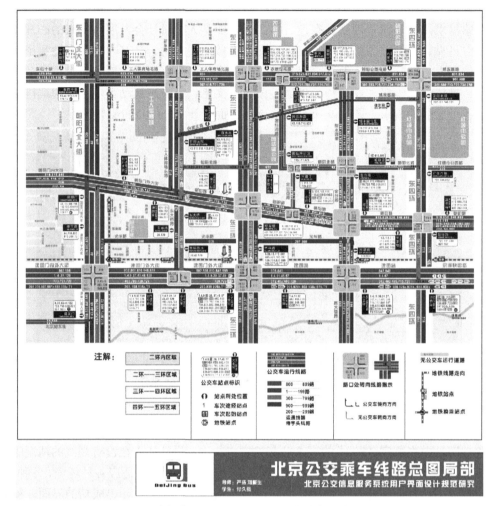

图 5-10　适应性界面设计——北京公交乘车线路总图局部

3. 时代性

互动界面是随着经济和科技的发展而产生的，是典型的时代产物。界面往往直接体现热点话题和文化，同时它的艺术符号容易和流行文化与流行元素接轨，其界面的视觉艺术呈现反映了当前社会的文化状况和审美需求。人们的审美习惯和审美需求会随着时代的发展而变化，所以界面设计师需要时刻关注时代的流行特征并判断未来可能的趋势。

5.3　界面设计艺术语言

5.3.1　点

1. 点的基本特征

点没有上下左右的方向性，只有大小和位置，点的基本特性是聚集，点可以成为视觉的中心。点是相对较小而集中的形，不同形状的点会给人不同的感觉。点有规则和不规则形态之分，规则的有圆形、椭圆形、三角形、规则多边形等，不规则的由不规则的线构成，常给人多变的感觉。

2. 点在界面设计中的作用

界面设计中的点，既包含静止画面中的点的特性，也包含运动中点的特性。以运动的点为例，点的形式和内容在运动画面中的应用方式不同，会给人们心理和视觉上带来不同的影响。具体来说，是点的位置、大小、形状等状态的变化使界面呈现出不同的效果，从而影响了用户的视觉判断。

在界面设计中，点是相对线和面而存在的视觉元素。一个单独而相对小的形象可以称为点，点是相比较而言的，如地球在整个宇宙中是一个点，同理，界面中的图标、按钮等元素也可以被理解成点。在界面设计中，点有很多表现形式与姿态，它可以是圆的、方的、不规则的，甚至是动态形成的。界面往往需要由各种各样、数量各异的点来构成，点的形状、大小、位置、聚焦、虚实、发散、动态、质感的变化能给人带来不同的心理感受。点是视觉的中心，能吸引注意力，凝聚视线。点有定位性，在视觉上给人一种收缩的感觉，可以把人的视觉注意力向中心集中，产生一种向心力，进而引起用户更大的关注，因此具有一定的定位性。

点在界面中的位置不同，会给人不同的心理感受：点在界面中间部分会给人一种安定、平稳、集中、庄严的心理感受（见图 5-11）；在画面下方会产生稳定和压抑的感觉；在画面上方会产生一种动感和飘逸感；在右侧的对角线附近，将形成一个动静搭配最完美的位置，既丰富又不显得杂乱，形成和谐统一的对比关系。

点与点之间的关系也很重要。如果两个点的距离很近，由于张力的原因会给人线的感觉，面积较小的点会被面积较大的点吸引，从而在视觉上产生一种小的点向大的点移动的感觉（见图 5-12）。

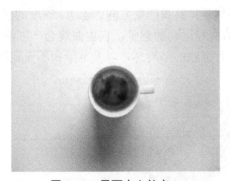

图 5-11　界面中心的点

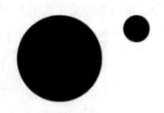

图 5-12　面积较小的点会被面积较大的点吸引

连续的点能够形成线，由点组成的虚线有刚、柔、曲、直的特点，具有引导方向、表示动感的作用。如果将大小一致的点按一定的方向进行有规律的排列，就会给人一种轨迹和线的感觉，点的规则排列会产生秩序美（见图 5-13）。

点的聚集也可以形成面，由点构成的虚面，会因点的大小、形状、色彩的变化，产生凹凸感、空间感（见图 5-14）。由大到小按渐变排列的点，能产生运动感和景深感，给人以超出平面的三维的感觉。

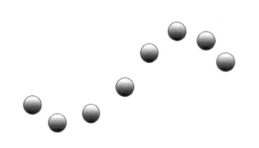

图 5-13　连续的点能够形成线　　　　　　　图 5-14　点能产生凹凸感和空间感

5.3.2　线

1. 线的基本特征

线可以形成面的边缘和面与面的交界，线只有位置和长度，没有宽度和厚度。点的延伸可以形成线，线在画面中的作用可以表示方向，分割页面。线有各种形状，各具特色。线被广泛应用在设计中，其具有多种组织方法，可以展现出多样化的风格。直线包括垂线、水平线、倾斜线。直线传达出简单明了的感觉，有一定的方向感，能表现出力量。曲线包括几何曲线、自由曲线、旋涡线，能传达出柔软优雅的感觉。折线包括几何折线和自由折线。

线可以指引人的视线运用，而且在设计中，线会给人带来一种心理上的情感。水平线会产生开阔平静的感觉，斜线会产生速度的感觉，垂直线会带来庄严向上的感觉，曲线会有柔软流畅的女性美，自由曲线可以很好地抒发情感，粗线有力，细线细腻。

2. 线在界面设计中的作用

线在界面设计中除了静态的分割，还会在动态中给视觉造成不同影响。水平线与视觉方向一致，会产生宁静、沉稳和无限延伸的感觉，使画面更加平衡；垂直线会使界面产生强烈的上升、下降趋势，还会产生挺拔崇高的感觉；斜线产生方向、运动、速度的感觉（见图 5-15）；几何曲线给人带来紧张、速度、节奏和运动的感觉；自由曲线会产生浪漫、轻松、韵律、情调的感觉（见图 5-16）；折线具有强烈的节奏感，以及危险和不安定的感觉。

图 5-15　斜线

图 5-16　自由曲线

　　线的疏密、长短、方向等不同的排列方式，可以生成新的画面。线的粗细对比，可以带来视觉变化：细线会产生精致感，粗线给人带来视觉秩序和方向感。水平的粗线会产生平稳、可靠的感觉。粗细交叉产生节奏感。水平和垂直的对比，能形成一种视觉撞击，产生急迫感、科技感和速度感（见图 5-17）。

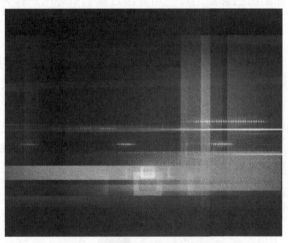

图 5-17　线的水平和垂直的对比

5.3.3　面

1. 面的基本特征

　　面是线运动的轨迹，面有形状、长度、宽度、面积、位置、方向，受到线的界定。面的形状可以分为几何形的面和具有空间感、体积感的面。前者包括方形、圆形、三角形、多边形和不规则形的面，后者经常出现在一些软件的界面与具有体积和形态的图标中。

2. 面在界面设计中的作用

　　面是有明确边缘的，所以面处理的好坏一定程度上取决于界面中线构成的好坏。在软件界面和图标设计中，面处理得好坏还会影响设计的美感和语义的暗示。面的面积对比关系可以引导人的视线（见图 5-18）。面的开放和闭合，对形态在视觉上有很大影响，开放的形态具有很强的放射力和张力，所以这就需要更大的空间来容纳。同时还可以运用面的正负和虚实来丰富界面的效果。

图 5-18　面的面积对比关系

5.3.4　色彩

无论在何种设计中，色彩都是非常重要的。往往色调和颜色的选择可以对产品的成败起到决定性的作用。界面的色彩是用户使用界面过程中引导用户行为和影响用户心理的重要因素。

1. 明度对比

色彩的明度从黑到白，中间有 9 个均匀过渡的灰度阶段。不同的明度与不同面积的色块组合在一起会给人不同的视觉感受。色彩根据明度的不同可分为以下调子：

（1）高长调：以高明度的色彩为主调，用低明度的色彩与之对比所产生的效果称为高长调。简单讲，就是以大面积亮色配合小面积暗色所组成的画面为高长调。由于明暗反差大、对比强烈，就形成了明度的强对比，具有清新、明快、活泼、跳跃和形象清晰度高等特征，其表现效果强烈，有冲击力，明亮而富刺激性，而且简洁明了（见图 5-19）。

图 5-19　高长调

（2）高短调：以明度高的色彩为主导，辅之以浅灰色等明度稍亮的色彩所组成的画面为高短调。它的明暗反差小，视觉清晰度不高，是亮调子中的明度弱对比，用以表现柔和、优雅、明媚、含蓄、轻弱等表情特征，近似女性化表现（见图 5-20）。

图 5-20　高短调

（3）中长调：这是一种以大面积中灰色明度的色彩为主调配合小面积亮色和暗色的构成。它形成了中明度的强对比、反差大、清晰度高，是近乎男性化的配色，其具有强壮、充实、丰富，锐利和坚硬的味道（见图 5-21）。

图 5-21　中长调

（4）中短调：以中明度的色为主调，用大面积中灰色明度的色、小面积亮灰色和暗灰色配制而成的明度调子叫中短调。由于明暗反差小，又是以中灰色明度的色为主导，所以，它的视觉清晰度较低，如果使用得当，效果依然很好，尤其是表现含蓄、柔和、梦幻、朦胧等概念为主题的作品非常适合（见图 5-22）。

图 5-22　中短调

（5）低长调：这是种以大面积暗黑色或暗色为主调，小面积亮色对比的构成方式，形成的是低明度、中明度强对比。由于反差极大，黑色的更黑，白色的更白，所以会从暗调子中爆发出一种惊人的力量感，它表达的感情以低沉、压抑、苦闷感和爆破感为主，具有很强的警示性和提高视觉清晰度等特征（见图5–23）。

图 5–23　低长调

（6）低短调：拥有大面积暗色与小面积暗灰色的明暗配色。由于它的反差度极小，又近于黑夜的色彩调子，所以它更适于表现以深沉、忧郁、神秘、寂静、死亡等为主题的作品（见图5–24）。

图 5–24　低短调

还有一些关于色彩构成的论著把明暗组合调子分为九种。比如在其中加入高中调、中中调、低中调，甚至更多调子的变化。本节讲述的是在明度变化中的六种最基本的调子。

2. 色相对比

将不同色相的色彩并置在一起，通过对比而显现出差别的方式称为色相对比。色相通过比较使对比双方或多方的性格表情更为鲜明突出。这既在设计上提供了多种变化的可能性，也为色彩适合于不同场合、不同主题的表现提供了广泛的领域。色相对比的强弱变化也同明度对比变化关系一样，可以表现多种感受。

（1）同一色相关系。将主色和与之相对比的色彩放置在色相环上相差为5°左右的位置时，所呈现的对比关系为同一色相关系，它们是趋近于单色变化的关系，在色相对比中是极其微弱的变化。这种对比能使人们体会到色彩微妙变化的丰富表现力。色彩有三个属性，色相限定了参数，可以在明度、纯度（明、暗、鲜、浊）的广泛变化中来消除色相不足带来的单调感（见图5–25）。

图 5-25　同一色相关系

（2）类似色相关系。色相对比双方在色相环上相差达 30°～60°，甚至小于 90°的范围，属于类似色相对比，也称为近似色相或邻近色相。它属于色相的弱对比，采用这种色相对比关系的设计，能使画面保持统一、和谐，同时也富有变化。但这种配色要注意，如果色相差过小，只限于 30°以内，就会出现单调感，视觉的满足感不强。这种情况下可以加大明暗反差和纯度反差（见图 5-26）。

图 5-26　类似色相关系

（3）对比色相关系。色相对比双方在色相环上相差 90°～120°，称为对比色相关系。这种对比方式色相感鲜明，相互之间不能代替。如果只有两种颜色，一定要把一色作为主要面积色。色相对比的特点是色相感明确、丰富、饱满、厚实，画面效果比较强烈，但同时会导致画面较花，不够统一。因此，要注意主调的选择，同时控制调和各自的色量，在变化中寻找统一（见图 5-27）。

图 5-27　对比色相关系

（4）补色色相关系。在色相环上，180°的对比关系属于补色色相关系。补色是指在色谱中的原色和与其相对应的间色间所形成的互为补色关系。原色有三种，即红、黄、蓝，它们是不能再分解的色彩单位。三原色中每两组相配而产生的色彩称为间色，如红加黄为橙色，黄加蓝为绿色，蓝加红为紫色，橙、绿、紫称为间色。红与绿、橙与蓝、黄与紫就是互为补色的关系。补色是生理视觉的基础，补色规律也是色彩和谐的基础，是画面构图平衡的关键。人的视觉只有在补色关系建立的情况下才能感到舒适。互补色双方是组奇异的组合，它们在进行对比时相互对立，同时也是相互满足的（见图5-28）。

图5-28　补色色相关系

3. 色彩的象征性和心理暗示

色彩的个性主要体现在人对色彩的心理感受的差异上，不同色彩会给人带来不同的象征意义和心理暗示。

（1）红色。在生活中，红色往往给人力量、愉悦、高强度的感觉。红色还能传达热量、魅力、友好、喜庆和个人魅力。这种色彩体现了年轻、外向、坚强。从光谱的分析研究来看，红色最能引起人视觉上的注意，因此红色有些时候用来进行心理上的警示。当明度变暗时，红色会变得深沉，相反，它会变得激情而欢快。在色环上，当红色变为紫色时，红色就逐渐由兴奋变得安静、浪漫、豪华、严肃、优雅。当红色在色环上靠近黄色时，红色变得更具爆发力、煽动性（见图5-29）。

图5-29　红色

（2）蓝色。在视觉上，蓝色会给人带来一种被动、静谧、深邃、谨慎、忧郁、科技、冷静和理智的感觉。瑞士的色彩心理学家对蓝色有以下定论：蓝色是一种透彻的颜色，可以制造安静、松弛的气氛，可以使人表现得更加理智、更加成熟。蓝色越深，越显得深邃，反之会产生梦幻、童话、整洁清爽的感觉（见图5-30）。

图 5-30　蓝色

（3）黄色。黄色会让人想起太阳、温暖、自由、年轻、快乐、开放、乐观等感觉。生活中，人们总是喜欢阳光，喜欢温暖，而对于金色这种特殊的黄色，也慢慢给人心理带来了特殊的情结。黄色会在心理上产生一种朝气和活力、幸运舒适的感觉。喜欢黄色的人往往寻求自由，充满兴奋和热情，内心满是勇气和力量。黄色还具有警示作用，看到它，人们能马上注意到其所暗示到的危险性（见图 5-31）。

图 5-31　黄色

（4）橙色。橙色具有红、黄两种颜色的特征。橙色会给人产生这样的感觉：快乐、开放、大方、亲密、温暖、秋天、有活力、感情洋溢。研究表明，橙色很大程度上代表了温暖和真挚的感情，所以人生活在橙色的氛围里没有任何拘束感（见图 5-32）。

图 5-32　橙色

（5）绿色。绿色让人联想起自然、和谐、坚定和生命。在色环上，绿色偏近黄色时，绿色就变得温暖、稚嫩、活泼、健康。再加一些白色就会产生一种女性的柔和轻盈感（见图5-33）。调查表明，处于青春期的青少年对纯粹的绿色有一种强烈的偏好，因为他们内心坚定、独立并充满了意志力。在语义学上，绿色已经被人们理解为安全、正常和成功的象征。绿灯表示可以安全通过，绿色的区域是安全的，绿色的图标提示意味着一切正常等。

图 5-33　绿色

（6）紫色。紫色令人联想到神秘、深刻、内向、高贵、暧昧等。紫色越深，反映出的效果越呆板、严格、不近人情，能给人强烈的神秘感；相反，明亮的紫色则比较容易显得没主见、脆弱、易受刺激、温柔、寂寞（见图5-34）。

图 5-34　紫色

（7）棕色。棕色被视为坚固的、诚实的、亲切的、稳定和安全的颜色。它让人联想起结实、耐用、随和、豪放、古典、严肃等。棕色是一种在服装设计和广告设计中特别受宠的颜色，因为它能给人身心舒适的心理暗示（见图5-35）。

（8）黑色。黑色是可以和任何色彩搭配的颜色。黑色体现了高贵、高雅、消极、悲伤、沉稳、明确和坚定。界面设计中黑色在面积上的使用能起到至关重要的作用，使与之相邻近的界面信息成为视觉焦点（见图5-36）。

图 5-35　棕色

图 5-36　黑色

（9）白色。白色是与黑色相对立的颜色，能与任何颜色搭配。白色常给人带来纯洁、完美、正义、不可接触、整洁、神圣、无限、沉默等心理暗示。界面设计中透明质感上的反光设计实际上都用到了白色的特性，因为白色常给人以光的联想。白色还可以给画面带来透气感，会让人感觉界面清新明亮而没有压迫感和沉闷感（见图 5-37）。

图 5-37　白色

（10）灰色。灰色也是一种能和任何颜色相配的色彩。灰色会产生颓废、厌世、肮脏、无望、矛盾、没有激情、单调、掩饰等联想。灰色越深，给人安定沉稳的暗示越强烈。灰色跟黑色、白色相比是一种中间色，显得柔和，在视觉上处于次要地位。因为灰色的这些特性，很多软件的界面中都大量运用了灰色。几种色阶都灰放在一起会给人脱俗高雅的感觉（见图5-38）。

图 5-38 灰色

5.3.5 文字

1. 文字的基本属性

文字在界面设计中，不仅起到信息传达的作用，而且是一种灵活的艺术表达形式。文字具有启迪性和宣传性，是界面的核心，也是视觉传达中最直接的方式。设计师运用经过精心处理的文字，可以做出独特的界面，而不需要任何图形。因此，能够驾驭好文字是非常重要的。

（1）字体：字体设计是界面设计中的一个重要部分。常用的字体有宋体、仿宋体、黑体、楷体等。如果要起到更加醒目的效果，就要运用粗黑体、手绘创意美术字等。在界面设计中，如果选用过多的字体，就会使版面显得凌乱而缺乏整体效果。在对字体使用加粗、变细、拉长、压扁、倾斜时应该多加注意，看这样的处理方法是否适合内容和主题。

（2）字号：字的大小对比，可以产生一定的主从韵律和节奏感。大字号能够起到烘托主题和吸引视线的作用。粗体的文字加大后还可以形成一个点、线或者面，能够活跃界面。小的字号显得精致细腻，拉丁文字是线性排列，缩小后变成线，而汉字是方块字，缩小后变成点。所以控制好字的大小在版面设计中是很重要的。

（3）字距与行距：字距与行距的控制是设计师品位的直接体现。但在某些情况下，字距与行距的加宽或缩进，能体现主题的内涵。文字分开排列的方式，让人觉得舒服清新，充满现代感。

2. 文字在界面设计中的作用

文字是沟通的媒介，文字的排列会产生韵律和节奏。合理运用文字能够活跃界面的气氛。界面中的字体种类较少时，界面会感觉比较文静雅致，相反，当界面的字体种类繁多时，界面会比较热闹。文字与图形的融合要视情况而定。如果文字要作为辅助装饰的话，就要使其和背景融为一体；如果文字要作为阅读的元素，那么就要突出其可识别性，并且要注意它与背景的明暗度和色相的区分。

（1）文字的编排形式：文字可横排也可以竖排，一般横排居多。横排从左到右的宽度要整齐，竖排从上到下的长度要整齐，使人感觉规整、大方、美观。可以采用不同的字体穿插使用，既增加变化又不失整体效果。

（2）左对齐或右对齐：左对齐的特点是每一行的第一个字母都应该统一在左侧的轴线上，右边可长可短，会给人优美自然、愉悦的节奏感。左对齐的排列方式也非常适合人们的阅读习惯。右对齐与左对齐相反，与人们的视觉习惯相违背，所以可以突出标新立异、新颖和格调，是一种具有超前意识的版面构成。

（3）居中编排：以版面的中轴线为准，文字居中排列，左右两端字距可以相等，也可以长短不一。这样可以让视线集中，具有优雅、庄重的感觉。但有时候阅读起来不方便，特别是在界面的正文内容较多的情况下。

（4）自由编排：自由编排是为了打破前面所说的条条框框，使版面更加活泼、新奇、动静结合。但要注意，版面要避免杂乱无章的感觉，要遵循一定的规律，保持版面的完整性。

（5）群组编排：将文字组合在方形或者长方形等具象的形状中，成为群组。这样避免了界面空间的凌乱现象，使其清晰明了、整体划一、主题突出，并富有极强的现代设计意识。

（6）文字编排的远近：一般可以通过大小、黑白灰、动静、质感的对比，以及构图的前后关系等形式来实现。在远近的空间编排层次上，近景要活跃、突出，远景则要趋于安静、平和，这样界面才会显得有韵律。

5.3.6　图像

1. 图像的基本特征

图像是界面设计中的关键，它直接影响到作品的整体效果。图像赋予文字具体的形象，图像是体现观念与情感的视觉语言，图像的表现力强，表现形式多种多样，以视觉形象加深用户对产品的认识和记忆。

2. 图像在界面设计中的体现与作用

图像的应用使界面更加美观、有趣，图像本身也是传达信息的重要手段之一。图像比文字更加直观、生动，设计师可以用图像把文字不能表达的东西表达出来。另外，视觉冲击力比文字强，因为图片在视觉传达上能辅助文字，可以使界面更立体、更真实。图片在界面构成要素中，形成了独特的性格，可以作为吸引视觉的重要素材，好的图片还有一定的导读作用。

5.4　界面设计模式

5.4.1　界面信息的组织方式

1. 面向对象的组织

（1）可选视图模式（见图 5–39）。

1）定义。让用户在默认视图之外，还可以使用可选视图。

2）使用场景。如果设计对象是一些复杂的文档、列表、网站、地图等类型，可以应用这个模式。

3）使用的原因。有时候一种视图不能满足所有可能的使用场景，这时就需要可选视图。当用户对速度、可视化风格的偏好不同时，也需要用到可视图。有时候用户为了深入了解和浏览某个内容，需要临时用不同的方式查看，例如平面地图和实景地图之间的切换。

4）使用的方法。首先要找到正常操作模式难以满足需求的使用场景，然后为这些场景设计专门的视图，将这些视图作为默认视图的可选视图。在可选视图中，可能需要增加一些信息、移除一些信息，但主要的内容应该或多或少保持不变。有一种常见的视图切换方式就是改变列表的展现方法，比如 Windows 在文件管理器中支持用户在列表、缩略图网格、树形结构之间切换。在主界面上放置"切换"功能来切换不同视图。按钮的位置不必太突出，如 Word 和 PowerPoint 中这个按钮就放在了左下角，这其实是容易忽视的位置。在切换视图的时候，应该保存好文件当前的状态，如果已编辑的内容因为改变视图而丢失，那会让人很沮丧。微软 PowerPoint 中，用户通常是一次编辑一张幻灯片，下面会有幻灯片的备注，但有时候需要将所有的幻灯片都列出来。

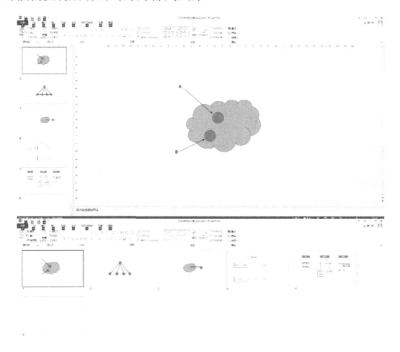

图 5-39 可选视图模式

（2）多工作空间模式（见图 5-40）。

1）定义。使用多个 tab 或窗口，能让用户一次看到多个页面、项目或文件。

2）使用场景。建立一个用来查看或编辑某种内容的应用，如编辑文档、编辑数据或包含多个文件的项目。

3）使用的原因。用户在进行多项任务的同时，有时候想突然转换频道，停止当前任务而转向另外一个任务，最后回到之前中断的那个地方。所以，针对这种情况，尽量通过一个用户容易掌握的界面布局来满足这种需要。

4）使用的方法。常用的几种显示多个工作空间的方法：利用多个 tab；利用操作系统中的多个窗口；利用一个窗口中的多个横栏或者多个列；分割窗口，自定义调整分割线。如果在每个工作空间中需要处理的是比较简单的内容，像一些文本、列表，一般分割窗口或者多个列就够用了。更复杂的可能就需要独占整个 tab 页面或窗口，让用户可以获得更

大的操作空间。猎豹浏览器，就是用多个 tab 来利用多个工作空间的案例。点击不同的 tab
切换到不同的浏览页面上。

图 5-40　多工作空间模式

2. 面向主题的组织

（1）主题、搜索、浏览模式（见图 5-41）。

1）定义。把三个重要元素放在网站或应用的主页面上：一个主题对象、一个搜索框、
一个可以浏览的内容列表。

2）使用场景。网站或应用长长的列表包括一些文章、商品、视频等，可以浏览，也可以
搜索。这会给用户提供一些有趣的内容来阅读，可以让用户在最短的时间内受到内容的吸引。

3）使用的原因。搜索和浏览结合在一起，作为两种找到目标的方式，适用于不同的人
群：有些人知道自己在寻找什么，立即定位到搜索框，有些会进行开放式的浏览，在内容
列表中寻找。主题是用来吸引用户的内容，比一般的内容列表和搜索框要有趣，尤其是当
运用一些能够引人注目的图片和文字的时候。

4）使用的方法。在固定的位置添加搜索框，用空白对搜索框进行隔离，或用不一样的
背景颜色，让搜索框突出出来。可以减少其他的文本输入框，确保用户一眼就能定位到搜
索框。为主题元素设定工具与操作模式（中央舞台模式）时，要仔细挑选主题内容，这个
区域可以很好地推销商品或推出热门新闻，这也间接地定义了网站的属性。亚马逊网站就
采用这种模式——明显的搜索框、引人注目的主题内容、开放式浏览的内容列表，很好地
保持了用户的方向感。

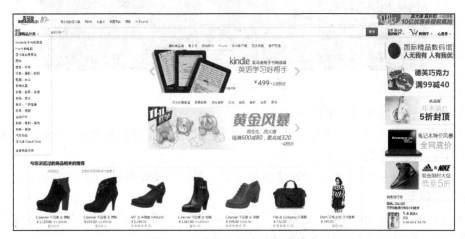

图 5-41　主题、搜索、浏览模式

（2）新闻流模式（见图5-42）。

1）定义。用倒序的方式来显示与时间有关的元素列表，并且这个列表是实时更新的，列表中的内容可能有不同的来源或不同的作者，要把它们分别处理成单独的元素流。

2）使用场景。当网站或应用用到了一个或多个通信渠道（如博客、电子邮件等），为用户提供及时更新的内容的时候。

3）使用的原因。用户可以很容易地对新闻流进行追踪，因为最新的内容会显示在最上面。

4）使用的方法。将收到的各条信息按时间序列排列，最好把新信息推送到列表的顶端，而不用用户自己发起更新，并且要为用户提供快速刷新的按钮。更新量特别大的流可以切分成多个按主题、发送者、关键字等条件进行管理的子新闻流。例如Facebook、Twitter会在主内容区的左边与右边显示一个可单击的列表，列出子新闻流。新闻流的每条信息应该包括：如果是简短的更新内容，就显示全部的内容。否则，就显示一份标题，然后加上几句话或者几个字进行简短描述；标明发出更新的人和来源，甚至是新闻门户的名称、博客名称等；提供日期和时间，也可以使用相对时间，比如5分钟前；如果一条信息来源于一个网站，那就链接到那个网站；为用户提供几种对信息快速反应的方式：点赞、收藏等。这样可以提供低成本的快速用户反馈，让那些没有时间写回复的用户有了快速反馈的机会。新浪微博就运用了新闻流，每条信息显示了信息的来源、日期和时间，有的也可以链接到相应的网站，可以回复，也可以快速地点赞、收藏、转发。

图5-42　新闻流模式

（3）图片管理器模式（见图5-43）。

1）定义。使用小图片、单个元素视图，再加上一个浏览界面来建立一个通用结构，用来管理图片、视频等类似元素。

2）使用场景。用户用该软件处理图片元素（图片、视频等），这些内容可以允许编辑或只是显示浏览。

3）使用的方法。建立两个视图：一个缩略图网格，显示列表中的对象；一个显示单个对象的大图。用户在这两个视图之间切换。

缩略图网格用来显示元素序列，为每个元素显示一些像文件名、作者之类的信息，这可能会让整个界面变得杂乱。当用户点击一个元素时，就会马上在单个元素视图里显示它的详情。如果元素是用户所有，要提供移动、排序、删除等功能。

单元素视图的一般形式：用户选定图片后，界面显示一个大的详细视图，并在旁边显示各项元数据。如果产品属于社交网站类型，界面要在这个层面上提供评论等社交功能。有时，单个元素的编辑也放在这里，提供一些简单的编辑功能，如调整颜色、调整亮度与对比度等。如果开发者认为这些编辑信息过于复杂，就要在这里提供一个真正编辑器的起点，或使用按钮组来管理这些功能。

缩略图网格中的内容应该由一个浏览界面来启动或者管理，那些个人照片和视频管理界面（比如 iPhoto），让用户从文件系统中浏览不同目录的文件，浏览界面也应该提供相册分组功能，甚至是加星功能。有时候也要加上筛选功能，包括关键词、更改时间、相机类型等条件。Adobe bridge 把三个视图放在一个页面上，最左边是比较复杂的浏览界面，中间是缩略图网格，右边是单元素视图。

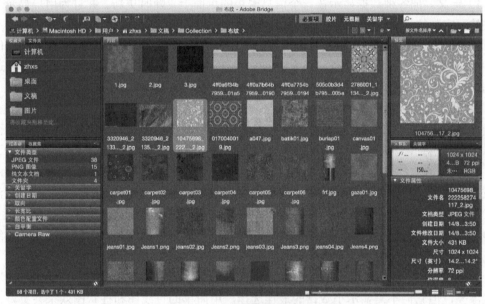

图 5-43　图片管理器模式

（4）多级帮助模式。

1）定义。综合使用轻量级和重量级的帮助手段，来支持用户的不同需要。

2）使用场景。有时候一些复杂的应用需要完整的帮助系统来解释说明，但是大部分用户不会花时间去使用这个系统。所以考虑到那些没有耐心的用户，我们要提供一些快捷便利的又能提供帮助的手段给他们。

3）使用的原因。任何软件都需要各种手段来帮助用户完成任务。但第一次使用软件的人和经常使用软件的人需要不同的帮助手段。甚至在第一次使用的时候，不同用户想要的手段也不尽相同。有人觉得工具提示很容易接受，有人就觉得这很烦。

4）使用的方法。下面是一些按照用户付出的努力程度来介绍的不同级别的帮助的使用方式。

直接放在页面上的指示文本，比如输入提示和输入提醒。这些指示文本要简短，而且不能使用过多。

工具提示，用简要的、一到两行的描述来说明界面上那些不能自我说明的功能，尤其是那些只显示图标的按钮，工具提示很重要。但当鼠标移动到按钮上面的时候，需要一两秒延时，这样可以避免给用户正常的操作造成影响。

可收起面板内部提供篇幅更长的帮助文本。

介绍性的资料，如欢迎页面、动画操作指南、视频演示等。当用户第一次使用这个应用或者服务时，这些可以快速引导用户上手使用，最好能有将这些关闭的设置，也要有回到这些指示页面的链接，在用户想得到帮助的时候出现。在另外一个窗口显示帮助，一般是在浏览器中，以网页的形式呈现。

这些一般是在线手册，通过应用里的帮助按钮来访问。

3. 面向工具的组织

（1）信息板模式。

1）定义。把各种数据显示在一个信息密集的页面上，随时更新。并且为用户显示与其相关的可定制的信息。

2）使用场景。网站或者应用需要处理一些信息流，这些信息流有各种来源，例如网站服务器数据、社会化聊天工具、新闻、航班信息、金融信息等，用户需要检测这些数据。

3）使用的原因。这是一种常见而且很容易理解的页面类型，无论是在网络上还是在现实世界里。汽车上的仪表盘就是典型的信息板。用户需要知道它的工作模式，同时界面将显示有用的信息，随时更新，用图形来显示数据。

4）使用的方法。确定用户想要或希望看到哪些信息，不能把对用户来说毫不重要的信息放在界面上，否则他们就很难从中找出重要的信息。因此，要果断删除那些对用户没有帮助的数据。界面要给列表、表格和信息图形安排一种良好的视觉层次结构，最好把主要的内容放在一个页面上，而且不要滚动，这样，用户就可以把这个窗口打开，让其始终显示在屏幕上，并且一眼就能看到所有信息。

显示数据时，要选择合适的、设计良好的图形。量表、刻度盘、饼图、3D圆柱图看起来很漂亮，但它们不是显示小数据的最佳选择，用简单的直线图和柱状图效果会更好，特别是基于时间变化的数据。当数字和文字比图形要适合的时候，可以用列表和表格。在表格里最好采用到"斑马纹"间隔亮度模式，这样用户会快速看到那些关键的数据，而不是仔细查看页面上的每个元素。另外在显示文本的时候，高亮和突出显示那些关键字和关键数据，会让这些数据凸显出来。图5-44所示的信息就选择了合适的表现方式，将关键信息放到一个页面上，即使不用滚动，关键词也得到了突出。

（2）画布加工具条模式。

1）定义。在空白的画布的旁边，放置一个带图标的工具条，用户通过单击工具条上的按钮，在画布上创建对象。

2）使用场景。图形编辑器可以采用这种模式。

3）使用的原因。这种模式随处可见，通过在工具条上单击来创建对象，还可以在画布上放置这些对象，很多用户在桌面应用上都用到过此种模式。这是一种从物理世界到虚拟世界的映射。

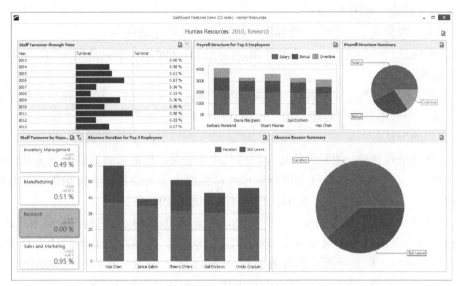

图 5-44　信息板模式

4）使用的方法。首先要有一大块空白的区域作为画布，用户需要在画布旁边看到工具条，把其他工具放到画布的右边或者下边。工具条应该是一个图标按钮的网格序列。如果图标不能清晰地表示出含义，就要加上一些文字来说明。可以把工具条划分成几个小组，也可以用 tab 或可收起面板来表示这些分组。Adobe Photoshop 就是这种模式的典型例子（见图 5-45）。

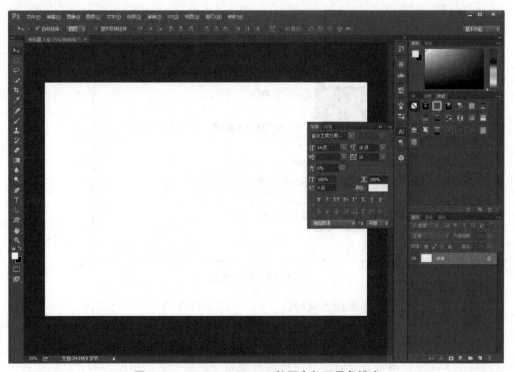

图 5-45　Adobe Photoshop 的画布加工具条模式

4. 面向动作的组织

（1）向导模式（见图5-46）。

1）定义。在界面上一步一步引导用户按预定的顺序完成任务。

2）使用场景。一个复杂的任务型界面，并且该界面对用户来说是陌生的，这时候就要用到向导组织。

3）使用的原因。把任务分解成一系列的小任务，让用户在每一个步骤里直接面对这一小部分任务，会给用户减轻心理负担，也会让用户对信息架构有一定的了解。

4）使用的方法。

① 对任务进行分解：把复杂任务分解成几个小任务，也需要将这些小任务按一定的顺序排列。例如，在线购买这个任务可以分成产品挑选、支付信息、支付地址、送货地址，但它们的顺序并不是特别重要，后面的任务不依赖前面的任务。

② 物理结构：一个步骤放在一个页面上，用前进和后退按钮控制，是最普通的方式。每个页面可以提供图标和说明文字来解释说明这个步骤，但这种方式不能让用户看到前面和后面有什么内容。如果把所有的步骤放到一个页面上，那最好用到一些导航模式。

③ 带标题的区域：在每个标题前面加上序号，可以让结构更清晰。

④ 响应式允许：必须等前面一步完成后才能操作后面的步骤。

⑤ 响应式展开：用户完成前面一个步骤后，后一个步骤才能显示在页面上。

另外，设置一种默认模式，也会非常有用。当用户安装某一程序时，决定把控制权交给软件，那软件就要自己设置好安装路径、是否有桌面快捷方式等选项。像Windows的这个硬件更新向导，就是一个步骤一个页面的向导模式，每一页都用说明文字和图标来解释这一步骤的内容，让用户专注在当前步骤。

图5-46　向导模式

（2）设置编辑器模式（见图5-47）。

1）定义。为用户提供一个容易找到、自包含的页面或窗口来改变设置、偏好或者属性。

2）使用场景。设计一个需要设置个人偏好的应用、操作系统或网站，用户必须登录该产品编辑个人的账户资料。同时产品可以提供编辑文档的工具，用以改变文档的属性。

3）使用的原因。设置编辑器除了能改变设置以外，还可以用来查看当前的设置值。

4）使用的方法。首先，要让用户容易找到编辑器。要遵照习惯用法，把设置按钮放在熟悉的地方。其次，把那些属性分组，放到不同的页面，并为他们设置合适的页面名称，方便用户理解。最后，考虑如何展示这些页面（是 tab、单窗口深入，还是在最上层的页面加一个页面菜单）。Windows 7 中，从设置编辑器的最开始，到改变桌面主题的页面，涉及三层结构。如此多的内容和如此深的层级结构，设计师也考虑到了，所以在第一页上，放了一组可能是用户用得最多的一些项目的快捷方式。在上面还有一个搜索框，旁边有面包屑结构。

图 5-47　设置编辑器模式

5.4.2　界面信息的展现方式

1. 标题与内容模式

图 5-48 所示为标题与内容模式。

（1）定义。把内容信息规划为几个不同的栏目，并给每个栏目一个醒目的标题，然后在视觉上对不同的栏目进行区分。

（2）使用场景。当需要在页面上展示大量信息，又要保持页面整洁、让用户浏览一眼就能理解时，就需要将这些内容组织成此种模式。

（3）使用的原因。命名恰当的栏目可以明确地把页面规划为几块，每一块都很容易理解，这样可以让页面更加清晰明了。

（4）使用的方法。首先，要把内容信息架构组织好，把内容分为几个部分，然后命名一些简单的名字。其次，要选择一种表现形式，标题要使用突出的字体，以便跟内容区别开来，可以加粗加宽加大字号，改变颜色等。还要注意用空白来分割各个部分，可以考虑为不同的部分设置不同的背景颜色。亚马逊网站的"我的账户"页面，有三个级别的标题，对应不同的视觉层级结构。还有空白、方框、对齐的使用，让页面结构清晰明了。

图 5-48　标题与内容模式

2. 工具与操作模式

图 5-49 所示为工具与操作模式。

（1）定义。把界面中最重要的部分放到页面或窗口最大的子窗口上，把一些辅助工具和内容放到旁边的小面板上。

（2）使用场景。当页面的主要作用是让用户可以编辑一份文档或执行一项特定的任务，而其他功能和内容都是次要的时，就可以用这种模式，如表格、数据表、图片编辑等。

（3）使用的原因。应当把用户的视线迅速引导到最重要的任务起始点，不能让用户不知所措。可以用一个清晰的中央舞台元素吸引用户的注意力，同时用户可以根据中央舞台的内容来评估外围的元素。

（4）使用的方法。建立一份视觉层级结构，让中央舞台能够控制其他所有元素。在设计一个中央舞台的时候，要考虑以下因素：

1）大小。中央舞台应该至少是左右边距的两倍宽，上下边距的两倍高。注意首屏的概念，确保中央舞台元素始终占据首屏上的大部分空间，其他元素为其让路。

2）颜色。中央舞台的颜色应该要和周围元素形成对比。

3）大标题。大标题往往都会是视觉焦点，可以把用户的视线吸引到中央舞台的顶部，就像在印刷媒体上经常运用的那样。如果中央舞台够大，那么它最终一定会或多或少地处于屏幕的中间部分。

对于界面中各个部分的放置，要有自己的想法，也要了解当前的习惯用法。微软的 Word 软件就是典型的工具与操作模式的例子，工具全部处在窗口的顶部，左边会出现一些相关的信息，绝大部分的空间都用来编辑文档。

图 5-49　工具与操作模式

3. 单页切换模式

图 5-50 所示为单页切换模式。

（1）定义。把内容的不同模块用切换面板来组织，一次只能看到一个模块，用户通过单击面板的标签来查看不同的内容。

（2）使用场景。当需要在页面上显示大量的内容，又没法把这些内容全部显示在页面上时，就会用到这种模式。

这些模块有这样一些特点：用户每次只需要看到一个模块；每个模块需要的显示面积相仿；没有太多的模块要显示；各模块的内容有联系。

（3）使用的原因。不管是网页上还是在桌面应用中，tab 单页切换都是比较常见的控件，用户一般都知道怎么用。而且这种模式的最大好处就是可以对大块内容进行分组和隐藏，可以保持界面的简洁和整齐。

（4）使用的方法。首先要把信息架构组织好，把内容分成几个部分，然后用一些简短明确的词作为 tab 标签。其次，要把选中的 tab 标签标记突出出来，通常是让选中的标签和面板连在一起。如果空间比较小，而需要显示的 tab 太多了，可以运用省略号缩短标签的长度或者使用带箭头的按钮对 tab 进行滚动。微软的 Office 软件，就使用了单页切换模式，有效地将多种工具组织在一起，按类别、用途等分类，方便用户使用。

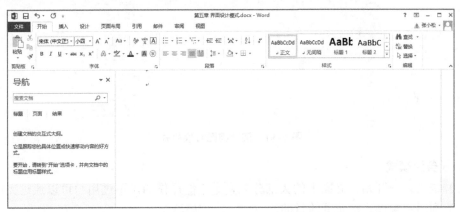

图 5-50　单页切换模式

4. 阅读视图转换模式

图 5-51 所示为阅读视图转换模式。

（1）定义。当用户调整当前阅读视图窗口的大小时，需要相应地调整页面视图元素的大小和位置，让页面一直保持填满的最佳状态。

（2）使用场景。当用户需要更多的空间或者更少的空间来显示当前窗口的内容时，当页面里有很多文本或者页面是一个高度信息化控件的时候，就会用到这种模式。

（3）使用的原因。设计者不能假设用户在什么样的情境下操作这个用户界面，让用户拥有布局上的控制权，就需要界面在变化的环境里表现得更灵活，这样用户就可以根据自己的使用场景来调整各个界面。

（4）使用的方法。当窗口改变大小的时候，让页面内容一致填满窗口。网页页面应该允许正文内容填满新的空间，同时保持导航和路标固定出现在上面和左边，背景要保证一定能充满新的空间。如果窗口对于内容来说过小了，可能会需要用到滚动条，不然就根据需要相应地缩减空白，适当的时候可以去掉一些部分，但要保留最重要的那些。Mac OS 操作系统中的"打开"对话框中，就使用了这种模式，当用户希望看到更多的文件系统层级结构时，就可以通过改变当前对话框的大小来调整。

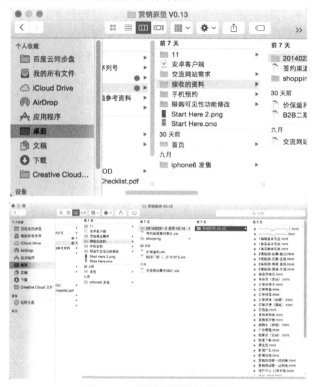

图 5–51　阅读视图转换模式

5. 任务流模式

（1）定义。一开始，界面上的大部分元素是不能操作的，不过用户可以通过完成一些任务来达到逐步操作这些元素的目的。

（2）使用场景。当用户需要一步一步地完成一项复杂任务时，应该用到这种模式。同时用户还希望保持界面稳定，不要像兴趣点链接模式那样的动态重组界面出现。

（3）使用的原因。这种模式可以引导用户一步一步地往前进行，可以让用户建立心智模型来理解原因和后果。用户界面可能会告诉用户一些操作的结果，比如把一个复选框选中，就必须填写四个因此变得有效的文本框。另外，这种模式还为用户省去一些麻烦事，因为界面已经禁止了一些操作，避免了不必要的一些信息。

（4）使用的方法。有时候，只有第一个步骤可以操作，当用户执行了第一步之后，本来被禁止的一些操作就被激活了。但要注意，应该尽可能地将禁止的元素放到那些可以激活他们的元素附近，这样可以帮助用户找到那个神秘的"开关"，并且理解它们之间的关系。当设计这种模式时，要保证只禁止那些确实不能使用或者不应该使用的元素，不要给用户体验添加过多的限制。

6. 隐藏内容模式

图 5–52 所示为隐藏内容模式。

（1）定义。把不同的内容模块放到一组按顺序排列的面板中，这些面板都是可以打开、关闭的。

（2）使用场景。当需要在页面上显示大量的内容时，没法把它们全部显示到页面上。这种模式的使用场景与单页切换模式有点类似，但这种模式有一些不同的特点：一些模块组成了一个工具箱，或者是两级菜单；可能需要保持模块间的上下顺序。

（3）使用的原因。很多网站都使用这种模式来管理特别长的页面列表和类别列表。这可以让界面保持整洁，对大量的信息和内容可以进行分组和隐藏。类似于手风琴的排列、模态 tab、可移动的面板、可收起的面板、带标题的区域组成了这种模式。这种模式在桌面应用中经常运用，特别是在工具箱中。用户选择了一个模块并让它保持在打开状态。这种模式可以帮助用户自定义他们的工作空间。

（4）使用的方法。竖向排列这些模块，最好采用一种对于应用或者网站有意义的顺序。给每个模块选择一个简短明了的标题，让用户可以单击标题来打开或关闭这个模块。也可以用一个小三角来表示打开关闭的操作。QQ 的好友列表就是典型的隐藏内容模式。

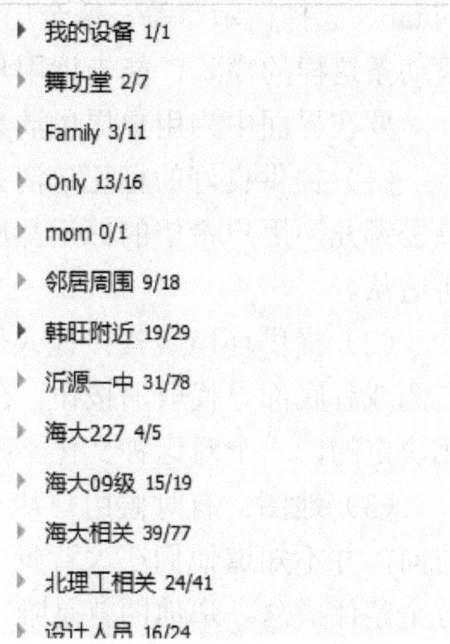

图 5-52　隐藏内容模式

7. 兴趣点链接模式

（1）定义。先显示一小部分用户界面，完成每个步骤之后再显示更多的界面，以此来引导用户完成一系列步骤。

（2）使用场景。当用户进行一个任务的时候，这个任务可能出现分支，根据之前每一步的选择，需要在下一部分显示不一样的内容。

（3）使用的原因。这个模式让界面看起来好像是用户一步一步创建出来的。一开始，用户只看到第一个步骤的一小部分界面，当用户完成该步骤的时候，下一步需要的界面才会显示在刚才那些元素之后。当用户通过完成一系列任务而让界面一点一点展开时，他们更容易对当前任务建立正确的心智模型。另外，当所有的界面都在一个页面上时，用户可以很容易地看到前面的步骤，甚至可以回到之前的选择，这要比从一个页面跳到下一个页面方便得多。

（4）使用的方法。开始只显示第一个步骤的界面中所需要的控件和文字。用户完成这个步骤之后，再显示下一个步骤中的界面元素。用户可以在需要的时候后退到前一个步骤。所有的界面元素可以放在一个页面或一个对话框中，这样用户就不需要切换到新的页面空间中了。

5.4.3　界面的导航方法

本节将介绍导航问题，即用户如何知道自己的位置，之后要去哪儿，以及怎样才能到达那里。

在网站或者 Web 应用中的导航就像交通一样，要去某个地方必须通过一些交通工具，但是旅途很沉闷，花在路上的时间和精力是一种浪费，最好的旅途就是将需要的东西就在手边，这样会方便很多。同样道理，把尽可能多的工具放到界面上触手可及的位置也会方便很多。有时候也需要把那些不太常用的工具放到不显眼的地方，这样不会显得太散乱，有时候需要把他们分组放到几个不同的页面上，让界面更清楚明白。如果是规模比较大的网站或者应用，就不得不将它分成几个栏目、子栏目、页面、窗口及向导。路标可以帮助用户找到自己所处的位置。常规的路标包括页面标题和窗口标题、网页标识、其他有标记的 tab、选择指示器等。像全局导航和本地导航的链接、序列地图、面包屑层级结构、注释滚动条这样的模式，能告诉用户现在身处何处，下一步能到哪儿。

要在界面中为用户提供清楚的导航还至少要注意以下的几个方面：

（1）提供良好的标记：清楚的标签可以明确地显示用户正在寻找的目标，并告诉用户该去哪儿，用户希望的标记都应该出现在用户需要的地方，不要让用户感到束手无策、无所适从。

（2）提供环境线索：像人们会在餐厅的后面寻找洗手间一样，用户会在一个对话框的右侧或者底部寻找取消按钮，在网页的左上角寻找网页的 Logo。不过这些线索往往是由文化决定的，一个对这种文化不熟悉的用户不会注意到这些。

（3）地图：有时候用户从一个位置到另一个位置，或者从一个链接到另一个链接进行访问，并不知道他们在大背景中处在什么位置。不过有些用户可能希望对整个网站或应用有个整体概念，那地图就是唯一的导航辅助工具。

（4）让距离保持简短：从一个页面跳转到另一个页面需要付出时间代价，所以减少这种跳转的次数很重要。当一个常见的任务需要多个页面的跳转时，尽量减少到一或两次。举一个反面的设计例子，每次当用户需要完成一个简单的日常任务时，都要被迫进入层次很深的子页面和对话框（如果把用户带到那里，结果因为某些条件任务没有完成，让用户返回第一步，那就非常糟糕）。那么能把应用设计成 80% 的使用场景，而且在同一个页面中发生，完全不需要上下文切换吗？有时候确实有必要把一些功能藏到更深的页面里。例如那剩下的 20% 的内容，有可能对你的应用来说，简洁的表达方式比减少一两次跳转更重要，这时可以把很少用到的功能封装到一个额外的"门"后面，同样满足 80/20 法则。设计师需要有自己的判断，并在任何有疑问的时候进行可用性测试。

1. 全局导航

（1）定义。只在界面上显示几个入口，让它们指向用户任务，并能描述自己代表什么，指向哪里。

（2）使用场景。当我们要设计一个针对新用户或者用户不常访问的应用或者网站时，就可以使用这个模式。因为这些用户一般都是先阅读一小段介绍性的文字，然后开始进行某个任务。

（3）使用的原因。当打开一些应用和网站的时候，展现在用户面前的界面看起来像一片信息的泥潭：充满平铺信息的面板、不熟悉的术语和用词、毫不相关的广告……对于某些用户来说，这样的界面没有提供清楚的起点。用户会觉得："好，我已经在这里了，现在该怎么办？"对于这些用户，需要列出几个可选项，如果这些可选项可以满足用户的期望，用户可以自信地选择其中一个，开始工作；如果没有，至少他现在知道这个应用实际上可以做什么，因为设计者已经定义了几个很重要的任务或者类别，已经让应用自己解释自己了。

（4）使用的方法。当人们访问网站时，或者启动应用时，就会把这些起点当作进入网

站或者应用的主要内容的大门。程序应逐步引导用户深入应用内部，直到用户有了足够的
上下文知识可以自己继续为止。这些入口起点应该涵盖"人们为什么来到这里"的主要理
由，同时也应该采用用户第一次访问时就能理解的短语。在视觉效果上，应该根据它们的
重要程度来显示这些入口点。苹果网站的 iPod 主页面：展示 iPod，让 iPod 看起来很吸引
人，并把用户引导到可以购买和可以学习的资源的页面。与鲜明的内容入口相比，全局导
航在视觉上不太醒目（见图 5-53）。

图 5-53　全局导航

2. 简易导航

（1）定义。在网站或者应用中，让整个页面都填满到内容页面的链接，在每个链接上
显示足够的信息，帮助用户选择，并在页面中不再显示其他突出的内容。

（2）使用场景。在设计一个首页或其他作为目录的界面时，让用户知道可以去哪些地
方。界面可能没有空间来显示文章、视频、推广等专题内容，也有可能是希望用户选择一
个链接而不受其他干扰。

移动应用和移动网站特别需要这个模式，因为移动设备屏幕比较小，需要有效利用。
设计一个菜单页面需要一些勇气，因为必须对以下几个方面非常自信：访问者知道这个网
站或应用是做什么的。用户知道自己用其做什么，知道怎样找到自己想要的内容。他们不
会对新闻、更新和其他功能感兴趣。

（3）使用的原因。没有任何干扰，用户可以把全部的注意力集中在链接的选择上。由整
个屏幕的空间来组织展示这些链接，因而可以把用户引导到最符合他们需要的目的地中去。

（4）使用的方法。在移动设备上设计网站或者应用时，菜单页面模式会经常用到。让
标签列表保持简短，让目标对象更大，方便触按，尽量不要让层级太深。首先，给链接设
置合适的标签，提供适量的上下文信息，帮助用户选择要获得的目标内容。用户可能会觉
得如果每个链接都有一个描述，那么会更容易理解，但是这样可能会在页面上占用大量空
间。在 MIT 的这个页面中（见图 5-54），用户很容易知道这些链接是专业的名称，所以就
没有必要添加额外的描述信息了。因此设计师就可以在第一屏上放更多的链接，所以就有
了这样一个信息密集的页面。然而，在 AIGA 资源页面上，用户可以从描述性的文字和图

片中了解文章的大致内容。如果只有图片，用户很难理解图片的意思，而且如果用户单击一个图片进去，却发现显示的不是他想要的信息，就会感觉很受挫，因此信息描述要准确而又恰如其分。其次，根据这些链接列表的可视化组织方式，考虑它们是否应该分组，是否应该使用二级三级的层级结构，是否要按日期显示。再次，不要忘了提供搜索框。最后，回过头检查一下还有没有需要添加的东西。特别是首页上的空间，它对于吸引用户来说很有价值，在其里面是否可以放上一段有意思的文字广告、一幅美术作品、一个新闻框？如果这些带来的是干扰而不是帮助，那还是保持纯粹的菜单页面为好。

图 5-54　简易导航

3. 串联式导航

（1）定义。使用后退/下一个这组链接来关联一系列页面；然后创建一个主页面，链接到所有的页面，让用户可以按顺序浏览这个序列的页面，也可以随机对它们进行访问。

（2）使用场景。网站或者应用有一系列的页面，用户一般看完一个后接着再看另一个，例如幻灯片、向导等。用户可能会一个一个地查看，或者从中挑几个看，但仍然需要从一个列表中进行选择。几乎所有的图片管理器应用都会应用到金字塔导航模式，用户可能只看一张照片，也有可能希望查看整组图片，这时就要用到金字塔模式。

（3）使用的原因。这个模式减少了访问各个页面时所需的点击次数。提高了导航效率，也在页面架构之间有了一个更有序的关系。在每个序列页面都放置一个回到父页面的链接，这样用户便得到了更多的选择，现在有三个导航可供选择：后退、下一个、向上。类似地，把一组不关联的页面链接在一起，对想要阅读那些页面的用户来说，如果没有后退/下一个链接，他们可能要一直从父页面中跳过去、跳回来。

（4）使用的方法。把所有的页面或元素按顺序在父页面上列出来，并使用适合这些元素显示的形式，例如用缩略图来显示图片，用副文本格式来显示文章。金字塔模式的一个变种就是把静态的线性列表编成循环列表，把最后一页链接到序列中的第一页而不是父页面，但用户知道自己进入一个循环了吗？能认出序列中的第一个页面吗？其实这不是很重要，如果很重要，那么就应该把最后一页链接到父页面，告诉用户已经看完了所有内容。

Flickr 的图片页面就是一个经典的金字塔模式。这个图片管理器显示了一个图片序列，可以通过单击这个控件上的链接看到所有图片，同时也可以单击箭头查看上一张和下一张，而且左下角还可以返回父页面（见图 5–55）。

图 5–55　串联式导航

4. 强制性导航

（1）定义。只显示一个页面，在用户解决好当前的问题之前没有别的导航可供选择。

（2）使用场景。如果用户没有操作或者输入，应用或网站就无法继续前进，例如在一个软件中，如果想保存一个动作，那么需要用户提供文件名才能进行，或者遇到别的一些情况，用户需要先登录才能继续处理这些任务。

（3）使用的原因。这种模式禁止了用户其他的导航选择，没有处理当前的对话框，就不能到达其他位置。当这个问题处理完毕以后，才能回到之前的位置做别的事情。这种模式具有破坏性，如果用户没有做好处理这个对话框的准备，就打断了他的工作流，可能导致其被迫做出不确定的决定。所以应该把用户的注意力引导到下一个他确实需要的决策点上，这时便没有别的导航选择来干扰用户了。

（4）使用的方法。在用户注意的这个页面上放置一个请求，提供所需信息的面板、对话框等，阻止用户打开其他页面或者进行其他任务，保证用户的注意力在这个任务上。灯箱效果是这种强制性模式采用的一种非常有效的视觉展示方式。让屏幕大部分面积变暗，然后把明亮的对话框或者页面突出出来，使用户把注意力放到当前任务上。这个网站用了灯箱效果来把访问者的注意力吸引到登录框上，如果用户在浏览网站的过程中进行任何需要登录的操作，那登录框就会出现，用户只能做三件事：登录、注册，或者单击右上角的"关闭"按钮（见图 5–56）。

5. 操作记录导航

（1）定义。将一个网站或应用的状态用一个超链接地址（URL）捕捉下来，这个状态可以保存。当再次打开这个地址时，可以把网站或应用的状态恢复到用户上次看到的位置。

（2）使用场景。如果网站或应用有一些大规模的、交互式的内容，例如书籍、视频等，这些内容的特定状态或位置不容易找到，也有可能需要多个步骤才能从头开始，然后到达现在的位置。在用户可以自定义的参数或状态时，例如查看模式、比例等，在这些情况下重新找到某个特定的状态是很不容易的。

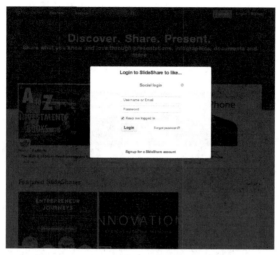

图 5-56　强制性导航

（3）使用的原因。操作记录导航可以让用户直接到达一个期望的地方，节约了用户的时间和精力。这个模式对用户想要保存当前状态以便回来继续创建非常有用。

（4）使用的方法。把用户在当前页面当前内容中的位置记录下来，保存成一个 URL，同时记录一些必要的数据，如评论、标记、高亮和突出显示的地方等，这样，用户重新打开这个地址，就会回到原来的状态。其他一些用户则希望保存参数或界面状态、缩放级别、放大倍数、查看模式、搜索结果等。但不是所有的这些状态都需要保存，再次进入次页面时，不应该破坏用户希望保持不变的设置。要根据不同的使用情景来确定。例如，当用户观看优酷视频时突然关闭视频，网站会保存该节点的播放位置，当用户下次打开同一个视频时，会从他上次观看到的地方继续播放，而不用用户自己从头开始慢慢寻找上次看到的地方（见图 5-57）。

图 5-57　操作记录导航

6. 快速返回导航

（1）定义。在导航选择受到限制的页面上提供一个按钮或链接，让用户能迅速理解并离开这个页面。

（2）使用的原因。在导航受到限制的页面上，如果为用户提供简单的、明显的方法逃离这个页面，那么用户也不会有被困住的感觉。这可以让用户感觉他们不会完全受制于这个网站，可以自由地向下探索。

（3）使用的方法。把一个按钮或者链接放在页面上，用它把用户带回安全的地方。网页常常使用可以单击的站点图标作为回到首页的链接，通常在网站的左上角。如网易云音乐的网站，无论用户现在处在什么位置，当前处理什么任务，只要单击左上角的网易云音乐，就会链接到网站的主页面，让用户无论何时都可以脱身（见图 5–58）。

图 5–58　快速返回导航

7. 父类子类导航

（1）定义。在下拉菜单中显示一个长长的导航选择列表。用这种方式来显示网站各模块的所有子页面。但需要精心组织这些分类的名称，让它们自然排列，横向展开。

（2）使用场景。网站有很多分类，分类下面又有很多页面，有三个或者三个以上的层级结构，而我们要把这些分类相关的页面都展示给访问者，以便让他们看到更多的选择。

（3）使用的原因。这种导航模式可以让一个复杂的网站变得更容易探索，能一次展示更多的导航选择。通过在每个页面上显示所有的链接，用户可以直接从一个子页面跳转到另一个子页面。因此就把一个多级网站转换成了一个完全链接的网站。

父类子类模式采取渐进展开的方式，在用户主动点击之前，复杂的子类链接是隐藏的。访问者可以先看菜单标题，大约了解内容后，再决定深入某个主题，然后通过一次操作打开一个充满子类链接的菜单。所以用户在做好心理准备之前，是不会看到大量子类链接的。

（4）使用的方法。使用头部、分割线、合理留白，加上合理的图形元素，将这些链接组织得更加合理。很好地利用水平空间，也可以使用多栏的方式来列出分组，纵向尽量不要太长，避免超出浏览器的高度。天猫主页中的展开菜单进行了有效的组织和分组，也对关键词进行了突出，让各类信息清晰明了，便于访问者寻找。同时具有一定的视觉元素，有解释说明的作用，整体风格也与网站的风格相一致（见图 5–59）。

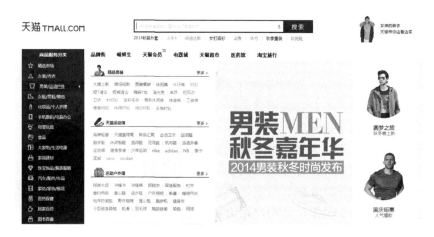

图 5-59 父类子类导航

8. 面包屑导航

（1）定义。在层级结构的每个页面中，显示所有父级页面的链接，向上追溯到主页为止。

（2）使用场景。网站或者应用有超过两级以上的层级结构，用户通过直接导航、搜索等方式在各级结构中浏览，这时因为层级太深或者层级结构太复杂，全局导航不足以显示当前位置的标记，就需要用面包屑导航。

（3）使用的原因。面包屑导航显示了到达当前页面所需要的每一层链接，从网站的首页到选择页面，还可以帮助用户知道当前的位置。假如用户是从外部搜索结构中突然跳到网站的某个二级三级页面上，这种导航就会显得尤其重要，可以让用户迅速得知当前位置和上下的关系。

（4）使用的方法。在页面的顶部，放置一行文字或者图标来表示此页面在层级结构中的位置。然后从顶级开始，在顶级的右边，放置下一级，一直往下到当前页面。在各层级之间，用向右的箭头、小三角、大于号或者右侧双角引号（>>）来表示从上一级到下一级的移动。Windows 7 的资源管理器就用到了面包屑导航，在地址一栏中，表示出了当前文件夹在我的电脑中的位置，并且表示出完整的层级结构（见图 5-60）。

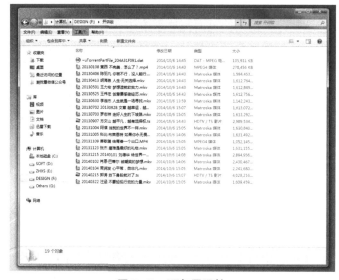

图 5-60 面包屑导航

9. 滚动提示导航

（1）定义。滚动条在滚动的同时，还可以作为内容的映射机制，也就是能够标示"你在这里"的指示器。

（2）使用场景。有的应用是以文档为中心。当用户浏览整个应用时得到了关于页码的一些注释，但滚动条在滚动的时候，他们很难记住自己的位置。

（3）使用的原因。当页面快速滚动时，很难阅读飞驰而过的文字内容，因此有必要使用一些其他的位置指示器。因为这时用户的注意力在滚动条上，所以最好将提示放到滚动条上，并把滚动条与提示相结合，这样就不用去同时查看屏幕的两个地方，也可以把提示放到紧挨着滚动条的放置，放得越近，效果越好。

（4）使用的方法。把位置指示器放在滚动条上，或靠近滚动条的位置，比如在滚动条轨迹上放置不同颜色块，这些颜色块与内容的颜色相对应。

不管是随着滚动条的滚动而改变的动态提示，还是静态指示，都需要弄清楚用户最可能在寻找什么，从而知道需要把什么放到注释里。如果内容是代码，那需要显示的可能是当前函数或方法的名字，如果是一份电子数据表，那显示的可能是行号等。微软 Office 系列里的 Word 里，会在滚动条的旁边显示动态提示，由于 Word 里都是文档，所以提示显示的是页码和当前页的标题，随着滚动条的滚动，内容也会有相应的变化，这就方便了用户快速找到指定的地方（见图 5-61）。

图 5-61　滚动提示导航

10. 动态辅助导航

（1）定义。用动画来显示一个突然出现或者位置移动的转换，让这个过程变得更自然。

（2）使用场景。用户在大的虚拟空间里移动，如大图像、大文档，他们可以缩放到不同的级别，可以平移或滚动，或者整个翻转。动画转换也可以用在用户从一个独立的页面向另一个独立页面跳转的过程中。

（3）使用的原因。页面类型的转换往往会破坏用户当前在虚拟空间中的位置感，太快的放大或者缩小会让用户失去这种位置感。一些窗口的关闭会改变屏幕的布局，甚至文档滚动的时候，如果是跳跃前进的，也会让用户迷失。但如果从一个状态到另一个状态是连续转换的，情况就会好一些，可以尝试用动画来让状态之间的转换变得平滑和连贯，以保持用户的方向感，添加动画还会给用户带来很酷的感觉。

（4）使用的方法。给页面转换设计的动画，要把转换的开始状态和结束状态连接起来。如果针对缩放和翻转，那可能会显示缩放或翻转的状态，如果是一个要关闭的面板，可以显示它正在缩小而其他面板正在扩大的过程。每一种模式都有利有弊，应用它们时，要小心不要让用户眩晕。动画应该快速而准确，在用户开始动作的时候，动画就要随即开始，不要有延迟，动画时间不宜过长。研究表明，300 μs 的动画在平滑滚动时最为理想。如果用户连续操作，引起多个动作（比如多次按下向下的箭头按钮来滚动窗口），就应该把这多次的操作结合到一个动画中 Mac OX 的最小化操作，这就是典型的动态辅助导航（见图 5-62）。

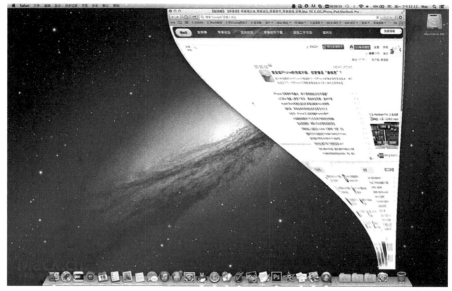

图 5-62　动态辅助导航

11. 页脚站点地图导航

（1）定义。把站点地图放到网站每个页面的页脚部分，当作全局导航的一部分，作为对页头的补充。

（2）使用场景。如果每个页面上都有多余的空间，而且对页面大小没有硬性要求，同时也不想占用太多页头和侧栏的空间来进行导航，可能页头会有全局导航，但是不能显示出网站所有的层次结构，所以这时候需要使用一份简单、布局良好的页脚站点地图，这样实现起来更简单，而且可访问性更好。

（3）使用的原因。这种模式可以让一个复杂网站的可探索性变得更好，为访问者提供了更多的导航选择。在每个页面的页脚显示链接，可以让用户从任何子页面跳转到其他子页面，包括主页面。把一个多级网站转换成一个各个子页面充分链接的网站，当用户到达页面底部时，注意力就会放到页脚上，整个站点地图直接展示给用户，让用户明白网站是怎么组织的。

（4）使用的方法。页脚的宽度要和页面宽度相同，把网站的主要栏目和那些最重要的子栏目都包括进来，甚至是实用导航、语言选择、社交链接等，页脚的重点是要覆盖访问者需要寻找的内容。新浪微博的页脚部分就用到了页脚站点地图导航，弥补了全局导航的不足，让整个网站更加完整，让用户了解到整个网站的结构（见图 5-63）。

图 5-63　页脚站点地图导航

5.4.4 界面常用控件工具介绍

1. 公共控件

（1）Button（按钮控件）。

Button（见图 5-64），当激活它时，能执
行指定的功能。用户可以采用以下方法来激
活按钮：用鼠标在其上单击，当按钮获得聚
焦时按下 Return 或 Enter 键。按钮可以突出
显示能点击的地方，然后迅速吸引到用户的

图 5-64 Button

注意力。在设计时，要注意 Button 的几种状态：未激活的状态、激活的状态、激活后
的状态。

（2）CheckBox（复选框）。

CheckBox（见图 5-65），该控件表明一个特定的状态（选项）是选定 (on，值为 true)
还是不选 (off，值为 false)。在应用程序中使用该控件为用户提供 "true/false" 或 "yes/no"
的选择。可以让用户进行选项组合，尽量不要让单个选项内容之间发生干扰，每项要有一
定的独立性。

（3）ComboBox（组合框）。

ComboBox（见图 5-66），ComboBox 是由一个文本框和一个列表框组成的。ComboBox
又被称为弹出式菜单。用户使用时，单击文本框右侧的三角即可展开下拉列表。ComboBox
最大的优势在于显示的时候只显示一项内容，如果用户想要选择其他内容，再单击旁边的
三角即可进行，这有效地节约了界面的空间，也在一定程度上节约了用户的时间。ComboBox
中的选项可以增加，也可以删除。一般情况下用户是用鼠标来选取组合框中的内容的，但
他们也可以用键盘来控制焦点。

图 5-65 CheckBox

图 5-66 ComboBox

（4）PictureBox（图片框）。

PictureBox 是用来显示图片的控件（见图 5-67）。相比文字，图片能够很轻易地吸引用
户的目光，且能够形象化地表达出想要表达的内容，可以帮助用户更快地感知、明确地理
解信息。在传达信息时，如果想让用户第一眼就察觉到，就要将信息用图形化的方式展现
出来，放在界面中显著的位置。

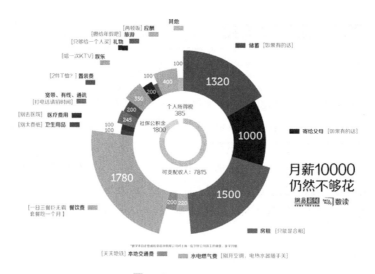

图 5-67　PictureBox

（5）ProgressBar（进度条）。

ProgressBar（见图 5-68），该控件通过从左到右用一些方块填充矩形来表示一个较长操作的进度，ProgressBar 控件能监视操作完成的进度。ProgressBar 控件包含行程和当前位置，行程代表该操作的整个持续时间，当前位置则代表应用程序在完成该操作过程时的进度。进度条能够给用户一定的心理预期，并告知用户现在正处在整个过程哪一阶段。在设计进度条时，最关键是要让用户感觉时间走得快，所以要灵活设计进度条的动态效果。值得注意的是让用户能够预期所花的时间，明白当前所处的阶段。

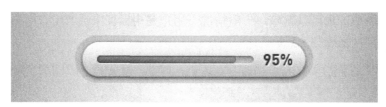

图 5-68　ProgressBar

（6）RadioButton（单选按钮）。

RadioButton（见图 5-69），为用户提供由两个或多个互斥选项组成的选项集。当用户选择某单选按钮时，同一组中的其他单选按钮不能同时选定。当选择单选按钮时，将自动清除该组中的所有其他单选按钮。所以要考虑好选中状态的改变以及由选中到未选中状态的变化。

2. 容器控件

（1）GroupBox。

GroupBox 可以把其他控件收集到组内（见图 5-70）。因为它可提供一个带标题的容器来放置图形用户界面内容。GroupBox 还以直线型边界画出控件组的轮廓。如果愿意，它也可以给控件组添加标签。这种控件的关键在于信息如何组织，如何将复杂的信息规划成简单的几类，然后将几个大类与几个小类之间在视觉上进行区分，小类与小类之间的间隔、比例等要根据具体的界面风格进行考量。

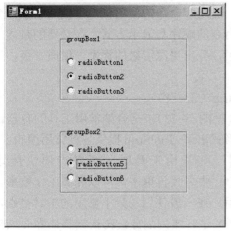

图 5–69　RadioButton　　　　　图 5–70　GroupBox

（2）Panel。

Panel 用于为其他控件提供可识别的分组（见图 5–71）。Panel 与 GroupBox 类似，但是 Panel 的优势在于其可以利用滚动条来布局窗口，这就带来了更大的便利性和自主性。首先，为了获得清晰的用户界面而将相关的窗体元素进行可视化分组，再针对具体的分组主题和内容，确定视觉样式，根据整体界面风格，调整各分组之间的比例和间隔，形成统一风格。其次，对整体窗口布局进行一定的规划，要合理运用滚动条，对默认显示大小的界面和滚动调整后的界面之间的关系要考虑周全。

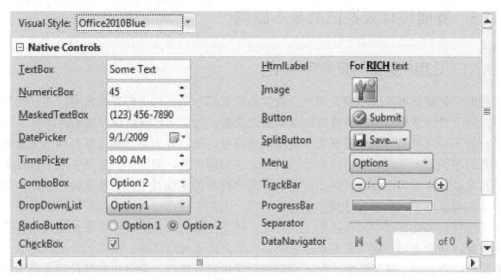

图 5–71　Panel

3. 菜单栏与工具栏控件

（1）MenuStrip（菜单栏）。

MenuStrip（见图 5–72），是应用程序菜单结构的容器。菜单栏方便执行相关的命令，也方便寻找某一功能或者动作的命令，菜单栏上的分类是按照一定的功能主题进行划分的。菜单要将所有的功能按照功能类型、使用方式、使用阶段等分类方式进行划分。在某一类

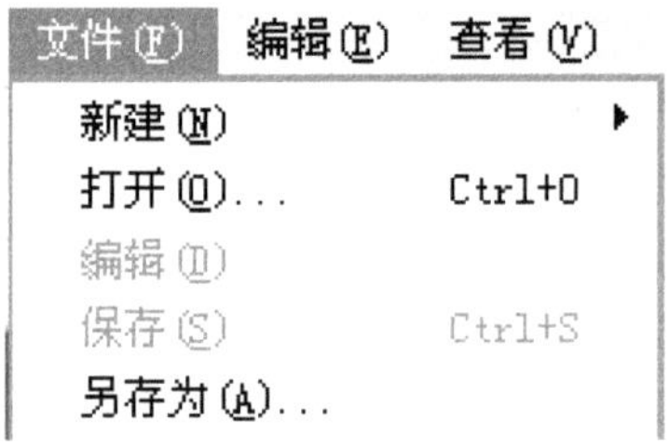

中，要考虑这一类功能命令的使用频率与使用场景，合理排列一类功能命令的顺序与显示方式，在必要的时候，可以在一大类之中，分出更深层级的类别，形成二级、三级菜单。

（2）ToolStrip（工具栏）。

ToolStrip（见图 5-73），是容纳常用工具的容器，一般以工具条的形式出现。ToolStrip 提供各种常用编辑工具。当用户在使用一些常用工具时，可以方便快捷地在 ToolStrip 单击相应图标按钮，而不用到相应菜单栏中寻找再单击，可以提高工作效率。设计 ToolStrip 时，要根据用户的使用场景来分析用户在一般使用场景下常用的工具类别，按照一定的规则（使用频率、使用阶段、功能类别）进行排列划分，再根据整体界面风格、界面大小来设计 ToolStrip 的视觉样式，包括工具栏的颜色、尺寸，工具图标的大小、间隔，图标文字的结合，ToolStrip 与菜单栏的协调关系等方面。

图 5-72　MenuStrip

图 5-73　ToolStrip

5.5　界面设计要遵循的基本原则

5.5.1　让用户读懂界面呈现的内容

界面一定要简单易懂，能让用户比较容易地理解它所传达的信息和内容，对任何界面而言，让用户读懂界面内容是首要的也是最重要的。每个用户停留在界面的时间是 3～5s，他们一般不会花很多时间去理解看不懂的图形符号，所以界面易理解性就显得十分重要。界面布局和图形含义最好是用户熟悉的或易于认知理解的，界面中，需要去除太过抽象的图形和难以认知的界面布局。例如在多数界面中搜索的图标几乎都是放大镜形状，因为在物理认知的世界中，当需要寻找细小的物品时，人们会使用放大镜，这是将日常生活的习惯无缝链接到界面设计中。在移动互联时代，移动终端会增加很多手势来扩充人与界面之间的交互，功能"摇一摇"就是其中之一。当用户还不知道"摇一摇"的含义的时候，进入界面后，会有一个提示页面，提示用户摇动手机进行操作，并且告知其最后会出现的预见结果，随着用户不停地摇动手机，会出现相应的声音提示用户正在摇动手机。同样在微信中，雷达加朋友就没有"摇一摇"那样易于被用户理解。当用户单击进入该功能以后，呈现的界面会让他们摸不着头脑，因为这项功能具有特定的使用场景，只有当周围人也是用雷达加朋友的时候，他们各自的手机上才会有显示，但有时用户只是尝试地单击使用该功能，进去后没有任何提示，这会让他们很疑惑，根本不清楚发生了什么。如果在用户首次使用时增些提示，第二次进入时提示自动取消，可能会让界面更加清晰，更容易被用户理解。

　　设计师们要想设计出让用户读懂的界面，就要去了解用户使用的目的，了解他们希望使用的词汇、图标和使用的姿势，去了解什么样的界面是能帮助他们互动的，去预测人们在使用产品时的行为并能提供相应的反馈。对用户的了解越多，就越能引发共鸣，设计会更加有效。基于这些，界面中如出现需要推测的内容以及延时反应都是可以被容忍的，更不会因为界面设计的操作流程混乱而使用户困惑。

　　当然并不是页面与功能越少越易于理解，恰当的内容会使用户使用界面时更加有效率，如果页面内容或者功能太少，就会降低用户的阅读使用效率，浪费用户的时间成本。Windows 在线商店（见图 5–74）和 Apple Store（见图 5–75），前者的界面内容比后者丰富，但并没有让用户困惑，反而 Apple Store 没有像 Windows 在线商店一样给用户呈现更多的内容，几乎都是以产品宣传为主，对于相关的技术支持则比较隐蔽；Windows 在线商店虽然内容会比苹果的多，但是其均以板块形式呈现，每个板块都用大标题来提示用户此板块的内容类别。尽管 Windows 商店与苹果商店的侧重有所不同，但不可否认的是，Windows 商店能使用户更加高效地浏览网页。

图 5–74　Windows 在线商店

图 5–75　Apple Store

5.5.2　界面要促进互动关系

　　界面在人与机器之间起到了催化剂的作用，它促进了人与机器之间的互动，这不仅停留在硬件界面的更新上，随着计算机技术的发展，软件界面的革新更促进了这种互动。苹果公司在 1998 年设计的彩壳苹果计算机虽然获得了很高的赞赏，但并没有带来更多的销量，反而是苹果在 2000 年年初设计的 iPod 系列让苹果公司异军突起，从最初的 iPod 到 iPhone 到 iPad 再到现在的 Apple Watch，人们从中可以看到界面在人和机器之间的巨大作用。在 iPod 时代，界面更倾向于产品的物理界面，设计更多考虑的是人的操作便利性、物理界面的语义性和生命周期性。随后 iPod 逐步扩大了屏幕面积，最终演变成 iTouch，也就是 iPhone 手机的前身，界面也从原来单纯的物理界面延伸至软件界面，并且它再也不只是人们口中的屏幕显示，它还是人与机器之间的润滑剂和催化剂，让任何机器之间的交流不再冷冰冰、无情感。

界面不仅促进着人与机器之间的互动，同时也让人与人之间的交流更加畅通，互动更加频繁。互联网时代，每个人之间的联系更加密切，这里所指的联系不仅是朋友、家人，还有很多陌生人，界面让交流沟通更加丰富。"弹幕"就是其中一个典型的例子，弹幕是在视频中加入网友的评论，在视频播放的过程中，会实时滚动播出网友犀利精彩的评论，让用户感觉很多人和自己一起看这个视频，让他们看视频时不再孤独。弹幕不仅在手机视频 App 中被启用，在大型的晚会也可以被使用，如湖南卫视的互联网盛典中也有弹幕的形式，其实从另一方面来说，界面的多样化和个性化也促进着传统行业和新兴行业之间的融合和进步。再如传统的授课方式一般是在固定的地点和固定的教室里，时间和地点对人的限制性很大，网络课堂学习的优势在于听课者不需要定时定点出现在某处，而是可以随心所欲，选择自己喜欢的课程，任何时间任何地点都可以在网络上学习。

界面的存在使每一个人都和这个世界产生了互动，帮助人们厘清楚、想明白、快捷使用和展示不同事物，它既可以把每个个体聚集在一起，也可以将人们分隔开来，实现其自身的价值以及为个体服务。界面设计不是艺术设计，也不是设计师用来炫耀自己技能和艺术天分的平台，它是用来提高做事效率的，方便使用和操作的工具，更重要的一点是，它还能激发、唤起和加强人们和这个世界的联系和沟通。

5.5.3 尊重用户的注意力

界面设计要尊重用户的注意力，明确界面呈现的目的，强调界面内的主要内容，让用户能顺利使用和操作。要将用户经常使用或需要获得的内容放在其视觉中心，沿着其浏览、阅读顺序进行设计。京东商城和亚马逊都是用户网上购买商品使用频率很高的网站，购买的流程和顺序没有特别大的区别，但在页面设计上却有很大的不同。京东的购买页面中，将"加入购物车"按钮放到了商品介绍的下面，"提交订单"按钮放到了订单信息填写核对以及商品清单详情的下面（见图 5-76），而亚马逊将"加入购物车""提交订单"的按钮放到了相应页面的右上角（见图 5-77）。很多用户在使用亚马逊购买商品的时候都要找很久才能找到购买入口，他们不知道在哪里下订单，因为他们的视觉一直停留在商品的详细信息和用户评论的地方。京东将关键操作的按钮放到了订单核对下面的部分，基本上是按照用户的浏览习惯和顺序摆放的。亚马逊的页面设计突出"加入购物车"和"提交订单"两个操作的重要性，单独拿出一块区域进行放置，但忽略了在用户浏览网页的时候会忽略页面的右上角，并且右上角的这块区域周围也没有能够引起用户关注的点，和用户的浏览习惯不太相符，这就造成很多用户不能够顺利购买与提交订单。在使用优惠券的地方，亚马逊网站也影响了用户的注意力，它采用输入优惠码的方式，增加了用户的记忆成本和寻找成本，在结算时自动减去优惠金额会更加便捷。界面设计应该尊重用户的注意力，这样可以促成用户任务的完成，在达成商业目的的同时，他们也可以愉悦地使用产品。

图 5-76　京东的购买页面

图 5-77　亚马逊的购买页面

界面设计时应尽量摒弃那些给用户带来干扰的视觉元素，比如广告弹窗、自动播放的背景音乐等。很多网站对用户是免费的，它们的盈利一般源于广告，因此它们大篇幅地增加广告，以致用户根本不能找到自己想要的信息。再如很多软件下载网站，网站内部下载的链接与按钮在不断地闪烁，用户根本不知道到底哪个是他们想要的软件，经常单击那些颜色耀眼的图片、文字、闪动的按钮，下载的应用程序大多数也不是他们想要的（见图 5-78）。但同样是靠广告收入来盈利的视频网站在这方面处理得就比较恰当，它们将某些广告放到了网站页面的顶端。当用户刚刚进入该网页时，会自动加载广告，通常这类型的广告只有 10～15s，当广告自动播放完毕后，整个网页会自动向上提拉页面，将广告部分填充。由于这些广告的质量比较高，并且在播放期间，页面会有停止或者关闭广告的按钮，这样不仅不影响用户使用，并且会给用户很好的体验（见图 5-79）。

图 5-78　软件下载网站分散用户的注意力

图 5-79　网站中广告加载的合理方式

5.5.4　让用户控制操作

用户在自己能够掌控的环境中最舒心、放松，一旦设计剥夺了这种舒适性，会使得他们手足无措，甚至有想要放弃使用的冲动。在进行界面设计的时候要考虑到告知用户的位置，这也是我们前文提到的面包屑导航，要让用户知道自己所处的层级或者位置，不能让他们找不到方向，甚至迫使他们关闭界面或卸载程序。面包屑原本指的是人在森林为了怕迷路，就要留下记号，要是留的记号过于明显，动物会吃掉，为了不引起周围动物的注意，选择使用面包屑。在很多导航或者菜单中都有面包屑(见图 5-80)，用户通过这样的提示能够随时掌握自己的位置，并且能轻松地跳转到其他层级。

图 5-80　面包屑导航

不能让用户失去控制感，否则会给用户带来很糟糕的体验。比如当进行删除等很关键的步骤时，会有提示窗口弹出，为的就是让用户再次确认是否要进行这样行为的操作，这可以避免很多用户的误操作（见图 5-81）。但是有些界面设计中并没有这样的提示，用户有时候不知道自己进行这样的

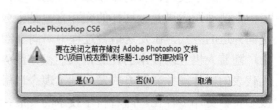

图 5-81　关键操作的确认提示

操作会有什么样的反馈，可能有些东西已经被自己删除了，他们却全然不知。百度云盘中上传文件就存在这样的问题，当用户上传完自己的文件或者照片以后，弹出的对话框会立刻随着文件上传的结束而窗口最小化，这样用户便有一种不知所措的感觉，他们心里可能会想：我究竟干了什么导致窗口自己关闭了？这些都是要在设计中注意和避免的。

还要需要注意的是，设计师或者研发人员要注重设计中的文案，很多初级用户不理解关于技术的专业术语，比如一些复杂的错误代码等（见图 5-82）。所以在设计页面时应该使用用户能够理解的语言进行。

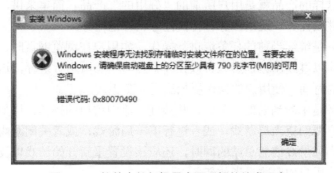

图 5-82　软件中的初级用户不理解的技术语言

5.5.5 页面的操作方式要协调、自然

在设计过程中，应该尽量保证操作方式的单一性和统一性。即在同一个页面中，尽量采用一种或少数的几种操作方式，这样可以极大地降低用户的学习成本，提高易学性，使用户可以把注意力集中在希望解决的问题上，避免复杂的操作方式会打断其操作流程。另外，在不同的页面设计中，应该保证操作方式的统一，这样可以极大地提高用户的操作效率，避免用户对操作方式产生疑惑。例如用户在使用鼠标操作计算机的过程中，仅仅通过单击和双击鼠标左键就可以完成大多数操作，这样的操作方式简单易学，用户可以快速掌握要领，熟练操作计算机。

不过在娱乐性的页面中可以采用丰富多样的操作方式。因为在娱乐性的应用中，趣味性是最重要的，为了达到提高趣味性的目的，势必需要丰富用户的操作方式，此时牺牲一定的易学性也是可以接受的，单一的操作方式则略显枯燥。纵观游戏的发展历史，从最早的掌机到红白机，到桌面计算机，再到体感游戏机，游戏中用户的操作方式越来越丰富多彩。通过引入体感操作，用户的操作方式更加随意、更加丰富，极大地提高了其体验乐趣。

另外，在设计页面时，应注意不同操作手段之间的转换，交互设计应该符合人们最自然的反应，应该尽量让用户顺着习惯来操作。例如在 iOS 8 中，用户可以使用 imessage 收发语音，其中发送语音的操作如下：第一步，按住语音按钮进行语音的录制。第二步，直接向上滑动发送语音。这样的交互方式是十分自然的，因为人们把东西拿给别人的时候就是向外送的方式，在发送语音过程中，向上滑动的交互暗含该动作，显得十分自然。

随着人机互动技术的发展，人们操作的界面也有很大的不同。从以功能手机、显示器为代表的实体硬件交互方式发展到了现今以触摸为主流的交互方式，而未来产品的操作手段必将会更加多样化。随着科学技术的发展，很多过去难以想象的愿望都可以实现，如通过增强现实技术，用户可以将真实物理世界加入计算机处理过的与之相关的更多信息，这些虚拟的信息可以很自然地和真实世界的物体叠加到一起，这样用户就可以在看到产品表面的同时，也能够了解其背后的信息。在不远的未来，技术人员在进行车辆检测或者维修时，带上特殊的头盔，就可以看到手上零件的用途。

5.5.6 预期后续的交互操作

在交互设计中，经常需要分析一个问题，即用户的下一步操作可能是什么。如果能够准确把握用户的后续操作，就可以使产品准确地满足用户的需求，从而从用户需求的角度出发解决问题，这样的产品就是用户所谓的"好用的"产品。简单来讲，用户的后续操作可以分为四类：继续任务、跳出任务、转换任务、忘记任务。

（1）继续任务是继续当前的任务流进行操作，如用户在浏览网页时，可以预期的是用户会进行翻页操作以继续阅读，所以可以在设备上对下一页进行缓存，这样就可以免去用户等待页面下载的时间，使用户的操作更加流畅无负担。

（2）跳出任务是中断当前的任务流，从该任务流中跳出的操作。比如一局游戏结束，可以预见的是用户要结束当局游戏，或者进行下一局游戏，或者关闭游戏。所以一局游戏结束后，在显示当局游戏信息总结的同时，还应该设置重新开始游戏以及关闭当前游戏的按钮，这样可以让用户如愿跳出当前任务。

（3）转换任务是在完成一个任务的过程中由于某些需要转而先完成其他任务。例如大多数网站都有登录/注册的机制，但是当新用户刚刚打开该网页时，往往会被提示以游客的身份进行体验，当他们有了良好的体验后，网站便引导其进行注册。这里就涉及任务的转换，本来用户的任务流是体验网站，但是为了网站的运营，需要在恰当的时候打断用户的任务流，引导用户进行注册的操作。所以如果能够准确预期到何时是用户进行注册的最佳时机，就可以最大限度地减少他们的反感情绪。

在成功预期用户的后续操作后，就涉及如何处理的问题了。正确地设计后续操作的接口页面也是非常重要的。例如在加载页面中，为了让用户做到心中有数，设计者往往用进度条的形式表示当前任务的进度。而进度条的设计也十分讲究，设计者可以根据不同的应用场景，将进度条设计成真实进度或者示意进度。真实进度就是指根据任务的实际完成度来控制进度条的进度，示意进度是指进度条的进度并不完全依赖于实际任务的进度，例如可以让进度条先慢后快，这样就可以让用户在等待的后期即将丧失耐心的时候看到完成的希望。

5.5.7　界面外观符合一般规范

界面设计并不是一味地标新立异，不是为了和其他界面风格相区分而设计出奇形怪状的东西，如 20 世纪五六十年代的波普运动，波普设计只是为了突出个性，吸引目光，却是失败的设计。最合适的设计应是让人感觉到舒服的设计，只有符合用户的期望，让他们感觉到舒适，其才会乐于使用。在移动互联网逐渐普及的今天，很多 App 界面上的元素已趋于稳定，不会轻易发生变化，如，删除、上传、下载、分享等通用图标（见图 5-83），使用通用图表不仅可以降低用户的学习成本，还可以让其有一种能够掌控整个操作的信心，用户只要看到了这个界面的元素，就应该能猜测出各个元素的功能，不能有模棱两可的感觉。除了特别的功能以外，一般化的功能都应该尽量使用通用的图标，使软件界面保持一致性。如果某些部件元素可点击，那就要让用户清楚；如果某处只是文字或者图片展示，那就不要让用户产生能点击的认知，要明确操作的目的和意图。

图 5-83　通用图标

虽然说软件界面具有一般的特性，但在产品的移动端，由于手机系统的不同，交互设计以及界面设计也要有不同的处理方式。比如在安卓系统中，由于部分安卓手机中 back 键是非物理按键，所以很多 tab 切换都放置到了顶端。再比如 iOS 系统中的瀑布流形式，在 Windows Phone 中就是水平切换页面的模式。因此在每个操作系统中，设计都要遵循各个系统的规范或者使用系统自带的控件。

当用户长期使用一款产品以后，他会对该产品产生依赖感，认知并熟悉该产品操作的各个流程，所以在版本迭代更新，或者版本有大的改动的时候，需要考虑到尊重这些用户已知的操作，除非发现不合理的表达方式，否则最好不要彻底改变原有的设计。如果在设计上实现创新和变动，可以一个版本一个版本地引导用户熟悉新的操作。倘若完全修改设计，用户可能会一时不适应，而通过版本迭代，每个版本中都给其一点儿惊喜，他们可能会更加喜爱这样的产品。

5.5.8　视觉元素要保持一致

在界面设计原则中，不仅需要保持软件界面一般的特征，而且同一产品中的相似功能要保持统一的视觉元素，这样用户在寻找功能的时候比较容易找到，比如 Word 中的页眉、页脚、页码的设计，再比如百度地图中下面四个 tab 的切换（插入百度地图的截屏）。在地图图区下部分有四个可以切换功能的 tab，分别是"附近""路线""导航""我的"，当用户需要寻找路线的时候，除了在页面顶端搜索，他们可以在下部四个 tab 中轻松找到自己要的内容，假如用户在车辆行驶过程中找加油站，那么他会清楚地知道在"附近"中寻找"加油站"的功能（见图 5-84），这样划分功能简单、直接。

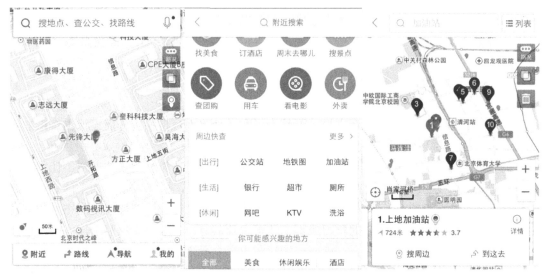

图 5-84　百度地图中的 tab 切换

在这里需要注意的是，在产品前后版本的迭代过程中，尽量保持视觉风格的一致性，这样用户不会觉得太突兀。在这方面。游戏 find the line 是个反例，起初用户下载到手机中的图标是黑色的，后来可能设计师考虑到某些用户的桌面背景是黑色的，害怕他们找不到游戏的图标，就把图标换成了墨绿色的。但用户已经习惯了黑色的图标，当某一天他们试图继续寻找黑色的图标，却找不到时，便会放弃寻找。这其实是很糟糕的用户体验，在产品上线之前就应该仔细考虑这样的问题，不能随意改变图标，这样用户找不到，可能永远都不会使用了。

虽然同一应用在不同的操作系统中的设计有所不同，但视觉元素要统一，这样不仅保证了产品整体风格的一致性，还能够让更换操作系统的用户使用的时候不会产生疑惑。

5.5.9　界面中应有视觉重点

每个界面都需要传达很多的信息，如果信息太繁杂或者没有重点，用户浏览起来就会很费力，强烈的视觉层次会让画面有清晰的浏览次序，有助于用户浏览和阅读。设计时突出主体，强化用户需要关注或记忆的内容，弱化一些对产品目标实现没有帮助的元素，这样设计可以分清主次，使用户长篇阅读下来也不会感觉到疲劳或者找不到重点。设计环境不断地变化，始终保持强烈的视觉层次是十分困难的，界面上视觉的轻重也是相对的，当页面中的字体都是粗体时，那就没有所谓的"粗体"了。如果要在画面中添加一个视觉强烈的元素，设计者应该重新调整页面上所有元素的重量分配，以达到强烈视觉层次的效果。很多经验不足的设计师不会注意到视觉重量这一点，但它其实是强化（弱化）设计的最简单的方法。图 5-85 所示为百度手机地图官网中的一个分页面，在最初设计时，将"保存至电脑""删除""保存至手机"这三个不同区域的模块都设计成相同色彩的按钮，但在用户测试的时候发现，页面右上角"保存至电脑"和其他两个按钮会抢占用户的注意力，用户不知道到底关注哪个按钮，这样便分散了注意力，所以最终将"删除""保存至电脑"这两个按钮设计成了不同的灰色系按钮，这样就弱化了用户对它们的关注。

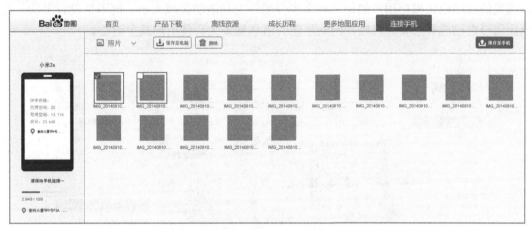

图 5-85　百度手机地图官网

除了要考虑用户的注意力和关注点以外，有时还要考虑产品的定义和最终要达到的目的。比如在百度网盘中（见图 5-86），设计师希望用户能够多上传自己的文件，为了鼓励用户，他们设计的时候强化了"上传至电脑"的按钮，这样会增加用户的点击量，会更好地达到产品预期的效果。设计并没有固定的准则或者规范，而是需要灵活掌握的，在把握住用户需求的同时，还需要达到产品最终的目的。

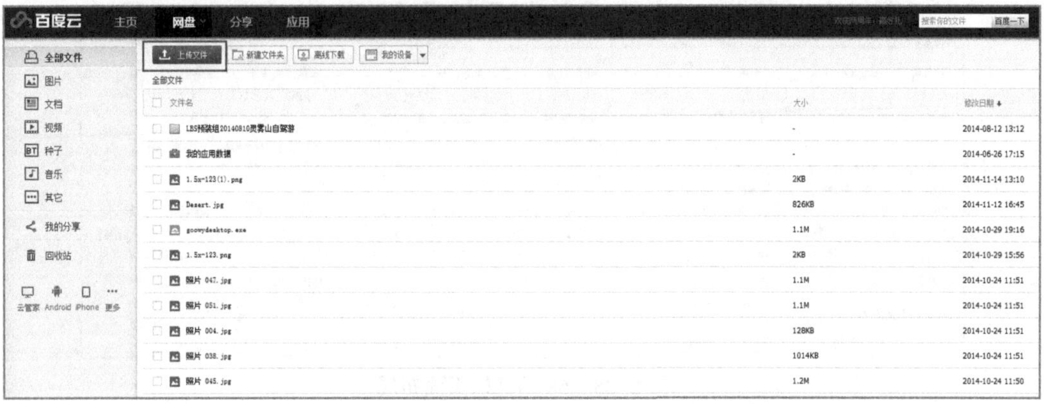

图 5-86　百度网盘

5.5.10 巧妙的布局会减轻用户认知负担

当用户接触的信息比较多时，他们很难抓住自己想要的信息主体，可能浏览页面一遍之后却不知道自己要找的东西在哪儿。因此，在界面设计的时候要学会突出主体，恰当地处理主要部件与次要部件之间的关系，这种巧妙的布局就可以减轻用户认知的负担，这在电商或者信息分类的网站体现得最为明显。以淘宝左侧的信息导航栏为例（见图5-87），用醒目的边框框起来就是为了突出淘宝产品的分类。中间部分留给广告运营商，这样不仅有了广告的位置，还能为用户提供商品的选择，用户也没有反感。但在58同城的首页面中（见图5-88），用户进去后看到的是各类信息的分条展示，他们无法了解网站到底要传达什么信息。信息筛选类的网站应该根据用户的使用频率来分配每个功能的区域大小，而不是没有主次。应该让用户自己选择想要的内容，网站呈现的信息量太大会使用户减少耐心。

图 5-87　淘宝网的页面布局

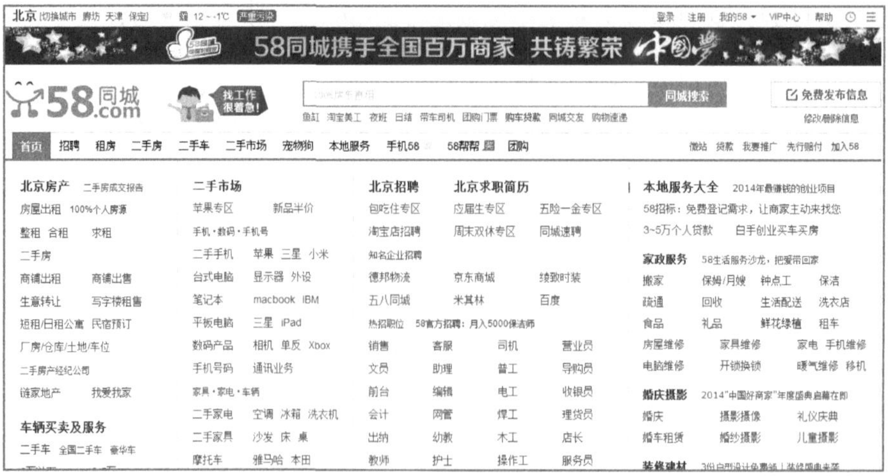

图 5-88　58 同城的页面布局

在页面设计中，设计师除了要处理主体和非主体之间的关系，还要注意前景和背景之间的关系。背景一方面要切合主体表达的含义，另一方面还要有突出主体的作用，适当地对背景进行模糊，减淡背景的颜色，可能会得到更好的视觉效果。需要注意的是如果前景和背景存在相对运动，那么背景要更加弱化。

在中国画中，有一句谋篇布局的描述，叫作"计白当黑"，所谓"疏可走马，密不透风"，就是说空着的地方和着了墨的地方一样，都是整体的组成部分。这是书家画手所孜孜追求的。可见"留白"是非常重要的。有些画，尽管画得不错，但看起来就是不舒服，原因就是没有重视"留白"。对于界面设计，页面上的留白部分，同其他页面内容如文本、图片、动画一样，都是设计者在制作页面时要通盘斟酌的。提升到艺术的高度来看待"留白"——留白既可以给人带来心理上的松弛，也可以给人带来紧张与节奏，通过这种手段可以向浏览者传达出设计者的诉求。设计者在设计界面时是在和浏览者交流，好的设计师能够同浏览者进行心理对话——不仅通过文字、图片、动画，同时也借助留白进行表达。只有照顾了整个页面空间的分配，留白才能表现出一定的活力。其实在排版布局中，设计者经常在不知不觉中利用着留白。试想如果页面上充满了图片和文字，一点空隙都不留，那就根本谈不上韵律。利用留白的体量感来使页面布局平衡，在一种不平衡中营造平衡，这样会使页面生动起来。

5.5.11　界面需要必要信息而不是全部信息

不同用户对界面上提供的信息需求不同，为了能够尽量提供足够多的信息，页面上会将全部的信息显示出来，但用户往往只关注自己需要的信息。这种现象在电子商务类的网站界面上尤为突出，恰当地展示信息才能满足用户的需求，所以在淘宝等网站上（见图 5-89），会有很多信息筛选的条目，对于用户来说，只有这样最终的搜索结果才具有针对性。

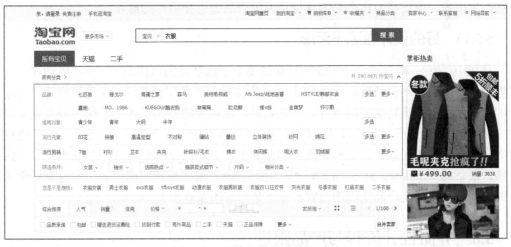

图 5-89　淘宝网的信息检索系统

除了上述信息筛选的方式外，对于暂时不需要的信息可以隐藏，或者划分到下一级，界面信息逐层展示，这样用户可以以最快的速度找到自己的目标。例如 iOS 的通信录，在通信录中只是显示联系人的姓名，将其他信息折叠起来，如果找到了联系人的详细信息，那么单击姓名就可以进入下一层级的信息进行浏览。尽量减少不必要的信息展示，减少用户记忆负担与信息接收压力，可以用图像表达代替文字叙述，用户对图像的阅读能力比文字高。界面中使用信息图，省略文字的赘述，以最为直观的方式展现用户需要的信息会更加高效。

5.5.12　界面要拥有帮助而不是依靠帮助

一个优秀的产品不应该依靠说明书，苹果公司的产品就是典型的范例。苹果产品的说明书往往极其简单，因为产品本身就是一份说明书，可以潜移默化地影响用户，引导用户完成正确的操作。但是达到这样的目标非常困难，因为没有一个共同的准则能够让所有人都能够完美地接受，设计者认为易于接受的部分，可能在用户看来会产生疑惑。这个时候，帮助就显得至关重要。

对于桌面产品来讲，帮助大概可以分为：帮助搜索、疑难解答、控件功能和产品电话等。帮助搜索就是在产品内部封装或者通过联网进行的帮助搜索；疑难解答是通过给用户问题备选的方式，针对高发的疑难问题进行详细解答；控件功能则是在控件上显示帮助信息，比如鼠标在一个空间上常停时，代表用户对该控件产生疑惑，这时就要在控件旁边提醒用户该控件的功能；产品电话则是通过热线电话的方式给用户提供帮助服务。

对于移动产品来讲，帮助功能可以分为：新功能特点、蒙层引导、关于产品、热线服务。"新功能特点"就是在用户首次使用产品时，用几个完整的页面来为用户介绍产品的新功能及新特点；"蒙层引导"则是在用户进行到关键操作步骤时，以蒙层的形式为用户进行引导；"关于产品"则是用户在使用产品时主动获得的关于产品的详细信息；"热线服务"是用户在遇到无法解决的疑难问题时进行的电话求助。在移动产品的设计中，应该尽量减少帮助的出现，因为移动产品应该以易用为首要任务，如果用户需要频繁地使用帮助功能，则代表着产品设计的不合理。帮助系统在产品中是必不可少的，但是不应该让用户对帮助系统产生依赖，应该努力让产品本身说话，用产品去引导用户的操作。

5.5.13　好的设计隐藏于无形

从 2010 年起，微软在设计方面的目标就是令不同产品的风格趋于一致。驱动这一风格成型的首要元素便是包豪斯运动（Bauhaus）为依托倡导的现代设计，主体思想就是去除多余的修饰，更加注重功能实现本身。与之相对，在现今的界面设计中，模仿现实世界材料的 UI 设计仍颇为盛行，这些设计所模仿的内容包括有玻璃、金属拉丝、皮革，特效则包含阴影、反光、镜头光晕等。这些在产品初期对用户上手操作较有意义，却有形式主义的累赘感。最新的 Windows 倡导"内容就是界面"，表现出"形式跟随内容"的包豪斯理念，并提出用户在乎的是产品呈现的内容，并不是内容的表现形式。

5.6　界面设计流程与产品跟进

软件互动界面设计的分析方法与理论架构借鉴了计算机科学、心理学、设计艺术学、认知科学和人机工程学等相关领域的研究成果。本节通过对软件互动界面开发流程的理论回顾与实践总结，为设计师在产品开发流程中的跟进步骤提供方法与理论指导。

根据 Netpliance 公司的研究成果，软件产品开发流程是一个螺旋式演进的过程，通过四个阶段过程循环往复：分析阶段、设计阶段、配合实现阶段、界面验证并规划阶段。此模型是采用以用户为中心的方法，进行基于 RAD（快速应用开发）的产品开发（Isensee

等，2000）。本节的理论框架正是基于 Netpliance 的螺旋式开发周期模型（见图 5–90），在开发的每一阶段设计师都发挥着重要的作用。下面将针对螺旋模型的不同阶段阐述交互设计师的工作内容与方法、输出物、所需时间，以便能更好地实现交互设计在整个产品研发周期中的促进作用。

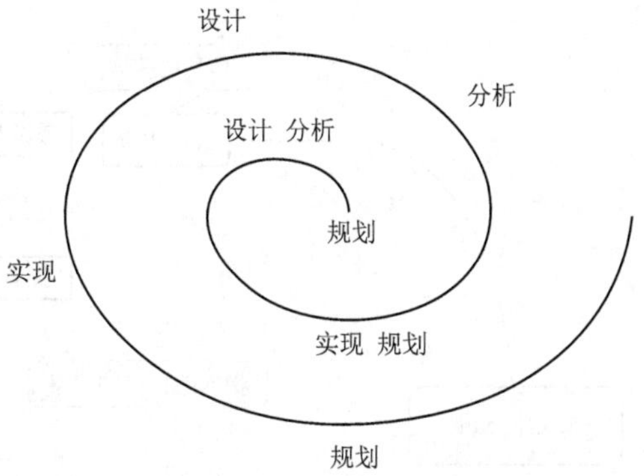

图 5–90　Netpliance 的螺旋式开发周期模型

5.6.1　分析阶段

在移动互联网正在逐渐普及的中国，互联网产品的更新速度不断加快，这就造成了行业内很多的中小企业，产品研发周期短，人力紧张。其弊端的表现形式如下：很多企业的市场需求人员在书写产品需求文档时没有经过深入的讨论，没有进行充分的市场分析与用户研究，开发组的成员对软件没有统一的认识，这样导致用户抱怨"这不是他想要的"等种种问题的产生。企业内的交互设计师拿到需求文档后，往往不认真分析而直接进入设计过程。这样做会产生的问题——设计师的工作结果返工次数多，严重影响产品的生产进度，同时也会耽误手中其他产品的进度。因此在进行设计开发前，一定要进行充分的分析工作，设计前主要的分析内容包括：需求分析、用户分析、竞品分析和相关产品分析。

1. 需求分析

（1）输入物：在接到一个任务前，产品经理或该项目的需求人员应该提供一份需求文档，交互设计师此时需要认真反复地阅读需求文档，因为此文档描述的是产品市场与功能定位，同时也是判断产品优劣的评价标准。

（2）输出物：交互设计师根据需求文档整理出一份功能清单，这份清单是设计师进行设计以及与其他工作人员讨论的依据，图 5–91 是用 MindManager 软件制作的 Windows 8 聚义堂平板端的功能分析图，此图描述了产品架构与主要功能。这样的功能图表能帮助设计师在设计的过程中时刻保持思维清醒，清楚地了解工作进度。所需时间：1 或 2 个工作日。

2. 用户分析

在设计实践中最容易让设计师感到困惑的问题是：产品的卖点在哪里？目标用户是谁？年龄状况是什么？计算机操作水平如何？用户使用这款产品的目的是什么？用户的心理预期是什么？在设计初期，设计师往往不是直接面对用户，而是从产品经理或需求人员那里得到产品信息，在这个过程中容易遇到的问题是：产品经理或需求人员所提供的产品报告往往不是面对设计师的，而是面向高层管理人员，所以设计人员得到的产品信息一般相对模糊，这将会导致设计师无从下手，只能根据自己的经验或者喜好来设计。合理的设计方案产生是建立在深刻了解用户的基础之上的，设计师不但要了解用户与系统交互时的各种认知过程，也需要了解人们处理日常生活问题的方法。在服务设计的相关方法中提供了制作 Workbook 来了解用户的研究技术，在条件允许的情况下甚至可以邀请用户来参与设计。

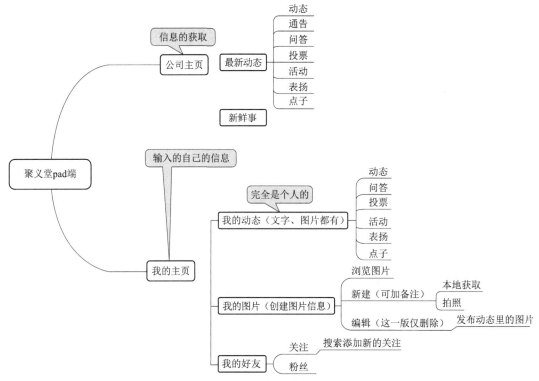

图 5–91　Windows 8 聚义堂平板端功能分析

输出物：Workbook；所需时间：设计一份 Workbook 需 1 或 2 个工作日，用户填完后信息数据整理，需要 4 或 5 个工作日。

3. 竞品分析

竞品分析的内容可以由两方面构成：客观和主观。即从竞争对手或市场相关产品中，圈定一些需要考察的角度，列出竞品或者自己产品的优势与不足，得出真实的情况。其分析方法可以分为横向分析法与纵向分析法：

（1）横向：将需要做分析的功能或方向列出，然后分别观察和比较不同对手的情况。最后得出评分表、比较表、各式图形或结论。

（2）纵向：将所要研究的对手相关产品列出，分别体验并撰写分析报告。因为每个对手或产品具有的功能并不完全相同，比如传统软件产品和移动软件产品，它们所包含的内容肯定不同，所以，这时候采取纵向评析是科学有效的。最后得出详尽的各种产品的对比陈述报告。

在产品研发周期短的情况下，由于时间紧张不必强制要求制作出完整细致的分析报告，但设计师一定要进行竞品的快速分析，了解对方的长处，建议在时间充足的时候把分析报告补写出来。

输入物：竞争对手的产品；输出物：分析报告；所需时间：2 或 3 个工作日。

4. 相关产品分析

设计师在分析过程中，除了对直接竞争产品进行分析外，还要对相关产品进行分析。这里提到的相关产品主要指：

（1）功能上具有替代性的相关产品。

（2）设计模式可以借鉴的相关产品。

（3）具有交互创新性的相关产品。

（4）代表未来技术趋势的相关产品。

例如，社交类设计项目 Windows 8 聚义堂 Pad 端产品，功能上替代作用的产品参考了 QQ、MSN 等软件，设计模式参考了 Hola、Huluplus 软件，具有交互创新性的相关产品参考了 Slideidea 软件。

输入物：其他产品；输出物：分析报告；所需时间：1 或 2 个工作日。

5.6.2　设计阶段

产品分析工作完成后，设计过程进入产品开发的核心阶段——设计阶段。设计阶段可分为：沟通、构思、草图及原型以及方案设计。

1. 沟通

沟通主要是和产品经理、需求人员及编程开发人员进行。与产品经理、需求人员沟通主要是想了解他们的想法，因为他们提出的需求要对用户或客户负责（很多情况下，客户并不是用户），他们的想法也可以理解为产品未来的目标与方向。与开发人员沟通主要是了解他们的开发工具、技术实现的难度以及所需的工作时间等情况。在迭代次数变得越来越多的软件产品开发中，设计师与相关人员沟通是最重要的，有效的沟通可以减少返工的概率，提高团队整体的工作效率。

2. 构思

构思包括产品整体框架的构思、任务流构思、页面布局构思、交互动作的构思。产品框架是指产品的大架构，以何种结构承载内容。在进行网页设计时常用的是全站导航结构、区域导航结构、情境式导航结构等；在进行移动端产品设计时，可以采用套娃模式、枢纽模式、便当模式、过滤视图模式等。任务流是指用户完成一个任务所进行的整个操作流程。例如，社交类产品中，目标用户想要和朋友分享美食信息，目标用户完成这个目的所需要经历的几个步骤就称为任务流。页面布局是具体某个页面中，控件与控件、组件与组件的关系。在页面布局时，一方面要考虑产品的功能需要，即突出主要的功能；另一方面要支持用户体验的流畅性，要清楚用户点击的先后顺序与目光视线的焦点等。交互动作是用户单击或鼠标悬停时产品的反馈动作。比如按钮悬停时的变化、鼠标单击下去的位置等。

3. 草图及原型

在产品开发过程中，制作原型的过程是必不可少的，因为它可以将设计想法转化成看得见、摸得着的实物，第一时间让其他人体验，并提出反馈意见。制作原型有以下优点：

（1）原型可以就一个方案或想法在部门内进行有效沟通。

（2）制作原型可以收集用户的反馈信息。

（3）制作原型可以探寻产品中未知的因素。

（4）研究原型有利于产品设计深入推敲。

总之，原型是设计决策的辅助工具，设计师一般会用 AXURE 软件把简单的原型设计出来。在开发周期短、时间紧张的情况下，也可以在纸上手绘出原型，然后直接做 PSD 的界面效果图。这样是没有问题的，前提是要保证与需求人员、产品经理及开发人员沟通好，把自己的设计想法清晰地传达给他们。

输出物：AXURE 原型或手绘的原型；所需时间：1 或 2 个工作日（根据产品的复杂程度而异）。

4. 方案设计

根据前几个阶段的准备，在方案设计阶段设计师要根据自身的职业经验积累进行设计工作。在此阶段，不同设计师的职业素养就显现出来了，优秀的设计师由于知识结构全面，可以从不同的专业角度来进行方案的提案，所以思路开阔，其方案会显示出有别于现有产品的创新特点。建议在设计方案阶段至少要提供 2 或 3 套备选方案，因为设计师要不断地尝试与探讨交互方式和界面风格的多样性，这样才容易创造出优秀的产品，仅一个方案很难挖掘出设计师自身的创造力。方案设计的过程可能比较花费时间，以移动端软件产品为例，登录页面与首页的方案设计通常需要 3 或 4 个工作日，因为这两个页面是产品的登录页面，是界面主体风格所在，需要反复尝试才能达到最佳效果。在设计的过程中，可能会引发出别的想法，这时要快速地把这些想法记录下来，久而久之便会拥有一个自己的想法库。

输入物：AXURE 原型或手绘原型；输出物：产品界面 PSD 文件、PPT 设计说明书；所需时间：登录页面与首页的方案设计需 3 或 4 个工作日，其余每个页面需要 1 个工作日。

5.6.3　配合实现阶段

当典型页面设计完成后，设计师将进入与开发人员配合实现产品阶段。BS 产品、CS 产品，每种产品的配合方式都有其自身的特点。

BS 产品，泛指基于浏览器与服务器运行的软件产品，其特点是软件运行在浏览器上，要有网络支持，例如微软的 Hotmail、Skydrive 等。开发 BS 产品时，设计师需要把界面的规范文件交给前端人员，前端人员会负责切图，并制作 Html 的页面。在一些中小企业，设计师的职责可能比较宽泛，前端开发的编码部分也需设计师来完成。

CS 产品，泛指基于客户端与服务器运行的产品，其特点是软件要安装在硬件设备上，不一定要有网络支持，例如腾讯的 QQ 软件、杀毒软件等。开发 CS 产品时，设计师不仅需要提供界面的规范，还需要提供切图。规范要按控件级别来标注，包括间距、字体、大小、色值、截图参照等。

5.6.4　界面验证阶段

产品开发出来后，设计师要对产品进行验证，这是一个反复的过程。要检查产品的功能是否达到预期、用户的操作是否流畅、交互动作是否与设计的一致、界面的样式是否和设计一致等，最后要出具一份验证报告。

输入物：产品；输出物：验证报告。

软件产品的发版需要产品开发工作者在开发的每个阶段互相配合，好的工作流程可以推动项目往好的方向发展。对于交互设计师的工作，有以下几点建议：

（1）设计师参与产品研发的整个环节，从需求源头着手。

（2）设计师应该具有自己的见解，不要简单抄袭别人的产品。

（3）设计过程中应多想、多尝试、不断探索。

（4）和上游及下游人员配合，多沟通，深层次了解对方的想法。

第6章
交互设计的四种方法

6.1 以用户为中心的设计

6.1.1 以用户为中心的设计的含义

以用户为中心的设计（User–Centered Design，UCD），是指在交互设计的过程中，强调以用户体验为决策中心的一种设计方法。以用户为中心的设计是以"用户知道什么最好"的哲学原理为依托的。这种设计方法认为使用产品或享受服务的人知道自己的需求、目标和偏好，设计时需要发掘这些并为其设计。

基于这一前提，交互设计师在进行产品设计、开发、维护时应该从用户的需求和用户的感受出发，围绕用户进行产品设计、开发及维护，而不是让用户去适应产品。无论产品的使用流程、产品的信息架构、人机交互方式等有何不同，以用户为中心的设计都时刻高度关注并考虑用户的使用习惯、预期的交互方式、视觉感受等方面的内容。"用户知道什么最好"是以用户为中心的设计的前提，设计师不是用户，设计师的职责只是帮助用户实现目标。在设计的过程中设计师要寻求用户的参与，最理想的设计流程是用户参与设计，并且充当设计的共同创造者。在以用户为中心的设计中，用户的目标（用户最终想完成的事情）是设计师最为关注的内容，在进行设计的时候，设计师应当牢记用户的需求，并以此来定义任务目标和完成方式。

在计算机领域，以用户为中心的设计是计算机出现40年以后才提出的。在此之前由于计算机的运算能力有限，工程师主要的任务是让计算机软件能够运行起来。而到了现在，随着计算机的发展，系统性能对于软件的性能约束已经微乎其微，因此一个优秀软件的标准也从能够使用变成了易于使用，同时用户的需求得到更多的关注。

6.1.2 以用户为中心的重要性

产品需求的来源有很多种途径，如，用户需求、企业利益、市场需求或是技术发展驱动力等。但在以用户为中心的设计理念指导下，用户的需求应被放在首位，同时这些需求可以同时存在，并不冲突。一个好的产品首先要满足用户的需求才有存在的价值。其次要满足企业和市场的需求才有商业价值。最后才是降低开发成本，这些因素综合起来形成了新的产品需求，推动了产业的发展。

在产品开发的早期阶段，设计团队在进行设计时要充分了解目标用户的需求并且结合企业和市场的需求，这样产品的方向才会正确，才能减少后期方向错误造成的返工成本。在产品同质化的今天，企业的产品要能够传达出对用户的关怀，而对用户需求的重视无疑会提高产品的市场竞争力，产品中的缺陷也能更容易被用户包容，企业也更容易与用户建立良好的关系。这种感受不仅局限于产品的某个造型或者某些界面等外在表现，而且贯穿于产品的整体设计流程和设计理念，这些都需要设计者从早期设计时就以用户为中心。同时，基于用户需求的设计，往往更有利于前瞻性的产品设计，"好的体验应该来自用户需求，同时超越用户需求"。基于用户需求的设计也有利于企业对系列产品的整体规划。

随着越来越多的同类产品可以选择，用户更加注重他们使用这些产品的过程中所需要的时间成本、学习成本和情绪感受。

（1）时间成本（用户进行某操作需要花费的时间）：人们使用工具是为了提高生产效率，用户都希望在能够实现功能的前提下把花费在工具上的时间降至最低。如果我们的产品无法传达任何积极的情绪感受，无法让用户快速地实现他们所需要的功能，这个产品将必定是失败的，因为它失去了作为一个工具最基本的价值。

（2）学习成本（主要针对初级用户）：在互联网产业高速发展的今天，同类可替代产品丰富，而且获得这些产品的成本很低，同时获得和更换产品的成本很低。对于初级用户，他们很难区分两个相似产品在细节上的区别。影响用户在两个或者多个产品中进行选择的最重要的因素是：这款产品能不能很容易地让他学会使用，也就是说哪一个产品的学习成本更低，那么这款产品就更有可能吸引到初级用户。如果产品的学习成本较高，而且和同类产品没有核心价值上的差异，这就很容易使用户产生放弃的心理。有数据表明，如果新手用户第一次使用时，用于学习和摸索的时间和精力过多，甚至第一次使用时压根就没有成功，那么他们放弃这个产品的概率就会很高，即使有时在放弃产品的同时需要放弃物质利益。

（3）情绪感受：用户的情绪感受建立在良好的体验基础之上，即自产品的每一个细节。但在现实中也存在这样一种情况：一个产品给用户带来极为美妙的情绪感受，从而让他们愿意花费时间去学习这个产品，甚至在某些特殊的产品中，用户对情绪感受的关注高于一切。例如在某些产品中，用户希望产品应该是严谨的，此时这个产品就可能需要增加用户操作的步骤和时间，给其带来"该产品很安全很谨慎"的感受，如果减少用户的操作时间和操作步骤，让他们快速地完成操作，反而会使其感觉不可靠。

6.1.3　用户如此重要的原因

设计发展至今，所面对的设计对象已经转变过很多次，如今，任何一种产品设计，它想要得到认可，就必须充分考虑用户的利益，并找到用户的核心需求。设计方法中的以用户为中心的设计思想在近几年得到广泛的认可，因此用户需求也备受关注。

1. 用户数量产生市场需求

市场中有生产者、经营者、广告机构和质量监督单位等角色，但最重要的角色是产品的使用者——用户，如果没有用户这一切都变得没有意义。作为产品最重要的买方，用户的选择将改变市场的发展方向，而当用户数量增加时，这种变化会呈数量级上升。

2. 用户喜好影响产品生命周期

如果用户认为某款产品失去了使用价值，那么这款产品已经离退出市场就不远了。以手机为例，功能机退出主流市场是因为大屏幕手机可以更好地满足用户的需求，对于用户来说更具价值。传统的小屏幕手机无法解决用户体验不良的问题。具体来说，功能机功能少，无法实现多种移动应用；显示信息有限和操作限制，小屏幕与老化的界面设计不能带来愉悦的感官享受，在密密麻麻的按键限制下用户也许只能用大拇指来操作。

3. 用户有挑选产品的能力

随着制造技术的发展，产品的功能、外观、材质、体验等都向着多元化方向发展，产品的质量、差异化、可用性、易用性等逐渐成为用户挑选产品的参考因素。

4. 现实用户影响潜在用户

一个用户购买产品，并不说明产品已经成功，而是表明产品要准备好接受一系列严格的测试和评估，有些对产品不利的观点会被用户无情地放大。

6.1.4　以用户为中心的交互设计流程

以用户为中心的交互设计的正确方法是：设法观察用户，发觉用户的需求，确保掌握用户的第一手资料。在设计的过程中使用各种途径来理解用户，包括用户的使用环境、限制（包括各种生理、心理限制）、用户特征和用户需要达到的目的。在一个项目启动的初期，设计团队中的成员就要明确以用户为中心的设计理念，确定设计的目标是满足用户的需求。设计师需要注意的是，既不能把自己的需求作为用户需求，也不能将产品需求作为用户需求。

1. 用户需求分析

目的：根据产品需求和设计要求理解用户。

方式：用户访谈、用户观察、焦点小组、为用户建立角色模型、场景剧本、竞品分析、定性和定量研究等。

结论报告：根据分析目标用户的使用特征、情感、习惯、心理、需求等，提出用户研究报告和可用性建议。

2. 原型设计

目的：将分析结果和概念具体化，并规划产品的功能结构。

方式：与开发队伍合作设计各种交互原型。同商业方面的专家、市场部沟通，确认设计并得到认可。进行角色模型设计和情景设计，通过情景的再现演示来总结，逐步细化用户使用中的各种交互需求，提出设计解决方案，并完成设计方案的演示、讨论、完善和最终定稿。

结论报告：制作交互设计原型。为用户界面和交互设计实施提供设计标准。

3. 界面设计

目的：具体实现产品的交互设计，使界面设计更符合产品定位、用户使用习惯。

方式：设计窗口规范、图形化的布局。

结论报告：界面测试报告，并且输出视觉设计规范。

4. 可用性测试

目的：通过观察，发现过程中出现了什么问题，用户喜欢或不喜欢哪些功能，操作方式、原因是什么等。

方式：一对一用户测试。

结论报告：用户背景资料文档、用户协议、测试脚本、测试前问卷、测试后问卷、任务卡片、过程记录文档、测试报告。

5. 跟踪调查

目的：产品使用结果的反馈。

方式：用户访谈，用户反馈。

结论报告：根据反馈意见、实际调查、预期目的撰写产品结果报告。包括值得肯定的设计及对修改的建议。

6.1.5 以用户为中心设计的评价标准

可以从以下几个维度来衡量以用户为中心的产品设计的优劣程度：是否在特定使用环境下提升了产品的时效性、有效性和产品的满意度。时效性是指设计活动达到设计目标的时间长短；有效性指设计出的产品与设定目标的符合程度；满意度指用户对这款产品的认可程度。延伸开来，对特定用户而言，还包括产品的易学程度、对用户的吸引程度、用户在体验产品前后的整体心理感受等。

6.2 以活动为中心的设计

以活动为中心的设计（Activity Centered Design，ACD）不关心用户的目标、偏好和潜在需求，而是聚焦在用户需要执行的一系列任务或者要进行的某个活动上。Don Norman 以汽车和日常工具的设计为例，说明了并非所有成功的设计都是基于对用户的研究，有一些设计运用以活动为中心的设计方法。生活中有很多以活动为中心的设计案例，例如各类乐器，它们构造复杂而且难以学习，即便掌握也很可能引起演奏者的生理疾病。

6.2.1 以活动为中心设计的含义

活动是由共同目的联合起来，并完成一定社会职能的动作的总和。活动由目的、动机和动作构成，具有完整的结构系统。也就是说活动是完成目标的过程，包括活动过程中人的行为、使用的工具、面对的对象、身处的环境等。在进行设计的过程中要考查两方面的内容：一是研究人的生理、心理和环境对人的影响；二是要研究科技发展能带给人们的影响；三是要研究人和技术如何协调，让新技术能尽快为人所用。因此，在以活动为中心的设计过程中需要定义人—物的交互关系。设计师既要考虑到人的生理、心理的因素，也要考虑到技术的因素。

在以活动为中心设计思想的指导下，设计应该定义为人与物之间信息交互的综合，包括人、技术应用这两个层面。物是指满足人与信息交互活动的物，凡是满足人与信息交互活动的技术都可以被采用，人应该适应新的技术。从设计师的角度来看，一方面在设计时固然要考虑人的内在需求，人的心理、生理的接受能力，社会文化的影响，另一方面也要注意技术。在以活动为中心的设计中，人要去适应技术，而非技术适应人。一个成功的产品不能一味地适应用户，人类对工具是一个很好的解释——人应当去适应工具。而以用户为中心进行设计的基本理念是技术来适应人，以活动为中心的设计理论承认人类的行为可以被技术限制。世界上很多产品是在没有进行用户研究的情况下被设计出来的，但是这些产品依旧运行良好：如旁轴取景照相机、油画架、钢琴、大提琴等。在被设计时，用这些物品来从事各种活动，这种行为被设计者深刻理解，因此用户理解了任务就理解了所使用的产品。

6.2.2　以活动为中心的设计原则

（1）帮助用户完成任务，而不是完成目标本身：在设计过程中，任务始终是主要的对象和主体，所有交互信息最终都要服务于任务，因此满足用户完成任务是最主要的。设计师应该是帮助用户完成任务的，而不是过多关注用户的需求。

（2）倾听用户需求，但并不完全按他们说的做：与以用户为中心的设计不同的是，以活动为中心的设计理论并不认为倾听用户是最好的设计方法。过多的倾听用户会带来设计的不连贯，在以活动为中心的设计过程中，需要一位有着敏锐洞察力的设计师，明确"我们知道什么对用户最好"。跟随用户的需求可以尽可能避免失败，但是成就伟大的设计需要打破陈规，忽略被大众所接受的做法，根据任务的目标重新定义产品。

（3）新技术的可用性：新技术的可用性指的是一项新技术能否为人类的生活带来进步，在应用一项新技术之前必须对其可用性进行分析。首先，需要先了解这项新的技术。其次，需要一位对新技术有洞察力以及对是否应用有判断力的设计师，而这种对新技术的洞察力和判断力建立在对新技术可用性分析的基础之上。

（4）人与技术的协调：在以活动为中心的设计思想的指导下，人需要去适应技术所带来的变化。只有不断地去学习和发展新的技术，才会推动社会和科技的进步，反过来，科技的不断进步也会积极地改变人类的生活，因此。人与技术之间应该相互协调，相互促进，不断进步。设计人员要将复杂问题简单化，抽象问题具体化，设计出使用者易于使用并且感到流畅的产品，从而使人与技术（工具）之间建立起协调的关系。

（5）道德困境：有些任务的完成需要一定的技能，设计师不应忽视任务对技能的要求。如果通过设计使原本宝贵的技能趋向自动化，会使技能贬值甚至作废，因此设计师应当尽量避免这种情况的发生。

6.2.3　以活动为中心的交互设计的流程

在以活动为中心的设计理论的指导下，设计的流程应分为五个步骤：

（1）确定信息交互的元素：首先确定活动中起主要作用的元素有哪些。即分析出功能性的元素、情感性的元素以及环境性的元素，还包括硬件界面的元素和软件界面元素，确定这些概念元素后，才便于分析活动的本质。

（2）分析活动，发现行为真正的需求：观察用户进行活动的过程，发现现有使用者的深层需求。让使用者描述一种还未出现的产品需求是不现实的。在汽车发明以前，如果向人们咨询出行的需求，那一定是更快的马车，如果严格按照用户的需求进行设计，只能生产出更快的马车而不是汽车。而人的任务是更便捷地出行，而不是需求中所描述的生产出更快的马车。因此这种深层需求不是通过设计讨论就能得到的，只有通过深入的观察，才能了解人的活动过程，从而做出来的产品才能更加适应人的深层次需求。

（3）交互与感知设计：在对人的活动本质深入研究后，就要进行具体的交互与感知设计。任何产品的功能实现都离不开交互和感知，交互活动首先要感知设备的信息，然后才能产生交互活动。因此，交互与感知设计应该同时进行，感知设计包括视觉、听觉、触觉、味觉等感官的设计。设计师在设计时要充分考虑所有感官因素，充分发挥感官在认知中的作用，同时设计的内容不仅包括设备的硬件的界面，还包括软件的界面。

（4）测评：让小部分用户使用此产品，并做相应记录，发掘产品设计中的不足并加以改进。在使用新技术的时候，要确保用户通过学习能够认知，而且这种新技术应用确实能够给人的生活带来进步。对硬件界面的测评可以通过制作出产品样板，放在现实生活中，通过现实的消费者来对其进行实际的使用来进行反馈，尝试发掘更多潜在的问题和需求。

（5）反馈设计：对界面测评阶段得到的反馈进行分析，将认为有价值的反馈放到活动过程中去验证，检验是否符合满足人的需求或是满足活动过程的要求。符合要求或需求的，通过设计师的"经验"取舍，重新修改交互与感知设计部分，重新进行测评。通过这样一个反复修改的方法，完善整个设计过程。

6.2.4 以活动为中心的设计思想

以考查使用工具的活动来的原则进行设计，它能够将人与物综合起来考虑——既考查人的因素，也考查技术的因素；既考查人自身的限制，也考查技术发展的潜力。相对而言，这是一种比较折中的设计方法，而这种折中，人的因素和技术的因素在设计活动中得到一种平衡。任何人类创造出的物体，都有它的极限，人和机器始终是处在平和的相互作用之中，只有去探索新技术才能进步，而不是希望改变技术来适应人的认知。人必须去认识新事物以促进发展，不应该受限于人类的认知水平而阻碍技术的发展和创新。

6.2.5 ACD 与 UCD 的联系与区别

1. 联系

ACD 与 UCD 具有一个共同的目标：提高人的生活品质，满足人的需求。包豪斯宣称"设计是为人的设计而不是产品"。以用户为中心的设计的关注点是人的需求，考虑人的生理心理特点、人的接受能力、人的文化生活背景；以活动为中心的设计关注的是人的活动，在人的活动过程中，既要考虑到人的因素，也要考虑到技术的因素，它强调技术可以被人学习。

2. 区别

（1）设计思维不同。ACD 强调人类的活动是有条件和范围的，对人本的深入了解是以活动为中心的设计的一部分，同时也需要深入了解技术、工具以及进行这种活动的意图。也就是说，在以活动为中心的设计思想中，人自身的因素和技术层面因素是同等重要的，它们之间是相互协调、相互适应的关系。

（2）研究范畴不同。以用户为中心的设计方法是围绕每个元素静态理解来进行的，对于活动中的一系列操作不能很好地支持，导致最终的产品只能在静态的、单独的现实中表现很好，而不能支持任务和活动的序列性需求。以用户为中心的设计有忽略这种行为的倾向，而以活动为中心的方法则很关注任务和活动。

（3）对待用户的态度不同。以活动为中心的设计不关注用户的目标和偏好，它主要针对围绕特定任务的行为，帮助用户完成任务，而不是达成用户的目标。

（4）对待技术的态度不同。对于以用户为中心的设计要求技术要适应人，以人的操作的简便程度来衡量技术应用的优劣。而在以活动为中心的设计中，使用工具恰恰是达到目的的途径，使用工具以提高人民的生活品质为目标，即使需要人们去花费时间和精力去学习它、适应它，这些学习也被认为是值得的。

6.3　系统设计

系统设计（System Design）是用整体宏观的思维来看待设计的每一个环节，从整体角度把握产品，而非微观地只针对产品。产品是系统，产品内部的各元素是相关的，设计的过程也是系统，协调设计过程中的各个元素，可以发挥出设计的最大价值。

6.3.1　系统的相关概念

系统（英文"system"）一词，源于古希腊语，意思是由部分组成整体。系统概念的基本体系包括系统、要素、结构、子系统、系统层次、系统功能、系统环境等。L·V·贝塔朗菲（L.V.Bertalanffy）最早提出了系统论，他把"系统"定义为"相互作用的诸要素的综合体"。在 20 世纪 40 年代，美国工程设计中应用了这一概念，20 世纪 50 年代以后，系统的概念得到进一步明确，并且有了一个比较确切的内涵。人们通常把系统定义为：由若干要素以一定结构形式联结构成的具有某种特定功能的有机整体，即系统是各有关元素的集合，且有些系统本身又从属于一个更大的系统。这个定义包含了系统、要素、结构、功能四个概念及其相互间的关系，还包含了要素与结构、结构与功能、功能与环境三个层次的关系。由两个以上要素组合而成的具有一定结构的整体被称为系统。

并非所有元素的集合都是系统，系统的形成需要一些条件。系统是由多个事物构成的有序集合体，单一的事物元素不能被看作系统，如，一个钉子、一个设计方法、一个设计步骤都只能看作构成系统的要素，而非系统。系统中的构成元素应该是相互作用、相互依存的，而且无关的事物集合是不能被看作系统的。一个事物是否能被看作系统并非是绝对的，看待这个事物的角度决定了其结果，如，从太阳系的角度观察，存在于太阳系中的地球就不是系统，但从地球和地球生态系统的关系看，地球是一个完整的系统。另外系统与系统周围环境形成是相对的，系统和系统环境又形成了特定的集合，系统通过输入输出信息与周围环境相联系，因此系统不是孤立的存在，它总要与周围的其他事物发生某些关系。

6.3.2　系统和系统要素

1. 系统的功能

系统在运行中的效用和表现出的能力称为功能，功能是系统与外部环境的相互联系和作用。系统内部各要素之间的相互联系和作用的方式称为系统结构。如：汽车发动机作为一个系统具有为汽车提供动力的功能。功能体现了系统外部作用的能力，是系统内部固有能力的外部体现。制约系统功能的因素有外部环境和内部机构，内因和外因的共同作用影响着系统的功能。

2. 系统由要素构成

系统由系统要素构成，要素是系统的最基本成分，因此要素是系统存在的基础。在系统中处于重要位置且支配和影响着系统功能的，称为中心要素。处于非中心位置，且被支配的要素称为非中心要素。例如，由发动机、底盘、车身和电气设备等四个基本要素组成了汽车。因此，产品系统的属性由组成该产品的要素决定。

3. 系统的性质由要素决定

系统的性质由系统的各个要素决定。以产品造型设计为例，产品造型由最基本的点、线、面构成。如果产品需要表现硬朗、男性、阳刚，设计师会选取直线、平面等造型元素。如果产品需要表现柔美、女性，设计师则会选择曲面、曲线等造型元素。

4. 系统结构

系统结构指系统内部各组成要素之间的相互联系、相互作用的方式，即各要素在时间、空间上排列组合的具体形式。系统结构的优劣是通过各要素之间的协调作用直接体现出来的。以自然界常见的植物为例，植物的系统由根部、枝干、叶子、果实等元素构成，根部为整个系统提供养分；枝干起到支撑植物结构的作用，而且通过伸展以更好地获得阳光；叶子可以进行光合作用；果实里包含种子，可以使植物不断地繁衍，因此植物系统中的各元素是存在相互联系、相互作用的。同样，任何产品始终处于产品系统中，了解产品所处的系统有助于更好地理解产品。如，手机所处的通信系统是由手机、卫星、中继站等构成的，那么在设计产品时就需要考虑手机和通信系统其他元素之间的相互联系及相互作用的方式。

系统结构还具有三个特性：有序性、协调性、稳定性。

（1）有序性：任何系统都会按照一定的时间和空间状态体现出来，表现出规律性、重复性和因果联系。

（2）协调性：系统各要素之间相互作用，形成了有机整体，构成了各要素之间的动态平衡。

（3）稳定性：系统中各元素之间的关系具有一定的稳定性，每个元素所扮演的角色不会随意改变。

5. 子系统

构成复杂系统的要素称为子系统。因此子系统的功能具有局限性，从复杂系统的角度看，子系统通常作为整体系统的一部分存在。如树可以作为生态系统中的一个子系统存在，因此树作为生态系统中的一个要素只具有生态系统的部分功能。需要注意的是，子系统并非整体系统的任意部分，具有系统性的部分才能称为子系统。也就是说子系统必须可以独立为一个系统，且具有一定的功能。

子系统的功能由它所包含的元素和模块结构提供。如模块化的设计理念：利用整体系统和子系统的关系，让系统的每个部分可以独立于整体系统。子系统可以替代旧的子系统，也可在整体系统添加新的子系统使之具有新的功能。

6. 系统与环境

处于系统之外的所有会与该系统发生关系的事物都被统称为该系统的系统环境。系统是与周围环境相分离的一种特定集合，系统通过输入和输出信息与周围的环境发生联系。系统并非孤立存在，而与周围环境有着紧密联系。如：当产品设计作为一个系统时，系统环境主要有三种：自然环境、社会环境与技术环境。自然环境指人类生存的环境，人在使用产品时是处于自然环境中，产品系统自然会和周围环境发生联系；社会环境指文化背景、社会制度、政策等；技术环境指设计需要技术支撑的环境。

7. 系统的属性

系统的主要属性表现为整体涌现性、规模效应、结构效应、系统的层次性。

（1）系统的整体涌现性，即系统整体具有而孤立部分不具有的特性。例如，单个的分子不具有温度属性，而大量分子聚集形成整体系统就具有了温度属性。

（2）系统的规模效应，即系统的规模大小差异会影响系统功能的发挥。

（3）系统的结构效应，即同种要素的不同组织形式会形成不同的系统。例如，碳原子在不同的组织结构中会形成不同的物质。

（4）系统的层次性，即高级系统由低级系统组成。例如，CPU、主板、硬盘等构成了台式机主机，台式主机、显示器构成了整台计算机，多个计算机以及网络设施可以构成计算机网络。

6.3.3　产品系统的概念

产品系统由多个互相关联的产品或者部件组成。产品之间的关联有多种形式，不同的关联性决定了不同的产品系统类型。同时，产品的结构也影响着产品的关联形式。软件产品设计中，视觉界面、数据结构、编程语言等构成了整个产品。在这个过程中，可以将产品看作由不同界面、数据、程序语言要素构成的系统，也就是说单个产品由各种要素构成。而具有诸多统一性的多个产品可以集成为一个体系。因此一个产品可以是一个系统，也可以是系统中的一个元素。

系统设计的思想是把交互设计对象以及有关的设计问题作协调规划等视为系统，然后用系统论和系统分析的概念和方法加以处理和解决，如设计程序和管理、设计信息资料的分类整理、设计目标的拟定、人—机—环境系统的功能分配。不管产品是复杂的还是简单的，每一件产品的设计都是一个系统化的过程。产品的系统化主要体现在产品信息化、产品系列化、产品设计过程系统化、产品与周围环境的整合四个方面。

（1）产品信息化：产品在生产的过程中，生产技术信息化越来越明显，而且产品本身也朝向信息化的方向发展，各种新兴的科技出现在生活中。

（2）产品系列化：成套的、相互关联的产品称为系列产品。现代企业想要在市场中形成品牌效应，可以将自己的产品系列化。系列化的产品可以强化品牌形象。

（3）产品设计过程系统化：现代企业的产品设计、生产与销售朝一体化的方向发展，设计、生产、销售、市场等部门之间的界限将进一步模糊。要将产品的研发过程很好地加以整合就必须应用系统化的思想，从全局把握产品研发。

（4）产品与周围系统的整合：如今产品越来越注重和周围系统的整合，产品会被看作周围环境的一部分。绿色设计就是其中的一种，通过全局考虑环境因素做到 Reduce、Recycle、Reuse。另外，产品设计需要更好地考虑用户使用的语境，针对特定语境设计产品。

单个产品自身的结构按照各部件关联程度的不同又可分为两大类：集成化产品结构和模块化产品结构。集成化是指把某些功能集成在一起，形成多功能的产品，简单地理解就是集成化的产品能够集成多功能。集成化的产品主要考虑如何将这些部件进行共享，处理好各部件之间的复杂关系，使得各部件相互协助共同完成产品的功能。集成化的产品中，因为产品的各部件相互交叉，界限并不清晰，所以对产品的局部改动会影响到产品的整体形态。因此设计这类产品时，在进行删减功能模块的操作时需要对整体进行重新设计。集成化的产品设计通常比较紧凑，而且局部和整体的关系密不可分，局部某一部件的改变会影响整体系统的功能完整性。如微型计算机的某一重要部件损坏，会直接影响整体功能的使用。模块化设计是将产品的某些要素组合或产品的子系统，再由子系统组成产品系统的设计方法。通常，模块化设计的子系统可以作为通用模块，与其他产品要素或子系统组合构成新的产品系统，从而产生新的功能。以组合音响系统为例，该系统中每个声道模块可以独立工作并具有一定功能，它们通过与音响控制系统的组合，建构新的系统并产生了新的音响功能。另外，同种类型的声道模块可以互相更换，相关的模块进行组合又可构成新的产品形式。模块化的产品设计具有提供不同需求、重复使用已有零部件、提高产品整体可靠性等优点，它可以通过不同的组合配置，创建差异化的产品，以满足不同需求的用户。模块化设计一方面可以通过重复使用已有部件避免产品物流、采购、制造等方面资源的浪费，另一方面，产品的复杂度也得到降低，设计师不需要关心同类型模块内部复杂的结构，只需要将模块看作一个整体进行设计。由于具有以上优点，模块化设计已经成为产品设计与制造领域的规范和目标。

6.3.4　产品系统的类型

产品系统指的是由一系列产品按照不同结构构成的产品集合。不同的产品系统结构形成不同的产品系统，产品系统主要分为三类：独立的产品体系、共享平台的产品体系、大规模定制的产品体系。

1. 独立的产品体系

在一个由独立产品组成的系统中，各个产品的结构相互独立，但又在设计语言与风格上相对统一。由产品品牌形象组成的系统又称为产品的家族体系、产品品牌形象。在这类产品系统中，尽管产品功能各异，但通过风格上采用相同的配色方案、形态元素上采用相似语言等方法，可以使产品具有整体的形象。如海尔卡萨帝系列产品，冰箱、空调、洗衣机等家电组成了一个产品系统，这些产品虽然风格上类似但结构上完全独立，以此构成产品体系。

2. 共享平台的产品体系

共享平台的产品可以分解成主模块（又称平台模块）和功能模块。相同产品系统中的各种产品可以共享主模块，但又有各自的功能模块，以此构建不同产品。如大众的高尔夫车型，在相同的主模块下，衍生出自动挡、手动挡、敞篷版本、GOLF GTI、GOLF R 等不同产品，这些产品有着相同的主要部件（主模块），但各自又有不同的功能模块，通过共享平台使产品系列变得丰富。

3. 大规模定制的产品体系

大规模定制是以高效率、低成本为目的的，通过对产品系统的设计使产品既可以大规模生产，又方便了用户进行定制。如用户可以定制整体橱柜，厂家根据用户家中测量的数据为用户的厨房量身定制产品，但是这些产品又不是完全重复设计的。厂商只生产构成这些产品的基本要素，如各种尺寸的实木板、连接结构等，通过后期的组合拼接生产出专为特定用户设计的产品。这类产品具有以下一种或几种特点：模块化、可调节性、参数化定制。模块化产品设计的目的是以少变应多变，用可能少的投入生产尽可能多的产品，以最为经济的方法满足客户的各种要求，同时具有标准的接口也是模块化的特点之一。在制造业模块化的思想已经非常普遍，如今一些公司也把模块化的设计思想用在了软件系统开发、计算机程序开发、服务设计等领域，通过模块化的移植可以提升企业的创新速度。可调节性是指已经生产出的产品可以根据客户的要求再次进行调节，这类产品的设计中就需要考虑后期需要调节的部分。参数化的定制指企业使用计算机，从整体的角度设计每款产品间的组合关系以降低成本、减少准备时间。如弯曲表面的玻璃幕墙，由于不同位置的玻璃需要细微的调整，因此在生产时需要对整体进行参数化设计，让计算机在生产时控制每个产品的差异，使组合在一起的产品具有整体效果。企业需要在大规模定制的产品设计中，为不同的产品体系选择适当的产品结构，即在模块化、可调节性、参数化定制三者中找到一个平衡点。

6.3.5　模块化设计

模块化设计，是将产品的某些要素组合在一起，以此构成一个具有特定功能的子系统，再将这个子系统作为通用模块与其他产品要素或者其他子系统进行组合，构成新的系统。不同模块的组合可以形成多种功能、不同性能的系列产品。模块化设计是绿色设计方法之一，它已经从理念转变为较成熟的设计方法。将绿色设计思想与模块化设计方法结合起来，可以同时满足产品的功能属性和环境属性，一方面，可以缩短产品的研发与制造周期，增加产品系列，提高产品质量，快速应对市场变化；另一方面，可以减少或消除对环境的不利影响，方便重用、升级、维修和产品废弃后的拆卸、回收和处理。模块化设计力求以少量的模块组成尽可能多的产品，并在满足要求的基础上使产品精度高、性能稳定、结构简单、成本低廉，模块间的联系尽可能简单；模块的系列化，其目的是用有限的产品品种和规格来最大限度又经济合理地满足用户的要求。

模块化产品是实现以大批量的效益进行单件生产目标的一种有效方法。产品模块化也是支持用户自行设计产品的一种有效方法。产品模块具有独立功能和输入、输出的标准部件。这里的部件，一般包括分部件、组合件和零件等。模块化产品设计方法的原理是，在对一定范围内的不同功能或相同功能、不同性能、不同规格的产品进行功能分析的基础上，划分并设计出一系列功能模块，通过模块的选择和组合构成不同的顾客定制的产品，以满足市场的不同需求。这是相似性原理在产品功能和结构上的应用，是一种实现标准化与多样化的有机结合及多品种、小批量与效率的有效统一的标准化方法。

模块是模块化设计和制造的功能单元，具有三大特征：

（1）相对独立性，可以对模块单独进行设计、制造、调试、修改和存储，这便于由不同的专业化企业分别进行生产。

（2）互换性，模块接口部位的结构、尺寸和参数标准化，容易实现模块间的互换，从而使模块满足更大数量的不同产品的需要。

（3）通用性，有利于实现横系列、纵系列产品间模块的通用，实现跨系列产品间模块的通用。

6.3.6　系统化思想在软件设计中的应用

软件开发是一项复杂的活动，特别是大型软件的开发，可能会有几十人甚至上百人同时参与。为了简化软件开发的复杂性，需要把一个大型的软件项目进行分解，通过"分而治之"的方法解决问题。在实际的软件开发项目中，开发者会先决定项目的开发目标，然后对项目进行分解，把整个项目变成一系列子系统，这些子系统可以由不同的开发小组分别完成。开发者还要选择构造系统的策略，比如硬件/软件策略，持久性数据管理策略、全局控制流策略、访问控制策略、边界条件处理策略等。经过软件的系统设计后，可以得到一个子系统集合和一些策略的详细描述。

系统设计是解决复杂设计问题的一种理论化的方式，它利用各系统要素之间的安排来创建方案。从宏观的角度来看，系统并不一定指计算机系统，在软件系统中人、硬件、软件构成了一个有机整体，因此使用系统设计的方法设计软件时不能忽视用户的需求和目标，而要将用户的需求与目标转化成系统的目标。但在此方法中，更强调场景而不是用户。使用系统设计的设计师会关注整个使用场景，而不是单个的对象或设备。可以认为系统设计是对产品或服务将要应用的大场景的严谨观察。

系统设计定义了目标、传感器、比较器和执行器四种基本组件，设计师通过严谨的系统理论设计这些组件，而不是用模糊的不确定的设计方法进行设计。在进行系统设计之前，设计师需要事先规划好清晰的设计流程和软件结构。以一个全局的视角来研究所进行的项目是进行系统设计的第一步，设计师在进行设计的过程中要时刻考虑产品所处的环境，通过研究产品的使用环境更加深刻地理解产品。

以企业办公室自动化软件为例，它涉及系统工程学、行为科学、管理科学、计算机、通信、自动化等学科，是当今技术革命中一个非常活跃的领域。办公自动化可以看作一个整体系统，这个整体系统的目的是解决整个办公事务中的问题，因此传统的办公自动化系统可以分为以下几个子系统：办公系统、管理系统、后台系统、邮件系统、公共信息系统以及个人信息系统等。

（1）办公系统主要是为满足工作人员的日常工作需求而设计的，主要有文字处理、日程计划、会议管理等功能。

（2）管理系统是指办公管理子系统内的各部分管理工作均由系统管理员来完成，其任务主要包括流程管理、公文管理、档案管理、借阅档案管理和公文分类五大部分。

（3）后台系统主要包括系统参数设置、实现系统维护和性能监控等辅助功能。后台管理系统允许管理员使用预先设定的统计监控器监测系统的运行状态，统计项目包括通信、网络、复制、安全、资源、邮件和服务器。

（4）邮件系统包括收件箱、发件箱、已发邮件和回收站四个主要功能模块，在此可进行创建发送新的邮件、转发邮件、回复发件人邮件等操作。用户除了可以用本系统轻松发送文档外，又可灵活管理电子邮件。

（5）公共信息服务系统是根据各机关的管理职能，将各方面收集到的信息资料有序地保存在计算机系统中，为办公人员和领导提供查询服务，通常由公文类信息、动态类信息、国民经济和社会发展信息构成，还有一些公共类的信息，即有文字性信息也有数据性信息。它们包括：公文信息、动态信息、重要数据信息及公共信息。公共信息系统主要包括公告板、公共文档、单位论坛、问题投诉、员工手册和互联网上的信息。

（6）个人信息系统是系统中处理个人信息的部分，具体分为公文阅办、便笺、日历、日记、联系人、个人文档等部分。

从系统设计的角度分析办公室自动化软件系统，可以看出它拥有系统的三个因素：

（1）要素：要素与系统是一对相对的概念，要素是相对于所组成的系统而言的，办公自动化软件系统的要素是具体的功能子系统，如：后台系统、邮件系统。

（2）结构：结构是若干要素的相互联系、相互作用的方式。办公系统是一个有机的整体，各系统要素之间的连接、沟通以及组织方式都需要从系统整体的角度进行把控。

（3）功能：办公自动化系统的功能是帮助企业更好地完成日常运作与管理，以更高的效率达成企业的目标。

6.3.7　软件系统化的设计流程（以 OA 为例）

1. 分析现状

首先要分析企业的全员素质、业务流程、组织结构、经营战略、实现目标、管理基础、管理手段、管理机制、管理思想。要认识到在这种情况下，什么才是一个完整的系统，系统的边界如何划分，并非与这个软件系统相关的所有元素都能被包含在系统中，因此首先要分析出系统最主要的要素，再依次添加次要要素，看清一系列问题：系统包含哪些用户？系统的目标用户是哪些？与该系统相关的相关者有哪些？作为办公协同软件，目标用户是企业所有员工，但由于职责不同目标用户的角色又被细分成普通员工、管理层、会计等角色。系统的运行离不开各个要素的配合，因此系统有哪些核心要素成为系统定义的首要考虑因素。那么，在系统之外的环境是怎样的？系统的运作离不开环境，办公系统软件的环境包括计算机运行的环境：网络由什么结构组成，网络的规模大小、运算能力等，还包括企业的文化环境、不同层级的关系等，不同环境下的产品设计需要做相应的调整才能保证系统能够更适合在此环境下运行。

2. 重组业务流

业务流程重组关注的要点是企业的业务流程管理，并围绕业务流程展开重组工作，业务流程管理是指一组共同为顾客创造价值而又相互关联的活动。在对业务流程重组的过程中可以考虑：将如今的数项业务或工作组合，合并为一；工作流程的各个步骤按其自然顺序进行；给予职工参与决策的权利；为同一种工作流程设置若干种方式；工作应当超越组织的界限，在最适当的场所进行；尽量减少检查、控制、调整等管理工作；设置项目负责人。

3. 归纳信息流

信息流的广义定义是指人们采用各种方式来实现信息交流，从面对面的直接交谈到采用各种现代化的传递媒介，包括信息的收集、传递、处理、储存、检索、分析等渠道和过程。信息流的狭义定义指的是信息处理过程中信息在计算机系统和通信网络中的流动。因此从整个系统的角度进行软件的开发需要归纳信息流，完善系统的信息收集、信息处理、信息传递的过程。

4. 软件设计

通过前几步对企业整体环境的分析进行软件的设计，在软件设计过程中，需要对软件系统中的每一个要素进行把控。

5. 促使企业管理创新

管理创新是指企业把新的管理要素（如新的管理方法、新的管理手段、新的管理模式等）或要素组合引入企业管理系统，以更有效地实现组织目标的活动。通过企业办公协同软件的推动，促使企业进行管理创新，优化企业内部管理环境。

6. 软件运行磨合

在软件设计完成投入运行之前需要对员工进行一定的培训，让员工熟悉软件的操作与使用方式，在磨合过程中获得用户的使用反馈，再对软件进行相应的调整。只有经过了这些前提步骤，开发出来的大型软件才具有实用性、稳定性、可靠性，才具有生命力，才能发挥出生产力的作用。

6.3.8 软件的模块化开发

软件的模块化开发是模块化概念在软件设计中的应用，是软件开发的一种重要技巧，在计算技术中称为"模块化程序设计"。它是指"把系统或程序作为一组模块集合来开发的一种技术"。其"目的是把一个复杂的任务断开成几个较小与较简单的子任务，它至少方便了正确程序的编写"。模块化这个词最早出现在研究工程设计中的 *Design Rules* 这本具有探索性质的书中。其后模块化原则还只是作为计算机科学的理论，尚不能进行工程实践。但此时硬件的模块化一直是工程技术的基石之一，如标准螺纹、汽车组件、计算机硬件组件等。软件模块化的原则也是随着软件的复杂性诞生的。模块化是解决软件复杂性问题的重要方法之一。模块化以分治法为依据，但是否就意味着我们可以把软件无限制地细分下去呢？事实上，当分割过细，模块总数增多时，虽然每个模块的成本确实减少了，但模块接口所需代价却随之增加了。要确保模块的合理分割则须了解信息隐藏、内聚度及耦合度。

使用模块化设计软件的意义在于解决软件的复杂性问题，或者说减少软件的复杂性，不至于随着变大而不可控而失败，使其可控、可维护、可扩展。从这个意义上说，要编写复杂软件又不至于失败的唯一方法就是用定义良好的接口把若干简单模块组合起来。这样，多数问题只会出现在局部，那么就有希望对局部进行改造、优化甚至替换，而不至于牵动全局。因此，模块化是一个软件系统的属性，这个系统被分解为一组高内聚、低耦合的模块。这些模块拼凑下就能组合出各种功能的软件，而拼凑是灵活的、自由的。经验丰富的工程师负责模块接口的定义，经验较少的则负责实现模块的开发。

模块化以分治法为依据。简单说就是把软件整体划分，划分后的块组成了软件。这些块都相对独立，之间用接口（协议）通信，每个模块完成一个功能，多个模块组合可以完成一系列功能。以上可以看出划分后的模块应该具有清晰的，有文档描述的边界（接口/协议）。不同的语言对于模块的实现不同。比如 SmallTalk，没有模块的概念，所以类就成了划分的唯一物理单元。Java 有包的概念，也有类的概念。因此单独的类可以用来划分模块，包也可以用来划分。JavaScript 是基于对象的语言，它创建对象无须先声明一个类，因此对象是天然用来划分模块的。无论哪种语言，封装是写模块的首要特质，即模块不会暴露自身的实现细节，不会调用其他模块的实现码，不会共享全局变量。一切只靠接口通信。模块化和封装是密不可分的。

软件系统设计由总体设计和详细设计两部分组成。总体设计是设计与确定系统模块结构的过程，即划分系统模块、确定模块间的接口和评价模块划分质量。事实上，软件就是一个典型的模块化结构的产品，是模块化原理应用的典范之一。模块化是所有程序的一种重要属性。软件模块化的核心问题是多级的模块层次结构和模块的独立性问题。软件模块化的价值在于可降低软件的复杂性，使软件的设计、测试、维护等操作变得简易。如能将软件中的一些通用元素，按模块化要求编制成通用程序，并建立公用程序库，实现程序共享，则可大大提高应用软件编制的质量和效率。

6.4　天才设计

6.4.1　天才设计的含义

天才设计又称为快速专家设计（Rapid Expert Design），是一种凭借设计师的经验以及对设计敏锐的嗅觉而进行的一种设计方法。与严谨的以用户为中心的设计、以活动为中心的设计和系统设计不同，天才设计显得更洒脱，设计师利用以往的经验和个人知识来判断用户需求而非使用调研复杂的手段。

天才设计的名称容易产生误解，会被误以为是无法学习的或是天生的设计直觉与能力，因此这种设计方法或者说是设计能力应该被称为快速专家设计。这种设计能力往往只有经验丰富的设计师才能掌握。新手设计师应当谨慎尝试这种设计方法，新手设计师没有丰富的项目经验，不能从自身的知识体系中寻找到可以利用的资源，因此他们的直觉往往会发生错误。

那么，天才设计是无法进行学习的吗？答案是否定的，事实上没有哪一位设计师是天生就懂得用户心理的，大家都是通过学习而获得设计直觉的，学习的方法就是进行丰富的设计实践和仔细地观察周围世界。作为设计师，感知周围的环境和用户需求似乎是一种本能，再通过寻求可能的方案来予以解决存在的问题，设计师的目的就是要和消费者之间达成共识，以优秀的产品设计来满足人们的需求。

6.4.2　天才设计与直觉思维

天才设计就是通过设计师的直觉进行设计。直觉一般的解释是人类感知世界的思维能力和方式。由此看来，直觉是人人都有的，而在设计师方面，这种直觉思维则发展为一种对设计语言的敏感；对所设计的物或者内容的敏感；对设计产品使用对象或者使用方式的敏感。面对产品时把握设计语言的思维，即设计的直觉思维。直觉思维是一种最基本的理性思考活动，是对客观世界的感受和深刻的心理体验。直觉思维包含深刻的内在心理因素，所以它包括对各种产品或者设计的洞察，对诸如形式特征、色彩、产品等具体设计事物的思考理解。直觉不是单纯的感知，而是对设计方式、消费人群、大众消费习惯、信息聚合的理性分析过程。正如阿恩海姆所说"一切直觉中都包含着思维，一切推理中都包含着直觉，一切观察中都包含着创造"。

设计的创作离不开直觉思维。作为生活中最普遍的心理现象，感觉是人类获得外界信息的根本途径和创造性思维的活动基础。当代心理学研究揭示了感觉的生理本质，即感觉是人脑对直接作用于感官的客观事物个别属性的反映。人的眼、耳、鼻、舌、肌肤等感觉器官受到来自体内外的各种刺激后会产生一种神经冲动，这种神经冲动传递到大脑的特定部位后引起相应的反应，从而形成了感觉。设计师的这种感觉依托于对客观世界的观察感悟，它使设计师在与产品的接触中不断发现、不断启示自己的设计思维，不断地提高自己对设计语言的感觉敏锐程度、综合程度、深刻程度及其所展现的设计创造能力，对产品设计中起着巨大的作用。现代设计的蓬勃发展，信息的彼此干扰，设计效果对设计师的影响，都需要设计师去寻找新内容、新思路、新方法来帮助自己找到有效的感知途径，以此开发自己的设计思维来源。

设计的直觉思维和艺术直觉有着很相似的地方。设计者与艺术家都是以设计或艺术手段为媒介来进行表达的，表达是以个人对世界的认识为基础的，是以个人对设计或艺术形式自身理解为基础的。这两者是以人的需要为出发点，相互促进、相互制约的。人对世界的认知和对形式理解的程度实际上也就是设计思维深入设计直觉的程度，因此设计者应首先厘清自身思维的渊源。从东西方思维哲学来看，西方强调人本，东方则强调自然，人作为自然的一部分。西方人的世界用肉眼是看得到的，而东方人心目中的世界是不可视的，它存在于精神心灵之中。设计者需要深刻地认识自己，认识设计的美和思维的局限。在今天，人们需要的是形态美观、功能良好、充满人文关怀和环境意识的设计，同时也不能为了设计而设计，对设计直觉的理性分析与归纳，需要在设计经验的基础上用现代的观念去改造和提炼。如果说传统的设计师注重迎合消费者或者以商业利益为目的，当代的设计师则把更多的设计融入文化，以设计师敏锐的设计直觉去体验和感悟。可以相信，未来社会是一个多元文化的时代，鲜明独特的直觉思维力量使得设计洋溢着独特的艺术魅力，活泼生动而又源于自然，没有独特而非凡的敏锐直觉就没有优秀的设计师，也没有伟大的作品。正如艺术大师马蒂斯所说"丧失了这种对设计艺术的直觉能力，就意味着同时丧失了每一个独创的表现和机会"。

6.4.3　训练设计的直觉的方法

没有太多实战经验的设计师可以先挑选一些简单的产品进行研究，再逐渐形成适合自己的学习方法。初期选择的题目不宜太难，通过规模和复杂性的不断增加进行渐进式的学习。理论的学习是一方面，理论可以指导设计但是并不能完全替代设计，因此，要更好地掌握快速专家设计就必须更多地进行实践。如果可以有机会参与具体的项目，自己动手设计出优秀的产品，那将会对设计经验的积累有很大帮助。设计专家都需要保持独立思考。经验丰富的设计师的显著标志就是：经常在团队中提出自己不同的见解，并合理地质疑设计方案。因此新手设计师应当保持独立思考的能力，多思考设计背后的原因，多推敲、多质疑。

6.4.4　天才设计可能存在的缺陷

通过这种设计方法进行设计的产品，其成功与否很大程度上取决于设计师的才能。由于设计师的直觉有时并不准确，那么设计可能发生很严重的错误。这种设计方法在设计师自己同时也是潜在用户时可能更为有效，尽管这样做可能存在严重缺陷。有些设计师可能认为自己也是用户，他们非常了解设计的产品或者服务是怎样的，也更了解产品或服务的功能。

有时，使用天才设计的方法，其结果可能偏离预期，那是因为用户对设计的理解往往与设计师的不一样。用户可能是不同年龄段的，不同文化背景的，他们有不同的需求，不同的期望，或者在其他方面与设计师有很大的区别。

即便设计师认为那些人完全是自己设定中的用户，那么也会存在这样的问题：设计师在使用他们自己的产品时是专家，而新的用户是第一次看到和体验这个产品，没有办法了解这个产品为何如此设计，设计师了解产品运行的每一个细节，但用户对其一无所知。要想准确地了解用户的需求，进行用户调研不失为一个好的方法。从用户的角度来看这个世界，在研究中通过观察用户使用产品确实可以修正设计师的直觉，并且避免错误。用户研究其实只是另外的一个数据流，是定性的并且有点凌乱的数据流，但它对于产品研发还是非常有价值的。

第 7 章
交互设计原则

7.1 直接和间接操作

7.1.1 人机互动方式的四种类型

直接操作和间接操作是使用者与系统间常见的两种互动方式，在理解这两种方式之前，需要先理解人机互动方式的四种类型：

类型一：指示（Instructing），此类型指的是使用者对系统发出指示，系统根据指示完成相应操作。例如使用者单击某一链接，则系统打开对应的网站。此类互动类型的优点在于，它能提供快速且有效率的操作，地铁站里的自动售票机即属于此类型。但此类型仅仅是使用者对系统下达命令，为单向的信息传递。

类型二：对话（Conversing），此类型的基本概念为使用者与系统间产生"对话"。与上一类型不同的是，对话是试图产生双向的沟通，系统不再只是执行指令的机器。当使用者需要找出某种特定的资讯时，即属于此类型，如搜寻引擎搜索信息时是信息的双向传递。

类型三：操作（Manipulating），此类型中最常见的例子为"直接操作"（Direct Manipulation），这是由 Ben Shneiderman 提出的词汇，直接操作的特点包括：操作后能得到即时的回馈，以实际的动作、按键等取代语法复杂的指令。其优点在于操作容易，能帮助新用户快速学习基本的操作方式，而老用户则能够将其运用在执行更多任务以及提高工作效率上。即使是久未接触的使用者，也能够很轻松地回忆起操作方式。其中最著名的例子为早期苹果电脑的 Mac desktop，在此接口上，如果使用绘图工具，界面中能立即出现绘制的线条；或者将某个档案拖曳放置于垃圾桶上，会即时出现相应的声音和影像，代表档案已成功地被丢弃。

类型四：搜寻及浏览（Exploring and Browsing），让使用者能够搜寻或浏览各种资讯。例如信息亭系统、网页等都属于此类。

7.1.2 交互设计中的直接操作

直接操作是指用有意义的可视化隐喻方式对对象进行操作，这些操作方式模仿了人们在现实世界中对物体的操作，用起来就像在用自己生活中相应的实物一样。这种操作方式可以使应用变得简单易懂，减少用户的学习成本。例如人们可以通过拖曳对象的一角来调节对象的大小，就像在现实世界中拉伸物体一样。这种操作方式能直接映射到实际经验中，使操作更容易理解、学习和记忆。

直接操作广泛应用于界面设计中,最典型的例子莫过于苹果公司主张的拟物化设计风格。如果是苹果的忠实用户,那么对这些设计绝对不会陌生,所谓拟物化设计就是根据产品自身特点,通过模拟真实世界已有的物品,使产品的外观和操作方式接近现实生活中的事物,使用户能够更快地理解它们的使用方式。图 7-1 中是 iPad 中 iBooks 的界面,它模拟了真实世界的木质书架,单击上面放置的书籍就如同在现实生活中从书架上取书一样自然。看书的界面中,单击书页,书页翻动的效果也模拟真实情况。

图 7-1　拟物风格的直接操作

7.1.3　交互设计中的间接操作

间接操作是指人们使用命令、菜单、空间手势或者语音命令这些并不是数字对象一部分的方式来改变对象。例如,在文件上单击右键、选择"删除"选项进行删除这一操作属于间接操作。直接操作的方式与人们的生活经验相符,操作的学习成本更低、更容易记忆。但并非所有操作都能采用"直接"的方式,间接操作也广泛用于交互设计中,绝大多数情况下,人们同时采用这两种方式。

7.2　预设用途

预设用途(Affordance)是产品被人们认为具有的性能及其实际的性能,主要是指那些能够决定产品可以用来干什么的基本性能。预设用途这个概念最初是由感知心理学家 J.Gibson(1972)提出来的,它表示的是人或动物同外部世界之间可能的动作。后来,Donald A. Norman 把这个概念应用到产品设计中,并通过一系列通俗易懂的例子形象地说明了预设用途这个概念,其中最有名的例子就是门。不同的门有不同的开启方式,有些需要推,有些需要拉,也就是说,推或拉是人们可以施加于门上以便操作它的方式,这就是门的预设用途。如果产品的预设用途在设计中可以有合理的体现和利用,用户就很容易理解如何使用而无须看图解和说明。产品的表面结构代表了它的预设用途和限制条件，可以很好地让用户了解物品的使用方法。例如，剪刀的预设用途就很具体，用户一看就明白怎么去使用（见图7–2）。而电子表的预设用途就不明显，用户无法及时地明白怎么去用侧面的两个调节钮，或调节钮在使用的过程中到底会产生什么样的后果（见图7–3）。预设用途是人们规定物品应该具有的性能，了解预设用途可通过以下途径。

图7–2　剪刀的预设用途

图7–3　电子表的预设用途

7.2.1　表面知觉

任何东西不仅具有形状，而且具有表面。知觉过程感受到的信息不仅来自形状和色调，而且也来自表面，有时表面信息更重要。物体表面信息主要包括下列一些。

（1）各种物体都通过表面来表现，构成物体的这些表面相对于地面和临近物体都具有一定的特征形状布局。螺钉、杯子、桌子等都具有一定的特征形状布局，桌子有四条腿，杯子是圆的，这些特征形状是人们用来识别物体的重要线索；任何表面都具有一定的整合性，并保持一定的形式，这取决于该表面的凝聚力。金属、塑料、木材的形状结构各不相同，在外力作用下，有黏性或弹性的表面呈现柔韧性以维持连续性，而刚硬物体表面可能裂断。因此，人们不会用石头击打电视机的玻璃屏幕，不会把塑料器皿放在火上烧。由此可见，人们在任何情景中，根据这种表面特性就能够发现很多与行动相关的信息。

（2）各种表面都具有一定的表面机理（纹理），可以被分为布局纹理和颜色纹理，玻璃、水泥、布、木材、金属、塑料表面都具有这种纹理。这种表面机理是我们识别物体的重要线索之一，看一眼就知道那是什么物品，是什么品牌，哪个平面是放置面，哪个平面是承重面；一个表面被光线照射时，会吸收入射光，由于表面材料特性不同，吸收各种波长光线的能力也不同。这会引起各种视觉反应和审美心理；表面对光线具有反射能力，各种表面对各种波长光线的反射特性不相同，人们称其为颜色。

7.2.2　结构知觉

结构指各个部件怎样组合成为整体。当使用产品时，用户的知觉中感受到的并不是外观的几何结构，而是零部件的整体结构、部件之间的组装结构、功能结构、与操作有关的使用结构。

7.2.3　"行动—结果"关系知觉

人们日常积累了许多经验，其中很大一部分属于行动与结果关系的经验。这种经验里包含了"行动"与其"结果"之间的联系。人们在操作使用任何东西时，知觉的意向性往往表现在关注什么行动引起结果。一按开关，电灯就会亮，操作开关与灯的亮灭构成"行动—结果"关系。我们一扭水龙头，自来水就会流出来，操作水龙头与流水构成"行动—结果"关系。所谓的产品使用经验，主要就是指对各种产品的操作与结果之间关系的知识。

这种"行动—结果"关系经验还包含更具体的内容：行为程度与效果的关系。系上鞋带，鞋就不会自己脱落。更主要的经验是，鞋带系得紧，脚就会感到不舒服，但是鞋带系得太松，走长路时脚上容易起水泡，而系鞋带的松紧程度是经过许多尝试后才确定下来的。燃气灶阀门开得太大，火焰就会变黄，造成浪费，阀门开得太小，加热需要的时间太长，浪费时间，燃气灶阀门开的大小是在多次尝试后才被明确的。正确地掌握操作方法，需要经过一些失败的操作，积累负面经验。例如塑料制品不能接触高温，电器不能进水等。

7.3　反馈

7.3.1　反馈的定义

反馈是对已经发生的操作行为的指示或者回应。而产品中的反馈机制则是所有反馈的集合体。当产品功能相对简单的时候，它可以体现为一种形式的反馈，在功能相对复杂的时候，它也可以是多种形式反馈的结合。在用户与产品进行交互的过程中，产品对于用户的每一次行为都要有相应的信息反馈，表示对用户行为的认可或否定，从而使用户获得关于此次操作行为结果的信息。如果产品无法提供任何信息反馈，那么用户就无法确定自己操作行为的正确与否以及当前产品处于何种状态，很显然，这样的交互行为注定是失败的，这样的产品在设计上也是不合理的。因此在产品交互设计系统中，反馈机制是不可或缺的基本元素，它与用户行为紧密地联系在一起，并一起构成了行为设计的核心内容。基于用户操作行为的正确与否，可以将反馈分为负面反馈和正面反馈。当用户执行了错误的操作行为时，产品可以给予相应的负面信息反馈；当用户执行了正确的操作行为时，产品可以给予相应的正面信息反馈。

7.3.2　正面反馈

如果人在学习舞蹈时，在某一个动作上出现错误，教练便对其大吼大叫并且严厉地批评，很显然这不会有什么好的效果。其实在大多数情况下，用户都在做自己想做的事情，而且偶然发生的误操作也不会引起严重的后果，所以更多的时候负面反馈机制明显不如正面反馈机制受欢迎。任何用户在得知自己的操作失败后，都会感到沮丧，而在获得成功的信息后，就会信心百倍。

在产品交互设计过程中，为达到用户体验的终极目标，就必须在产品中尽量注入情感因素，并最终体现为产品的愉悦性，从而满足用户的情感需求。为了实现人与产品的这种情感上的双向交流，正面反馈的使用是必不可少的。只有正面反馈才能够肯定用户出色的操作行为，好的行为才能够使用户产生兴趣，从中体验到产品传递的情感。

根据产品对于用户行为产生的反馈信息的表现形式，可以将正面反馈分为正面听觉反馈、正面视觉反馈、正面嗅觉反馈、位置跟踪以及阻力反馈。

1. 正面听觉反馈

学者 Cooper 认为，几乎每个软件世界以外的对象和系统都是提供声音来表示成功，而不是失败的，这充分说明正面听觉反馈具有一种天然的宜人性。关门的时候听见声音表示门锁上了，而没有声音则表示还不保险；在洗浴室洗澡，打开排风扇，听见嗡嗡的声音，表示排风扇在运作，没有则会疑惑，这证明正面听觉反馈存在的本身就是一种天然的问题指示器。更高层次的是，产品会在用户执行操作之后，提供动听的音乐、优美的旋律作为听觉信息的反馈，不仅使用户感受到成功的自信，也让他们体验到产品传递的情感。图 7-4 所示为正面听觉反馈：手机铃声。

2. 正面视觉反馈

视觉信息往往体现为指示灯的亮暗与否、显示器显示的文本或图像信息、产品颜色的变化以及自身的动作形态等。正面视觉反馈在日常生活中运用得较为频繁，按下计算机显示器的开关，屏幕面板上的指示灯会显示为绿色；打开室内的荧光灯，开关周围会显示微弱的黄色光；在 ATM 上每执行一个操作行为，显示器都会给予相应的文本或图像反馈，反之，则说明发生了误操作。同时正面视觉反馈也可以体现为精美的动画演示以及产品的形态表演，它给予了用户精神上的享受。图 7-5 所示为正面视觉反馈：刮胡刀指示灯。

图 7-4　正面听觉反馈：手机铃声　　　图 7-5　正面视觉反馈：刮胡刀指示灯

3. 阻力反馈

从某种程度上说，阻力反馈更具有一种自然性和下意识性，它天然地存在于某些产品当中，也可以是通过人为的设计将此类反馈机制注入产品当中。用户在操作时通过自身的触觉，感受阻力的变化，从而获得反馈信息。钉钉子的加力（见图 7-6）以及手机按键的操作等都运用了阻力反馈。

7.3.3　负面反馈

负面反馈总是在用户行为出现问题的时候出现，所以自然承担了警报的角色。毫无疑问，人们总是不希望产品向自己传达负面的信息反馈，因为出于警报的目的，负面反馈总是在用户面前呈现刺耳、醒目、扰人心神、吵闹甚至是难闻的形式。对于计算机用户而言，最令人心寒和恐惧的莫过于伴随着一声低沉而且短促的巨响，屏幕上突然出现一个对话框，上面显示一个错误提示（见图 7-7），这表示系统否定了刚刚发生的操作行为。这使用户在瞬间痛恨这种高科技带来的烦恼，同时又叹息自己为什么做出如此愚蠢的动作。倘若这样的负面反馈在每一位用户面前经常出现，势必会影响到用户的情感体验，交互设计师就应该反思这个问题。事实上，计算机中的这种负面反馈只是一个缩影，在诸多科技含量高的产品中，充斥着这样的行为。出于用户的情感体验考虑，在产品交互设计中，为了创造以用户为中心的人性化产品，总是不希望将负面反馈嵌入产品中。

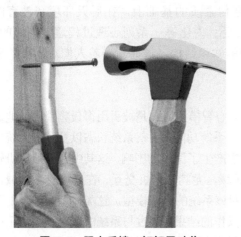

图 7-6　阻力反馈：钉钉子动作

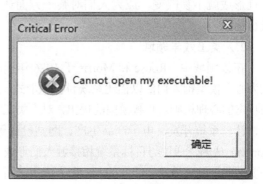

图 7-7　负面反馈：错误提示

　　然而，在进行设计实践的时候，设计师也绝对不能忽略负面反馈机制在产品交互设计系统中存在的意义。在警示用户不应该做的行为或者是该行为会导致不良后果时，负面反馈便可以起到不可替代的作用。例如，现今普遍用于小汽车上的酒精测量仪，一旦司机体内酒精含量高于标准，它就会发出警报声或产生导致司机无法发动汽车等负面反馈信息。再如，家庭中的煤气敏感装置，在室内煤气含量超标时便会散发出难闻的刺激性味道，以引起主人的警惕。在针对某些特殊人群或是特定的场合时，负面反馈会运用得比较普遍。

7.4　心智模型

7.4.1　心智模型的基本概念

　　心智模型（Mental Model）概念最早由苏格兰心理学家 Kenneth Craik 在 1943 年提出，用以表示一个系统的内部表征（Internal Representations），指那些在人们心中根深蒂固的，影响人们认识世界、解释世界、面对世界，以及如何采取行动的许多假设、陈见和印象。心智模型的研究主要在认知心理学和人类工效学这两个领域进行，但从现有研究看，关于心智模型的研究已经扩展到许多学科领域。下面将从认知心理学和人类工效学角度解释什么是心智模型。

1. 认知心理学领域

自从 Craik 第一次提出心智模型这一概念起，认知心理学的学者们就对其投入了较多关注。大多数心理学家将心智模型当作理解人类感知、认识、决策以及构建行为的一种重要途径，对它的关注主要集中在大脑推理与概念发展上，并从个人的内心和知识状况来阐释。学者们认为，由于个人知识的局限性、个人预期的不确定性以及个人行为受到各种限制，个人在决策时依赖于整个心理发展过程。诺斯等人将这种心理过程称为心智模型，并将之定义为用于解释环境的内部表征。心智模型介于知觉和行为之间，是最高的知识表征模型。总之，心智模型是指个体对环境及其所期望行为的心理表征，也就是个体的认知结构、知识结构或知识库。心智模型是在遗传素质的基础上，在后天环境和教育的相互作用中，通过自己的认识、辨别、评估、接受、内化等一系列心理过程逐渐形成的。一旦形成就不易改变，成为人们对某一方面认识的知识结构，进而指导着人们对环境的反馈行为。

2.人类工效学领域

在该领域中，Rouse 和 Morris 于 1986 年提出的心智模型概念是被引用得最频繁的，他们认为心智模型指人们借以描述系统目标和形式、解释系统功能、观察系统状态以及预测系统未来状态的心理机制。心智模型的提出，对人类工效学产生了深远的影响，这其中包括计算机软件设计、系统开发、电子产品生产、网站设计等领域，尤其是人机交互。在人机交互领域，Norman 认为，通过与目标系统相接触人们形成了对该系统的心智模型，这类模型在技术上不需要精确，但必须是功能性的。一个人为了获得可操作的结果，通过与系统的接触不断修正心智模型。心智模型将受各种因素制约，如使用者的技术背景、原先类似的经验，以及信息处理系统的结构。心智模型具有不完整性、有限性、不稳定性、无确定边界、不科学性、经济性的特点。Nielsen 认为心智模型具有 6 个维度，设计模型更加外在化、结构化、普遍化、细节化、静态化，而用户模型更加内在化、分布化、示例化、动态化，但两者均具有细节化与描述化的特点。总的来说，心智模型是一个特殊的认知结构，是由心智将现实建构成"小型的模式"，人们用它来对事件进行描述、预测和解释。如在系统使用中，心智模型就用于描述系统的目标和框架，预测政策的改变如何影响系统，以及解释系统为什么能实现其功能等。

7.4.2　心智模型在交互设计中的应用

交互设计中存在三种心智模型，即用户心智模型、系统模型、表现模型。

用户心智模型是存在于用户头脑中的关于一个产品应该具有的概念和行为的知识。这种知识可能源于用户以前使用类似产品的经验，或者是用户根据使用该产品要达到的目标而对产品的概念和行为的一种期望。系统模型并不是与用户相关的模型，而是与系统设计者相关。图 7-8 所示为用户心智模型：汽车变速器。

系统模型（System Model）：Alan Cooper 将其称为"实现模型"（Implementation Model），它是指产品的最终外观和产品呈现给用户后，用户通过观看或使用后而形成的关于产品如何使用和工作的知识。图 7-9 所示为系统模型：汽车变速器。

表现模型（Represented Model）：设计师的表现模型——设计师选择如何将程序的功能展现给用户的方式。设计师在进行产品设计时，根据其自身形成的经验以及对外界事物的认知，并结合设计目标，将其内在的心理意象转化为产品的外在形式，即产品的造型、色彩、材料、操作界面等。它是产品的内部结构和工作原理，它存在于产品设计人员的头脑中，用户看得到的是界面和操作方式，但这种表达并不一定是精确的描述。图 7-10 所示为表现模型：汽车变速器。

图 7-8　用户心智模型：汽车变速器

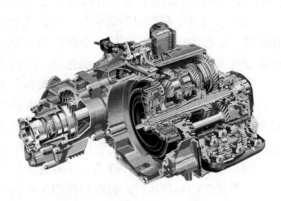

图 7-9　系统模型：汽车变速器

图 7-10　表现模型：汽车变速器

　　在交互设计中，三种模型之间的关系可以理解为：系统模型反映了产品的技术，是呈现给用户的最终形式；心智模型是存在于用户内心的对该产品的概念和认知；而中间进行联系的就是设计师，设计师一个很重要的目标是使表现模型和用户的心智模型尽可能相互匹配，因此设计师能否详细地理解目标用户所想到的产品使用方式非常关键。用户与产品交互的心智模型是用户理解他们所需要进行的工作的过程。表现模型离用户心智模型越近，用户就会发现产品越容易使用和理解。一般来说，用户有关任务的心智模型不同于产品的表现模型，向用户提供过分接近系统模型的表现模型会严重地降低用户学习和使用程序的能力。在交互设计中，设计师倾向于形成比现实更简单的心智模型。如果创造了比实际系统模型更简单的表现模型，就能帮助用户更好地理解。理解产品的工作原理常常有助于人们使用它，但这种理解需要很大的代价。

7.5　标准

　　Alan Cooper 认为，除非有更好的选择，否则就遵从标准。在交互设计领域有以下标准可供参考：

（1）可学习性。目标用户在已有的知识和经验基础上，能正确理解产品界面，无须思考而一目了然；用户通过自己的学习，借助提示或帮助说明，能够理解产品界面。可学习的内容包括：明确当前所在位置，知道当前能干什么、接下来要干什么，能快速辨别界面中的元素并明白其功能，在设计时可采用合理的隐喻、习惯用法、有效的启示。

（2）一致性。在相似的情景下，应在几个方面保持一致性：视觉表现、交互行为、操作结果。良好的一致性，可以减少用户的学习成本，也可体现产品设计的严谨性。如果界面需要有所不同，应做相应的区别处理，特别是视觉表现上要予以区分。

（3）简洁性。少即是多，尽可能精简界面上的元素。当设计出原型时，应先将元素减半，然后再看能否进一步简化。生活其实很简单，但很多时候被人为复杂化了。所以我们只要保证主要任务流程顺利完成，削减其余不相关元素的干扰就好了。简洁体现在三个方面：减轻视觉干扰、精简文字表述、简化操作步骤。

（4）流畅性。用户操作连贯，任务完成顺畅，避免干扰或打断。明确最基本的核心任务，并保证它的顺利执行，辅助操作应在不影响核心任务的基础上展开。避免干扰，让用户明确在特定界面中的首要任务和目标，尽可能避免界面上的视觉噪声和其他干扰；避免打断，让用户的操作保持连贯性，模态框的使用要谨慎。

（5）及时反馈。界面中任何可操作的地方，当用户发生操作时，都应该及时给予反馈。让用户了解操作已经生效，界面还在用户的控制之下。反馈内容包括用户操作反馈和产品状态反馈。

操作反馈，指的是界面元素在用户进行滑过、点击、移开等操作时元素的反馈变化。

状态反馈，指的是系统的状态变量通过比例环节送到输入端的反馈方式。

（6）可探索性。用户使用产品的过程也是一个探索过程。在此过程中，应该允许用户犯错，而且必须给他们重新尝试的机会，让其处于放松的心态。设计过程中，首先要帮助用户避免出错，如采用合适的控件（相同情况下选择控件比输入控件出错机会更小），给予输入帮助或启示。用户出错后，需要提供撤销或返回功能，使用户返回到上一步操作重新探索。出错反馈要亲和，避免责备用户或鲁莽地打断或退出产品，要礼貌地指出错误所在并提供有用的补救建议。

7.6 费茨定律

费茨定律是一个在人机互动以及人体工程学中关于人类活动的模型定律，是指移动点或者手指到达目标的时间和移动距离的对数成正比。费茨定律多用于表现指、点这种动作的概念模型，包括用手掌或手指进行物理接触以及在计算机显示器屏幕上用假想的设备（例如鼠标）进行虚拟的触碰。该法则由 Paul Fitts 于 1954 年提出，并在很多领域内得到了应用，其中在人机交互设计领域的影响非常广泛和深远。

7.6.1 定律简介

担任美国空军人体工程学部门主任的 Paul Fitts 博士对人类操作过程中的运动特征、运动时间、运动范围和运动准确性进行了研究，提出了著名的费茨定律。该定律指出，使用指定设备到达一个目标的时间，与当前位置和目标位置的距离（D）和目标大小（S）有关。

使用指定设备到达一个目标的时间同以下两个因素有关：

（1）设备当前位置和目标位置的距离（D）。距离越长，所用时间越长。

（2）目标的大小（S）。目标越大，所用时间越短。

该定律可用以下公式表示：$T = a + b \log[2(D/S+1)]$。

式中，T 代表完成移动所需的平均时间（传统的命名方式，会写成 MT，表示运动时间 Movement Time）

a 代表装置（如光标）开始/停止时间。

b 代表装置的移动速度。

D 代表从起点到目标中心的距离。

S 是目标区域在运动维向上的宽度。

如图 7-11 所示，三角形代表用户光标目前所在的位置，矩形表示用户需要点击的目标。用户移动光标的过程是这样的，用户光标首先朝着目标所在的大致区域进行加速运动，在接近目标时，会减慢速度做一些细微的调整以准确点击到目标。如第一排图形，当目标较大时，用户在停下来的时候不需要做细致的调整就能到达目标位置；而如第二排图形，虽然离目标的距离一样，但用

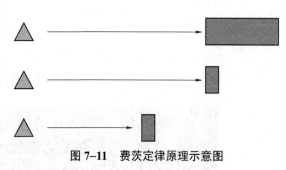

图 7-11　费茨定律原理示意图

户需要通过更加细致的调整才能到达目标位置，需要花费更长的时间；在第三排图形中，虽然目标面积很小，但相对第二排来说，距离变短使得用户初始移动的幅度较小，需要进行的调整量也减小，所以也会减少用户到达目标的时间。

7.6.2　费茨定律在交互设计中的应用

1. 按钮等可点击对象需要合理的大小尺寸

根据费茨定律，点击区域越大，点击目标所需的时间就越短，用户的鼠标更能轻松实现点击。如图 7-12 所示，这是两个网站的页码选择设计，上图的设计比下图更为合理。这是因为上图中的页码点击按钮较大，按钮之间的空白区域更大，点击更为轻松。而图 7-12 中的按钮本身大小和间距均过小，不仅难以准确定位，也容易导致误点击。

图 7-12　点击区域面积分析

那么，按钮的大小到底多大才合适呢？苹果公司的人机界面指南中建议可点击部件的最小面积为44×44像素，这是手指按压屏幕所触及的范围。当然，实际按钮的大小并不一定要这么大，如图7-13所示，"通用"按钮本身并不大，但是有效点击范围（红框内）要大于按钮本身。这样既能保证按钮容易点击，又不至于因按钮过大而影响界面的视觉效果。为了保证按钮的大小适于点击，一般要求应用底部标签栏中的按钮不超过5个，否则会难以点击（见图7-14）。删除提示弹出框的按钮设计也灵活运用了费茨定律。图7-15中"删除"这一更可能被点击的按钮的范围得到了扩大，这就进一步提高了用户的点击速度。

图7-13　通用按钮面积

图7-14　标签栏中的按钮

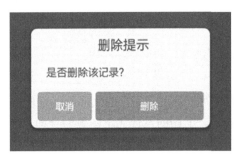

图7-15　按钮面积的对比

2. 缩短到达点击目标的距离

"弹出菜单"是应用缩短距离这一原则的经典范例。在显示器屏幕上，单击鼠标右键就可在鼠标处出现弹出菜单，可以大幅减少移动到下一步操作所需要的距离。在使用手机时，人们通常希望能用单手实现所有操作，而大拇指则成了人们依赖的点击工具。然而，大拇指能够触及的范围是有限的，研究显示，屏幕上点击舒适的区域分布在拇指正对的区域。对于使用右手的用户来说，这一区域在屏幕的中央及左下部，如图7-16中的浅色区域。

因此，设计者应尽可能将常用的按钮放置在此区域中，缩短用户拇指与点击目标的距离，以提高点击效率，同时尽量将多个常用的功能元素放置在距离较近的位置；另外需要考虑的是，对于那些会产生高风险的交互元素，设计者不希望用户能够很轻松地点击到它们时，应当把它们放置在拇指热区之外。

如图7-17所示，Pinterest软件将选择菜单放置在屏幕的中下部，处于大拇指的舒适点击范围内，有效降低了用户的点击成本。当然，这只是竖屏时的情况，当手机采用横屏模式时，拇指热区也随之变化，如图7-18的浅色区域所示。

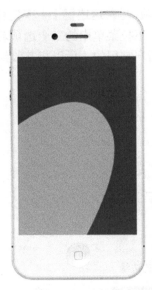

图 7-16　屏幕上点击舒适的区域分布

图 7-17　Pinterest 软件选择菜单

横屏的时候用户一般是双手操作的，这时拇指热区扩大了很多。不过相应地，屏幕正中的上下两侧变成了最难点击的区域，所以一些常用的或重要的操作要尽量避免放置于此，而对于一些刻意要增加难度的或有风险性的操作，则可以考虑这些位置。用户在使用时很可能会在横屏、竖屏间切换，那么界面的布局也应当根据拇指热区的变化而进行相应的调整。设计者要对不同模式所对应的交互特征了解透彻，在每种模式中都考虑费茨定律的作用范围，在切换过程中达到"无缝切换"的效果。

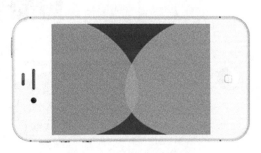

图 7-18　横屏时的拇指热区

3. 利用好屏幕边缘和角落位置

除了调整目标的大小和距离以外，设计者还可以将目标放在屏幕的边缘或角落来使其更容易被点击。在屏幕边缘和角落位置时，界面中的元素是"无限可选中"的，因为屏幕边缘是一个隐形的边界，用户无论如何大幅移动光标都不会超出目标区域的范围，不需要再进行位置的调整。另外，用户由于知道自己的移动"不会出错"，他们在移动过程中耗费的认知资源将会很少，这大幅降低了操作的负担。如图 7-19 所示，屏幕界面的四条边框线和四个边角圆点都是"无限可选中"的，其中四个圆点处是整个屏幕中鼠标指针最容易到达的区域。

4. 费茨定律的局限性

费茨定律并不是必须遵守的金科玉律，很多情况下，需要灵活应用，甚至违背它。例如，费茨定律不希望使用下拉菜单，原因是光标需要移动更长的距离、经过更多的点击才能到达用户的目标区域。然而实际情况是，界面的空间是有限的，尤其是手机，可利用的空间更小。因此不可能把所有按钮都显示在页面中，这会导致页面过于混乱，干扰用户的注意力。所以还是需要使用下拉菜单来呈现更多的选项，尽管这违背了费茨定律。如图7-20所示，通过单击右上角的更多按钮，出现下拉菜单。下拉菜单中的三个选项若全放置在外面，会导致页面更加复杂，况且这三个选项并不是用户常用的，所以将其收纳在下拉菜单中是更为合理的。

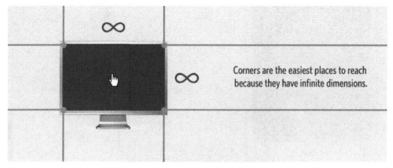

图7-19　充分利用屏幕的边缘

图7-20　下拉菜单中的三个选项

7.7　希克定律

7.7.1　定律简介

人对信号的反应时间有随着出现的信号刺激数目的增加而增长的趋势。例如在选择反应时间测定中，若可能出现的刺激数少，反应时间就短；可能出现的刺激数目增多，反应时间增长。希克和海曼用实验证明人对信号刺激的反应时间与刺激的平均信息量［log（2n）］之间呈线性关系。这一关系是希克和海曼发现的，被称为希克-海曼定律，简称希克定律。

希克定律（Hick's Law）：一个人面临的选择（n）越多，所需要做出决定的时间（T）

就越长。用数学公式表达为：$T=a+b\log(2n)$，当选项增加时，做决定的时间就会相应增加。其中 a 为与做决定无关的总时间（前期认知和观察时间），b 为对选项的认识的处理时间（从经验衍生出的常数，对人来说约是 0.155 s）。

根据上面对希克定律的说明，用户在某一场景下对选项的反应时间取决于三个因素：

（1）前期的认知和观察时间（a）。

（2）认知后处理的时间（b）。

（3）选项的数量（n）。

希克定律认为用户不是一个一个地考虑一组备选项，而是把它们细分成类，决策的每一步排除大约一半的剩余选项。因此，希克定律声称，比起两个菜单，每个菜单有 5 项，用户会更快地从有 10 项的 1 个菜单中做出选择。这一定律似乎在暗示，最好把所有选项一起呈现给用户，而非将选项划分成有层次的组。但这一定律并未被真正应用到设计当中，想象一下，若按照这一定律强行把所有选项呈现出来，将使界面变得极端拥挤和复杂。在如此复杂的界面中，用户将难以做出迅速和正确的选择。因此，建议在界面设计中要慎重采用希克定律的这一观点。希克定律值得借鉴的是关于选项数量影响反应时间的这一观点，接下来，将对如何运用这一观点进行讲解。

7.7.2　希克定律在交互设计中的应用

1. 帮助用户精简选项

在产品设计过程中，经常会有人提出用户可能需要某种选项或某种功能，于是产品变得越来越臃肿，每一步使用都像是在做一道复杂的多选题；或者在设计者拿不定主意：用户到底是想要 A 还是 B 时，就干脆把 A 和 B 都加进去，并美其名曰：满足所有用户的需求。但实际情况并非如此，把所有选项都扔给用户并非是真正地为用户着想，而是设计者本身缺乏判断力、缺乏对用户需求深刻理解的表现。很多时候，用户并不知道自己想要的是什么或者自己最需要的是什么，这时，就需要设计者对选项做出合理的筛选，将最精简、最能满足用户的选项呈现给用户。对于这一点，首先来看图 7-21 中照片处理应用的例子：

图 7-21　某照片处理软件的功能选项界面

左图是该应用照片处理"增强"功能的页面，为用户提供了饱和度、亮度和对比度三个调节选项；中图是人像美容页面，共提供了包括智能美容、磨皮美白等七个美容选项。该应用提供的选项数量很合适，基本满足了用户使用手机进行图像基本处理的需求。右图是另一款图像处理应用。仅在"调整"一项中，便为用户提供了 18 种调节选项。该应用试图将专业图像处理软件中的功能全都搬到手机应用中，然而这一举动却并未得到用户的认可。设计者忽略了手机这一工具的属性，人们使用手机处理图像时通常只是想做大致的调整，因为过小的手机屏幕不允许用户做过于细致的操作。选项如此之多会让用户难以选择调整哪个参数，而且如此拥挤的页面恐怕会让用户产生畏难情绪，继续使用应用的动力也会减弱。

图 7-22 "美乐时光"应用的精简选项

替用户精简选项，由设计者帮用户选出他想要的并非易事，然而若能做到这一点，会获得很大的成功。例如左边这款叫作"美乐时光"的音乐应用就做得别具一格（见图 7-22），它没有仿照现有音乐类应用的做法，将大量的歌单、排行榜、专辑以及成千上万的新歌都推送给用户，而是深入分析了用户听歌的需求，发现用户是在特定的场景下会产生听歌以及听什么歌的需求。因此，设计者列出了常见的听歌场景，用户选择自己所处的场景就能听到恰到好处的歌曲，而不用在庞杂的歌单、专辑中苦苦搜寻想听的歌曲，这使用户做最少、最简单的选择就可以达成目标。设计者做了深入的分析和思考，帮用户大幅减少了需要做选择、做决定的次数，一键即可听到想听的歌曲，塑造了流畅、简洁、轻松的使用体验。

2. 对选项的熟悉度会影响用户的反应时间

用户在某一场景下对选项的反应时间取决于三个因素：前期的认知和观察时间（a）；认知后处理的时间（b）；选项的数量（n）。在前一小节，设计者已经知道减少选项数量 n 能够使产品更易用，而 a 和 b 两个因素因为影响了用户认知的时间也会影响到用户总体反应时间。因此，应当通过使用用户熟悉的选项这一方式来降低用户的认知时间。

以手机 App 设计为例，与手机自身系统和运行在此系统上的其他应用保持相似性和一致性将会提高用户对选项的熟悉度，这是一种非常保险的设计方式。例如，苹果公司建议开发者使用 iOS 系统的标准控件就是出于这样的考虑。面对熟悉的选项，用户需要花费的认知时间会更少，这将使用户在使用应用时更加顺畅。让用户熟悉选项的方式很多，例如相同的位置、图标、文字、色彩等都会让用户明白选项的含义。删除类选项通常设置为红色，使用户一看就明白这是带有危险性的操作。不过，过于保持一致性可能会使应用看起来缺乏新意，这就需要设计师对视觉细节、动效甚至交互方式进行细微的改动和创新，使用户熟悉选项的同时也能感到耳目一新，这将使产品更受青睐。

第8章
设计评估与用户研究

8.1 交互设计中的评估

8.1.1 评估的概念

评估，顾名思义，它的目的就是评价和估量。设计，归根到底是为了解决问题，问题的解决需要方案，方案的选取离不开决策，评估系统对于决策意义重大，是设计过程中的一个关键点。设计中的评估，可以理解为充分利用社会研究方法和技术指标，对一个系统或设计作品的综合研究、评价和估计，权衡利弊，从而做出合理选择的方法。在范围上，它不仅涉及产品本身，还有其对使用者、生态环境、社会等方面产生的各种影响。在流程上，它贯穿整个设计过程，包括问题的判断、创意和设计概念的产生、设计过程与设计管理、产品生产与工艺、市场运营、用户反馈等方面。为什么评估如此重要？综合起来，评估对设计的意义主要体现在以下三个方面：

1. 利用有限资源——评估助力资源合理利用

今天的社会，快节奏已经成为一种习惯，在设计过程中，为了使产品早日在市场上占有一席之地，企业都在打"时间仗"。追求速度的代价往往换来的是对前期调研评估的忽略，不完善的产品到了用户手中，达不到应有的使用目的，最终造成浪费。对于社会来讲，环境资源是有限的。对于开发者来讲，设计过程中的人力和物力成本是非常高的，一次不合理的坚持可能给企业带来巨大的损失。对于用户来讲，他从选购商品、运输到使用，亦要花费精力，一个糟糕的产品可能让这些努力付诸东流，这其中花费的时间成本也浪费掉了。所以，对于设计这种有目的的实践创新活动，需要进行科学的评估，在有限的资源环境下创造最大的价值。

评估时要以全面、系统的分析为主要方法，围绕影响项目的各种因素，运用大量的数据资料论证拟建项目是否可行。对项目建成以后可能取得的财务、经济效益及社会环境影响进行预测，从而提出该项目是否值得投资和如何进行建设的咨询意见，为项目决策提供依据。在进行设计时，亦需要多维度、多方位地对方案进行评估。例如，可以对项目与产品提出这样的评估需求：

这个问题之前是否有人提出过解决方案？

我们的解决方案有没有突破，这样的设计有必要吗？

现有的技术或制作工艺能够实现它吗？

是否符合适用地区的社会风俗习惯？

会不会带来不好的附加影响？

2. 发现未知之需——评估结果是设计灵感的一个来源

在进行设计时，要想设计出优秀的产品，在激烈的竞争中获得优势，往往从用户需求入手进行设计。这需要做广泛的用户调研，取得所需信息，并对这些信息进行分析，以便作为设计依据。在实际评估的过程中，会出现这样的情况：

"事情与我当初想象的大相径庭。"

"这个统计结果有些特殊规律，是什么原因呢？"

"原来，用户想要的是这个。"

评估方法是建立在社会学、统计学、心理学等学科基础上的一个科学的评价系统，很大一部分工作需要利用抽样调查的方法收集数据，利用样本分析推断总体的特征。这与设计中头脑风暴、故事板等设计方法有着很大的区别。这样的调查结果有着很好的信度和效度，为设计提供参考。设计者可以从统计结果中发现需求，了解用户习惯的来源。

在评估系统中，需求评估是非常重要的一个环节。如上所述，需求评估的一个重要的作用就是提出对于给定问题和相关目标人群的程度和分布情况的估计。提供目标人群需求的具体特征也同样是重要的，这一点对于设计来讲十分必要。总之，需求评估探求为什么问题会存在以及还有其他什么与之相关的问题，或者这些问题背后的原因，同时还要考虑目标人群在使用服务时遇到的困难。例如，手机或者是其他高科技的产品这么方便，为什么许多老年人不愿意用？这可以解释为老年人对高科技产品使用的畏惧，但也反映出设计的产品的易用性低。当然，不同人对问题的本质和来源有不同的看法，需要将所有的观点都呈现出来，因为不知道哪一部分经过推导和演绎，会变成将来产品的切入点。

3. 完善设计过程——迭代的过程：评估与改进

设计是感性与理性的结合。设计初期，需要天马行空的想象。设计过程中，理性占有重要的位置，迭代是不断发现问题并改正和完善的过程。如今，社会研究方法以及与之相关的方法质量控制标准已经得到了很好的发展。系统观察、测量、抽样、研究设计和数据分析技术，已经发展到能够对社会行为的特征进行有效的、可靠的、准确的表述的程度。测试过程中的数据和结果非常多，哪些结果是可靠的，需要综合评估。例如，可以对项目与产品提出这样的评估需求：

客户遇到了什么问题？是个别还是普遍现象？

问题出在哪里？

问题影响到什么程度？是不能用还是不好用？

问题的特质和范围是什么？

改进问题的阻碍是什么？

用户还期待些什么？有扩展产品功能的必要性吗？

一旦投入市场，哪些因素是可控的，哪些不可控？

显然，无论评估规划如何精密得当，仅仅依靠评估本身是不能根除社会问题的，也不可能满足所有人的需求。但是评估工作可以把设计者导向需要的方向，相当多的证据表明，评估结果影响着决策制定、项目计划和执行。这种影响不仅可以在短期发挥作用，还可以持续一段很长的时间，对于设计活动来讲终究是一个有益的环节。

8.1.2　评估过程

根据时间维度，可以将评估过程分为横向研究和纵向研究。横向评估探讨的是被研究对象在这一时间点上的状况，也探讨在这一时间点上不同变量之间的关系；纵向研究指的是在不同的时间点上收集资料，评估进程。在完成一个设计项目时，纵向研究从需求分析阶段开始，贯穿整个设计，并延续到之后的验证阶段。

纵向：在一个科学的设计体系中，评估贯穿整个设计过程，根据社会学研究方法和 UI 设计流程，将设计的评估过程做以下分类：需求评估、设计评估、效率和影响评估等（见表 8–1）。

表 8–1　基于 UI 设计流程的纵向评估过程

UI 设计流程	纵向评估过程
分析阶段	需求评估
设计阶段	设计评估
验证阶段	效率和影响评估

横向：在一个评估系统中，评估包括主体、客体、评估目的、标准及指标、方法和制度。根据实际情况，每个评估过程涉及的相关因素会有所不同。

将横向评估和纵向评估结合起来，就组成了整个评估过程，具体如下：

1. 需求评估

在进行设计时，需求评估是非常关键的一步。在社会学中，需求评估用来回答项目意图表达的社会状况。需求评估也可以用来确定是否存在启动新项目的需求，比较、优选项目组内或项目组件的各类需求。表 8–2 所示为需求评估过程。

表 8–2　需求评估过程

需 求 评 估	
主体	专业评估人员、设计师
客体	专业设计人员、用户和潜在用户、市场
评估目的	评估设计可行性、市场流通可行性
标准	
流程	界定问题—将问题具体化—提取需求
方法	问卷调查 用户访谈（大众） 专题小组（小众） 走访观察 专家访谈

2. 设计评估

交互设计是一个迭代的过程，在设计阶段，合理的评估可以在两方面为设计人员提供参考。表8-3所示为设计评估过程。

（1）发现设计中的缺陷，及时进行改进。

（2）提取出用户接受度高、可行性强的部分，在接下来的设计中继续使用并扩充。利用交互原型评估，便于测试，不但有利于完善整个交互流程，也减少了日后的修改成本。

表8-3　设计评估过程

设 计 评 估	
主体	用户、专业评估人员、设计师、专家
客体	设计原型
评估目的	改善设计缺陷和交互流程
流程	明确的目标和目的—安装测试环境—选择合适的受众—进行测试和报告结果
方法	设计原则评估法 专家评估法 访谈法 任务分析法 A/B测试 可用性测试

3. 效率和影响评估

在设计产品上线之前，设计人员一般对其进行可用性测试，它会关注产品对于用户需求的满足程度，并通过一些定量的方法评测产品在改进前后的使用效率。除了可用性，亦会关注用户对产品的满意程度。

除了内部的测评团队，一些独立的测评机构也会在产品上线不久，出具一份详细的评估报告，报告会从各个维度对产品进行评估，检验其是否达到可用性标准。评估报告包括产品性能、交互设计的亮点以及问题、价格、品牌、售后服务等。这种测评机构的测评结果会对用户产生一个引导作用，对于设计者来说，测评机构的报告是柄双刃剑，用户会因为报告上的功能亮点而开始使用，也会因为一些弊端而望而却步，因此测评机构的客观性、专业性是非常重要的。表8-4所示为效率和影响评估过程。

表8-4　效率和影响评估过程

效率和影响评估	
主体	专业评估人员、设计师、第三方评估机构
客体	设计产品
评估目的	进一步发现设计问题，迭代更新。测试对比产品使用前与使用后的效率，评估产品价值和影响力
流程	设计产品投放市场—接受反馈—评估—改进、推广
方法	可用性测试 满意度测试 行业专业测评

8.1.3　评估的目的

在做评估之前，首先需要明确研究的目的。有了一定的目标，才能根据其选择恰当的调研方法。有关评估研究的分类可以划分为四个方向：探测性研究、描述性研究、因果性研究、预测性研究。

1. 探测性研究

探测性研究是指对目前情况不太明确时，为了发现问题、找出问题的症结、明确进一步深入调查的具体内容和重点而进行的研究。它的目的在于发现想法和洞察问题，常常用于调查方案设计的事前阶段。例如，为什么在外国的公共场合残疾人很多，而中国大街上却见不到，这是因为外国残疾人口比中国多吗？经过调查发现，是因为外国的公共设施比较完善，为残疾人提供了便利的无障碍通道，使得他们能够走出家门，而我们国家的残疾人只能待在家里。实际生活中有许多这样的问题需要设计者发现，探测性研究是发掘设计机会的一个非常好的途径。

2. 描述性研究

描述性研究是指对需要研究的客观现象的有关方面进行正式的调研，目的在于描述总体的特征和问题，其调查的结果是结论性的、正式的。在对一个群体或者时间进行特征的提取和描述过程中，需求会渐渐"浮出水面"，我们往往能够从中得出设计的方案。

3. 因果性研究

因果性研究是为了探测有关现象与研究分析的变量之间的因果关系而进行的社会研究，其目的在于找出事物变化的原因和现象间的相互关系，找出事物变化的关键因素。因果性研究与探测性研究比较相像，但探测性研究一般是对调研问题的情况不知晓时进行的，而因果性研究有一定的理论或实践基础。例如分析某个时间段内网站点击率激增的原因。

4. 预测性研究

预测性研究是指利用已有的管理经验和科学的预测技术对事物未来的发展趋势进行评估和判断。在定性研究方面，包括直观判断法、德尔菲法等。在定量研究中，包括长期趋势法、移动平均法、回归预测法等。

8.1.4　定性评估与定量评估

评估方法是指设计评价中使用的工具和手段。从宏观角度可以概括成定性评估法和定量评估法。定性评估倾向于形成性评估，即通过为项目管理者提供有关项目的信息来改进项目工作。定量评估关注的是综合性评估，其焦点是发展对项目的特征、进程和影响的测量，使项目的有效性得到高信度的评价。

在一定程度上，定量评估是建立在定性评估结果之上的，定性是定量的先期准备和基础；定量使定性更加科学、准确，它可以促使定性评估得出更加可信的结果。就像体操比赛，评委在进行打分时，第一感觉中的好与不好来自感官上的直觉反应，优美和流畅的动作会让评委将其定义为高分动作（可以认为这是一个定性评估的过程），接下来具体的打分环节，评委会根据运动员对具体动作的完成情况进行评价（这是定量评估的过程）。不可否认，前期的定性评估会直接影响到接下来的定量评估过程，就像一个决定是好还是不好，一个解释为什么好（在做市场调研时，这个过程是反向的，下面的章节会详细讲述）。当然，不同的事件性质不同，不能一概而论。在确定好所要研究的评估问题之前，讨论哪一种评估方法更合适是没有意义的，工具不是目的，而是处理问题的方法。因此，在进行设计系统评估时要根据实际情况灵活选择评估方案。

对于设计评估，定性评估是评估人员通过观察、讨论、推理等对设计环节和对象进行描述的方法。定量研究则倾向于对具体的实验和测试的数据结果进行统计学分析，定性评估与定量评估常常相互补充。在实际的设计评估中，必然是根据一定量的某种质或一些质的一定量来判断的。不可能有纯粹的定性评估，纯粹的定性评估必是主观随意评估，毫无科学性可言。当然，也不可能有纯粹的定量评估，纯粹的定量评估必然不是评估，而是一种纯粹测量，对于设计方案的改进和产品的完善也就没有意义了。

设计评估中定性评估的一般内容包括研究已有产品的优劣性，评估新方案的必要性，了解产品目标用户和潜在目标用户的定义，了解用户的需求并发掘潜在需求、了解产品的使用环境、用户操作方式、社会接受度、技术可行性（跨专业合作）、设计流程的可靠性、用户体验测试、社会评价、综合评价。定性评估的一般形式包括文献资料整理分析、用户调研、社会调查、专题小组讨论。

设计评估中定量评估的一般内容包括用户需求统计、市场份额评估、设计流程的有效性和效率、可用性评估。定量评估的一般形式包括统计数据分析、网络后台数据分析、可用性测试。

一般情况下，在定量评估之前，无论时间、预算的限制如何，都必须先进行一定的定性评估，以了解用户的需求，从而更有针对性地进行设计。在实际的设计过程中，是选择定性的评估方法还是选择定量的评估方法，首先取决于评估的目的，其次才是资金或时间。关于定性评估和定量评估，可以做以下简单的区分（见表 8-5），各个设计阶段的评估特点见表 8-6。

表 8-5　定性研究和定量研究的区分

评估	定性评估	定量评估
目的	对潜在的原因、动机和需求有一个定性的认识	把得到的信息定量化并从样本中推知整体
调查对象（样本）	少量	大量
调查方法	小组座谈、用户访谈、问卷调查	问卷调查、可用性测试
数据	直接收集（访谈、问卷）	间接收集（调查问卷、web 服务器日志等）
分析方法	逻辑推导、经验分析	数据统计
结果	产生一个初步的概念	得到一个可靠的结论

表 8-6　各个设计阶段的评估特点

项目	开发阶段	设计阶段	评估优化阶段
目标	启发、探索并且选择新的方向和机会	优化设计方案、提高可用性	测试产品性能
研究方法	定性评估和定量评估	主要是定性评估	主要是定量评估

续表

项目	开发阶段	设计阶段	评估优化阶段
评估方式	焦点小组、深度访谈、网络调查（间接）、调查问卷、数据收集与分析	现场研究、用户体验、参与式设计	可用性测试、网络调查（直接）

8.2　统计学基础

8.2.1　统计学的基本概念

1. 总体和样本

总体（Population）是包含所研究的全部个体（数据）的集合，它通常由所研究的一些个体组成。例如由多个用户组成的集合和由多个网站组成的集合都是总体。组成总体的每个元素称为个体，在多个用户组成的总体中，每一个用户就是一个个体。总体范围的确定是比较复杂的，当总体的范围难以确定时，可以根据研究的目的来定义总体。总体分为有限总体和无限总体，主要判别在抽样中每次抽取是否独立。抽样（Sampling）是一种推论统计方法，它是指从目标总体中抽取一部分个体作为样本，通过观察样本的某一或某些属性，依据所获得的数据对总体的数量特征得出具有一定可靠性的估计判断，从而获得对总体的认识。

样本（Sample）是从整体中抽取的一部分元素的集合。构成样本的元素的数目称为样本量（Sample size）。抽样的目的是根据样本提供的信息推断总体的特征。

2. 参数和统计量

参数（Parameter）是用来描述总体特征的概括性数字度量，它是研究者想要了解的总体的某种特征值。通常包括的参数有总体平均数、总体标准差和总体比例。由于总体数据通常是未知的，所以参数是一个未知的常数。比如不知道某一网站用户的平均年龄。正因为如此，所以进行抽样，根据样本计算出某些值去估计整体参数。

统计量（Statistic）是用来描述样本特征的概括性数字量度。它是根据样本数据计算出来的一个量，由于抽样是随机的，因此统计量是样本的函数。样本统计量主要有样本平均数、样本标准差、样本总体比例等。由于样本是已经抽出来的，所以统计量总是已知的。抽样的目的就是要根据样本统计量去估计总体参数。

3. 变量

变量（Variable）是说明现象某种特征的概念，其特点是从一次观察到下一次观察结果会呈现出差别或变化。变量的取值称为变量值，变量可以分为：

（1）分类变量。分类变量（Categorical Variable）是说明事物类别的一个名称，其取值是分类数据。如"性别"是一个分类变量，其变量值为"男"或"女"。

（2）顺序变量。顺序变量（Rank Variable）是说明事物有序类别的一个名称，其取值是顺序数据。如"受教育程度"是一个顺序变量，其变量值可以为"小学""初中""高中""大学"等；在进行产品调研时，用户的满意度也是顺序变量，其变量值一般为"非常不满意""不满意""一般""满意"和"非常满意"。

（3）数值型变量。数值型变量（Metric Variable）是说明事物数字特征的一个名称，其取值是数值型数据。如"年龄""时间"等都是数值型变量。

4. 数据的概括性度量

数据的概括性度量主要分为三个方面：分布的集中趋势，反映各数据向其中心靠拢或聚集的程度；分布的离散程度，反映数据远离其中心值的趋势；分布的形状，反映数据分布的偏态和峰态。

（1）集中趋势的度量。

1）分类数据：众数。众数是一组数据中出现次数最多的变量值。从分布的角度看，众数是具有明显集中趋势点的数值，一组数据分布的最高峰点所对应的数值即为众数，可记为 M。众数主要用于测度分类数据的集中趋势，当然也适用于作为顺序数据以及数据型数据集中趋势的测度值。一般情况下，只有在数据量比较大的情况下，众数才有意义。

2）顺序数据：中位数和四分位数。中位数是一组数据排序后处于中间位置上的变量值，用 M_e 表示。显然，中位数将全部数据分成两部分：一部分比中位数大；一部分比中位数小。中位数主要用于测度顺序数据的集中趋势，当然也适用于测度数据型数据的集中趋势，但不适用于分类数据。

中位数位置的确定公式为：

$$中位数位置 = \frac{n+1}{2}，\quad n为数据个数$$

四分位数也称四分位点，它是一组数据排序处于 25% 和 75% 位置上的值。四分位数通过 3 个点将全部数据等分为 4 部分，中间的四分位数就是中位数。四分位数的位置确定方法如下：

$$Q_L = \frac{n}{4}，\quad Q_L 为下四分位数$$

$$Q_U = \frac{3n}{4}，\quad Q_U 为上四分位数$$

3）数值型数据：平均数。平均数也称均值，它是一组数据相加后除以数据的个数得到的结果。平均数在统计学中具有重要意义，是集中趋势最重要的度量值。它是一组数据的重心所在，是数据误差相互抵消后的必然结果。它主要适用于数值型数据，而不适用于分类数据和顺序数据。未经分组数据计算的平均数称为简单平均数（Simple Mean）。有一组样本数据，简单样本平均数的计算公式为：

$$\bar{x} = \frac{x_1 + x_2 + \cdots + x_n}{n} = \frac{\sum_{i=1}^{k} x_i}{n}$$

根据分组数据计算的平均数称为加权平均数（Weighted Mean）。设原始数据被分为 k 组，各组的组中值分别用 M_1，M_2，$\cdots$，M_k 表示，各组变量值出现的频数分别为 f_1，f_2，$\cdots$，f_k，则样本的加权平均数的计算公式为：

$$\bar{x} = \frac{M_1 f_1 + M_2 f_2 + \cdots + M_k f_k}{f_1 + f_2 + \cdots + f_k} = \frac{\sum_{i=1}^{k} M_i f_i}{n}$$

几何平均数是 n 个变量值乘积的 n 次方根，用 G 表示，它的计算公式为：

$$G = \sqrt[n]{x_1 \times x_2 \times \cdots \times x_n} = \sqrt[n]{\prod_{i=1}^{n} x_i}$$

几何平均数是适用特殊数据的一种平均数，它主要用于计算平均比率。当所掌握的变量值本身是比率的形式时，采用几何平均法计算更为合理。在实际应用中，几何平均数主要用于计算现象的平均增长率。

（2）离散数据的度量。数据的离散程度是数据分布的又一特征，它反映的是各变量值远离其中心值的程度。数据的离散程度越大，集中趋势的测度值对该数据的代表性就越差；离散程度越小，其代表性就越好。描述离散程度的测度值，根据数据类型的不同主要有异众比率、四分位差、方差和标准差。此外，还有极差、平均差以及测度相对离散程度的离散系数等。

8.2.2　数学的基本概念

1. 运算符

求和运算符 Σ 的定义如下：

$$\sum_{i=1}^{n} Y_i = Y_1 + Y_2 + \cdots + Y_n$$

求积运算符 Π 的定义如下：

$$\prod_{i=1}^{n} Y_i = Y_1 \cdot Y_2 \cdot \cdots \cdot Y_n$$

2. 随机变量

随机变量（Random Variable）表示一个群体的某个特征属性。随机变量是随机的，因为在确定要观察某个个体之前，无法预知它的准确取值。

使用随机变量的目的有二：一是用一些参数来表示这个随机变量以及它所代表的群体的属性。比如，一个随机变量期望值是一个参数，它描述的是一个群体的属性的"中心"位置。假如用 Y 来表示目标用户的年龄，而且其期望值是 30，那么 Y 的期望值能用简洁的语言来描述目标用户的平均年龄。二是可以用随机变量来描述事物之间的关系，通常会对"X 是不是影响了 Y 感兴趣"。在传统的数学分析中，X 与 Y 往往是一一对应的，就算不是一一对应，也往往有一个明确的集合。但在概率与统计中，它们的关系是不确定的。也就是说，如果知道了 X，X 可以帮人们更好地猜 Y 的值，但还不能给出明确的值。总之，随机变量可以被用来代表一个群体的某个属性，随机变量的参数可以描述这个属性的一些特点，也可以描述随机变量之间的关系。

假定还没有任何其他信息帮助了解 Y，但不能因为它是一个随机变量就放弃了。所以，先假定一个随机变量 Y 取有限值的一组值（如果 Y 是一个连续随机变量，可以用积分运算取代求和运算），Y 取某一个值 Y_s 的概率可以用一个概率函数来表示：

$$f(Y_s) = P(Y = Y_s), s = 1, \cdots, k$$

这个函数表示一个随机变量取一个特定值的可能性。它表示，随机地从群体中取一个个体，这个个体取某个值的可能性。随机变量虽然是随机的，它其实也有一定的规律。至少，它取一个特定值的可能性是确定的。Y 的期望值（Expected Value）的定义是：

$$E(Y) = \sum_{s=1}^{n} Y_s f(Y_s)$$

期望值表示这个随机变量的"中心"位置在哪里。对于给定的常数 a 与 c，期望值有以下数学属性：

$$E(a + cY) = a + cE(Y)$$

Y 的方差（Variance）的定义可以用两种方法表示：

$$\sigma^2 Y = \sum \{[Y - E(Y)]^2\}$$
$$\sigma^2 Y = E(Y^2) - [E(Y)]^2$$

方差的平方根是标准差 $\sigma(Y)$（Standard Deviation）。方差表示了一个随机变量的大概"范围"。对于给定的常数 a 与 c，方差有以下数学属性：

$$\sigma^2(a + cY) = c^2(Y)$$

两个随机变量 Y 与 Z 的协方差（Covariance）的定义可以用两种等同的方式表示：

$$\sigma(Y, Z) = \sum \{[Y - E(Y)][Z - E(Z)]\}$$
$$\sigma(Y, Z) = E(YZ) - E(Y)E(Z)$$

协方差表示两个随机变量的运动方式是否相似。具体来讲，假定两个随机变量是正相关的，协方差表示当一个变量增加（或减少）时，另一个是否也在增加（或减少）。它们同增或同减的关系越明确，协方差就越大。对于给定的常数 a 与 c，协方差有以下属性：

$$\sigma(a_1 + c_1 Y, a_2 + c_2 Z) = c_1 c_2 \sigma(Y, Z)$$

8.2.3 描述统计与变量统计分析

问卷调查的目的：一是描述变量的变化；二是解释产生这种变化的原因。在问卷调查完成后，需要用专业的统计学方法对问卷中的变量进行提取和分析，得出结论，最终达到问卷调查的目的。

1. 统计和变量分类

（1）测量的四个层次。在做问卷调查时，不一定所有的项目都是用数字表征的。例如，客户的满意度分为非常不满意、不满意、一般、满意和非常满意。对于这样的特征，无法直接进行统计学的分析，因此，需要用数字将它们表征出来，这就是所谓的测量。

在问卷中，项目的类型不同，其数字表征的方法也不一样。根据数据情况，测量可分为以下四个层次：定类层次、定序层次、定距层次、定比层次（见表 8-7）。

表 8-7　测量的四个层次

类型	定义	形式	特征	统计学应用
定类层次	将被测量的特征进行分类，但不能确定不同类型之间的高低和大小	将"性别"分为"男性"和"女性"	类型之间不能相互包含，而必须相互排斥；要穷尽所有可能的类型	用某些数字代表不同的类型。但是这些数字不反映被测变量的数量特性，只作为识别标志

续表

类型	定义	形式	特征	统计学应用
定序层次	不但能够将被测量的特征分类，还能确定不同类型之间的高低、大小	将"用户满意度"分为"非常不满意""不满意""一般""满意"和"非常满意"	能够反映不同等级之间的高低和大小，但是不能反映等级之间的具体差距。	用排序型的数字（1，2，3，4，5，…）代表，数字只代表序列关系，不涉及数量关系
定距层次	能够将测量特征进行分类，对类型之间的大小、高低进行区分，还可以确定不同类型之间的具体差距	摄氏温度	定距测量中的"零"是任意规定的，并不表示不存在正在被测量的特征	在统计学中应用较少
定比层次	测量的最高层次，具有上述三种层次的特征	年龄、收入等，一般以数字的形式出现	具有"绝对的零"，即零表示不存在正在被测量的特征	在统计学中，它所得的数据能够做数学运算

（2）统计分析的类型。按所涉及的变量的个数，统计分析可分为单变量分析、双变量分析、多变量分析。按照是否根据样本数量推论总体的特征，统计分析可分为描述统计和推论统计。数据变量的类型有以下一些。

1）自变量与因变量。在统计分析的过程中，常常涉及变量之间的因果关系，这其中包括自变量和因变量。自变量（Independent Variable）是指引起其他变量变化的变量。一般用它来解释其他变量的变化。因变量（Dependent Variable）是指随自变量而变化的变量。

2）连续型变量与离散型变量。连续型变量是在其取值范围内，变量可以取任意值，即其可能的取值是无限的。相反，离散型变量的取值是非连续的、有限的。定类变量和定序变量都是离散型变量，定比变量可以是连续性变量，也可以是离散型变量。

2. 描述统计单个变量

（1）单个变量分布。

1）变量的分布。变量的分布是指一个变量的各种取值出现的次数或所占的百分比。变量的取值不一定是数字形式，可以是之前提到的"性别"中的"男"和"女"，用取值"1"和"2"代表它们。变量的分布包括频数分布（频次分布），表示每个类型出现的次数；频率分布（百分比分布），表示每个类型所占的百分比。

2）变量分布表。以下是一个标准的变量分布表，将根据它来说明变量分布表的要素（见表8-8）。

表8-8 某设计与艺术学院学生性别

性别	人数/人	占总数的百分比/%
男	100	22.2
女	350	77.8
合计	450	100.0

一个标准的变量分布表包括：

① 表号：例子中的"表8–8"。

② 总标题：例子中的"某设计与艺术学院学生性别表"。

③ 横栏标题：例子中的"男""女"。如果是定序测量，横栏标题应该按顺序排列，一般情况下由高到低。

④ 纵栏标题：例子中表示频数分布的"人数"和表示频率分布的"占总数的百分比"。

⑤ 表示分布情况的具体数据：在横纵栏的交叉点处。

⑥ 其他：如果有其他的注释，一般放在表下。

3）变量分布图。用图形的形式表示一个变量的分布，具有直观、清晰的优点。变量分布图的形式主要有圆瓣图、条形图、直方图、折线图与曲线图。

（2）集中趋势测量。上节在对变量的描述时提到，要对各取值情况进行全面的描述，而在实际应用中，有时只需了解其分布特征就足够了。这时，用一些典型的变量值代表所有变量值的情况，这就叫作变量分布的集中趋势。单变量的集中趋势一般指标有三个：算术平均值、中位值和众值。

1）算术平均值。算数平均值也称平均值或均值，其计算方法是将所有的变量相加，再除以变量的总个数。包括两种算法：

① 直接计算：

$$\bar{x} = \frac{\sum x_i}{n}$$

② 加权计算：

$$\bar{x} = \frac{x_1 f_1 + x_2 f_2 + \cdots + x_n f_n}{f_1 + f_2 + \cdots + f_n}$$

式中，$f_1, f_2, \cdots, f_n$ 为各组的次数，亦称权数，它也可以是各组的次数占总次数的比重。

通常，只计算定比变量的算数平均值，因为对定类变量和定序变量无法计算其平均值，但是也有例外，例如二分变量。二分变量是相互排斥的两种取值的定类变量，对于它们，如果将其取值分别设为"1"和"0"，这时平均值就等于取值为"1"的变量出现的次数占总次数的百分比。利用这种方法，可以将计算百分比的问题转换成为计算平均值的问题。转换方法：将感兴趣的类型设为"1"，其余类型设为"0"，从而计算出"1"的比例。算数平均值的适用范围为定比变量、定类变量中的二分变量。

2）中位值。将所有的变量值由一定的大小强弱顺序进行排列，位于中间位置上的变量就是中位值（Median）。如果变量值的数量为奇数，中位值就等于最中间那个数的值；如果变量值的数量为偶数，那么中位值就等于位于中间的两个数值求平均的结果。因为决定中位值的是位于中间位置的变量，所以中位值不受极端低值或高值的影响。中位值的适用范围为定序变量和定比变量。

3）众值。众值（Mode）是指出现次数最多的那个变量值。众值适用于任何测量层次的变量。

（3）离散程度测量。在进行统计分析时，会出现这种情况：n 组数据集中趋势的三个指标都相同，但是其内部差异还是存在的。这时候，就要进一步测量数据的离散程度，又称变异程度测量。离散程度测量包括以下几个指标：

1）极差。极差等于最大的变量值与最小的变量值之间的差异。极差越大，表明变量值之间的变异性越大。但因为极差只利用了两个变量，所以它对变量分布的整体情况代表性并不是很大。

$$R = x_{\max} - x_{\min}$$

极差适用范围为定序变量和定比变量。

2）异众比率。异众比率（Variation Ratio），非众值出现的次数占总次数的比率。异众比率越大，众值的代表性就越低。

3）四分位差。将变量值由小到大进行排列，并以此将其划分为四个相等的部分。第三个四分位的值和第一个四分位的值之差就是四分位差。四分位差越大，中位值的代表性越低。四分位差的适用范围为定序变量和定比变量。

4）方差。方差反映的是所有变量值离开总体均值的平均程度。

$$\sigma^2 = \frac{\sum(x_i - \overline{x})^2}{N}$$

式中，$\overline{x}$ 代表总体均值，N 代表总体中的数量。

在随机调查中，总体的方差是未知的，需要用样本的方差来估计总体方差，为了使其称为总体方差的一个无偏估计量，样本方差的计算公式为：

$$s^2 = \frac{\sum(x_i - \overline{x})^2}{n-1}$$

5）总体标准差。标准差是方差的平方根，总体标准差的计算公式为：

$$\sigma = \sqrt{\sigma^2} = \sqrt{\frac{\sum(x_i - \overline{x})^2}{N}}$$

样本标准差的计算公式为：

$$s = \sqrt{\frac{\sum(x_i - \overline{x})^2}{n-1}}$$

6）相对变异系数。相对变异系数（Coefficient of Relative Variation，CRV），CRV 的计算方法是用标准差除以平均值。它是对标准差的一种近似的标准化，因为消除了平均值和计量单位的影响，因此可以进行直接的比较。

$$CRV = \frac{\sigma}{\overline{x}}$$

CRV 越大，代表变量的分布越离散，其平均值的代表性也就越低。

3. 描述统计两个变量之间的关系

（1）总述和分类。前面描述了单个变量的分布、集中趋势和离散趋势。但是，变量的变化是由什么促成的呢？在定量研究中，采用的方法是将其变化与另一种变量的变化进行比较，判断一个变量变化时另外一个是否跟着变化，如果答案是肯定的，那么它们之间的变化关系又属于哪种类型呢？因此我们在双变量分析中主要关注以下几个问题：① 两个变量是否相关；② 如果相关，其相关的方向和相关程度是什么；③ 判断这种相关的关系是否为因果关系。

根据待分析双变量的层次，可以将其分为四个类型，即定类变量和定类变量的关系、定序变量和定序变量的关系、定比变量和定比变量的关系、定类和定比变量的关系（见表 8-9）。

表 8-9　双变量分析的主要类型

类型	定类变量	定序变量	定比变量
定类变量	√		√
定序变量		√	
定比变量	√		√

（2）描述两个定类变量之间的关系。

1）交互表的三种分布：

① 边缘分布，边缘分布只研究交互表中某个频次的分布，而不考虑另一个变量的取值。表 8-10 中"性别"的边缘分布为：男性 150 人，女性 150 人。"态度"的边缘分布为：支持 130 人，反对 170 人。

② 条件分布，条件分布是将其中的一个变量控制起来取固定值，再看另一个变量的分布。通过交互表来研究两个变量之间的关系，条件分布很关键，它反映的是自变量取不同值时因变量的分布情况，通过分析可以判断两个变量之间的相关关系。例如，取表 8-11 中的"男性"为固定值，其中支持吸烟的为 80.0%，反对吸烟的有 20%；若取"女性"为固定值，吸烟的支持率为 6.7%，反对率为 93.3%。在自变量发生变化的情况下，因变量也出现了截然不同的结果，所以说性别因素对吸烟态度会产生影响，两者具有一定的相关性。

③ 联合分布，联合分布是由所有的自变量和因变量联合决定的。因此可以将变量分为：男性支持者、男性反对者、女性支持者、女性反对者四类。

表 8-10　性别对吸烟的态度频次交互表　　　　　　　　　　　　　人

态度	男性	女性
支持	120	10
反对	30	140
合计	150	150

表 8-11　性别对吸烟的态度频率交互表

态度	男性	女性
支持/%	80.0	6.7
反对/%	20.0	93.3
合计/%	100.0	100.0
合计人数/人	150	150

2）两个定类变量之间的相关程度。统计学中反映相关程度的统计量是相关系数（Correlation Coefficient）。相关系数分为两大类：一类是以卡方值为基础的相关系数；一类是以减少误差比例（Proportional Reduction in Error，*PRE*）为基础的相关系数。

假设两个变量之间是相关的，那么一个变量的变化必然影响另一个变量的变化，也就是说一个变量的信息有助于预测另外一个变量的信息。当知道其中一个的信息，在预测另一个信息的时候，所产生的误差会比不知道的时候小。减少的误差越多，*PRE* 越大，证明两个变量的相关程度越高。

对于两个相关变量，设 x 为自变量，y 为因变量。E_1 表示在不知道 x 的情况下预测 y 所产生的全部误差，E_2 表示根据 x 的情况预测 y 所产生的全部误差。$E_1 - E_2$ 表示知道 x 后预测 y 所减少的误差。

$$PRE = \frac{E_1 - E_2}{E_1}$$

当 *PRE*=0 时，证明 $E_1 = E_2$，即 x 的情况对于预测 y 没有产生影响，即 x 与 y 不相关。

当 *PRE*=1 时，证明 $E_2 = 0$，即 x 与 y 是完全相关的。

$0 < PRE < 1$，*PRE* 越大，证明两个变量的相关程度越高。

① Lambda 系数（λ 系数）。对于定类变量，它的集中趋势只能用众数来表示。计算 Lambda 系数便是利用众值的频次来计算。

$$Lambda系数 = \frac{E_1 - E_2}{E_1}$$

与 *PRE* 相同的是，E_1 表示在不知道 X 的情况下预测 Y 所产生的全部误差，E_2 表示根据 X 的情况预测 Y 所产生的全部误差。与之前 *PRE* 系数不同的是计算错误的方法，它是利用因变量 Y 的非众值的频次来计算。以表 8–12 为例：

表 8–12　性别对吸烟的态度频次交互表　　　　　　　　　　　人

态度	男性	女性	实际情况
支持	120	10	130
反对	30	140	170
合计	150	150	

E_1：假设不知道 X 的情况，即不知道被访者性别。预测支持吸烟情况的方法是，用"态度"的众值，即"反对"去预测每一位被调查者，也就是假设他们全都"反对"。而真实情况是支持者为 130 人，反对者为 170 人，所以在这个假设中，被预测错的人数 E_1=130（人）。

E_2：在知道性别信息之后。在男性群体中，用其众值"支持"来预测每一位男性被访者，预测错的人数为反对的 30 人；在女性群体中，用其众值"反对"来预测每一位女性被访者，预测错的人数为支持的 10 人。这种预测所犯的错误总数为 30+10=40（人），即 $E_2 = 40$（人）

$$Lambda系数 = \frac{E_1 - E_2}{E_1} = \frac{130 - 40}{130} = 69.2\%$$

因此，在知道性别信息后，有关被访者的态度信息预测错误率减少了 69.2%，即性别

与态度的 λ 相关系数为 69.2%

在进行 λ 系数的相关计算时，需明确谁是自变量谁是因变量，这会对结果产生很大的影响。另外，它有一个缺陷：当交互表中各列的众值处于同一行时，λ 系数将为 0，λ 系数对问题的分析便没有意义，这时用同样具有 *PRE* 性质的 tau 系数进行计算。

② tau 系数。tau 系数与 Lambda 系数不同，它不再利用众值来预测因变量的值，而是用边缘分布所提供的百分比进行预测。还是以表 8–11 为例：

E_1：我们不知道性别类型，只知道"态度"的分布，即 130 人表示"支持"，170 人表示"反对"，也就是 43.3%的人"支持"，56.7%的人"反对"。将全部 300 人全部预测为 43.3%"支持"，56.7%"反对"。对于真正的支持者来说，被预测正确的人数为 130×43.3%=56（人），则被预测错误的人数为 74 人；对于真正的反对者来说，被预测错误的人数为 74 人。所以 $E_1 = 74 + 74 = 148$（人）。

E_2：同理。

tau 系数考虑了交互表中的所有信息，所以敏感度比 λ 系数高，但是它比 λ 系数复杂，不过也无妨，现在这种运算都是在软件 SPSS 上完成的，不需要进行手工计算。

（3）两个定序变量之间的相关程度。定序变量可以确定不同变量的等级。分析两个定序变量的关系，主要是判断它们之间是否存在等级相关。即当一个变量变大或变小的时候，另一个变量的等级是否也有相应的变化。

在制作定序变量的交互表时，要注意区分自变量和因变量，此外，还要注意等级的排列顺序，每一个变量都应按序排列，自变量和因变量的等级的变化顺序应该一致。例如我们调查不同年龄段的用户对产品的满意程度（见表 8–13）。

表 8–13　年龄段与满意程度之间的关系　　　　　　　　　　　　　人

项目	青年人	中年人	老年人
不满意	10	25	50
一般	30	50	30
满意	60	25	20
总计	100	100	100

一般情况下，常用 Gamma 系数和 d 系数来描述两个定序变量的相关程度。

1）Gamma 系数。Gamma 系数基于同序对和异序对的数量，是测量两个定序变量等级相关程度的一个最常用系数。

首先介绍几个基本概念：同序对、异序对、同分对（见表 8–14）。

表 8–14　相关基本概念

概念	假设分析的两个定序变量分别为 x 和 y，它们按等级分别取值 $x_1, x_2, \cdots, x_n$；$y_1, y_2, \cdots, y_n$
同序对	当 $x_1 > x_2$ 时，$y_1 > y_2$；当 $x_1 < x_2$ 时，$y_1 < y_2$
异序对	当 $x_1 > x_2$ 时，$y_1 < y_2$；当 $x_1 < x_2$ 时，$y_1 > y_2$

| 同分对 | 甲与乙在变量 x 上具有相同的等级时（ $x_1 = x_2$ ），在 y 上不具有相同的等级，这是称甲与乙是 x 的同分对 |
| | 甲与乙在变量 y 上具有相同的等级时（ $y_1 = y_2$ ），在 x 上不具有相同的等级，这是称甲与乙是 y 的同分对 |

对于上述年龄段与满意度的调查，设定青年人、中年人、老年人分别为 1，2，3；在满意程度上设定满意、一般、不满意分别为 1，2，3。假设我们调查了 10 个人，他们的年龄和满意度分布如表 8–15 所示。

表 8–15　年龄和满意度分布

被调查者	年龄（x）	满意度（y）
A	2	2
B	1	3
C	2	1
D	3	1
E	2	3
F	1	2
G	1	2
H	2	3
I	3	1
J	3	2

从表中可以看出来：

G 和 H 属于同序对；

A 和 B，B 和 C，G 和 I 都属于异序对；

I 和 J 属于关于 x 的同分对；

C 和 D 属于关于 y 的同分对。

Gamma 系数是根据样本中同序对和异序对的数量之差反映等级相关的程度的系数。

如果用 N_s 代表同序对的数量，N_d 代表异序对的数量，那么 Gamma 系数的计算公式为：

$$G = \frac{N_s - N_d}{N_s + N_d}$$

从公式中可以看出：

当同序对和异序对数量相等时，$G=0$，这时表示两个定序变量之间不存在等级相关关系。但是这并不代表它们不存在其他形式的相关关系。

G 的取值范围是 $-1 < G < 1$，G 的正负代表相关方向，G 大于 0 时，代表两个定序变量等级正相关；G 小于 0 时，代表等级负相关；G 的绝对值越大，代表等级相关程度越高。

同序对和异序对的计算以表 8–16 为例。

表 8–16　年龄段与满意程度之间的关系　　　　　　　　　　人

项目	青年人	中年人	老年人
不满意	10	25	50
一般	30	50	30
满意	60	25	20
总计	100	100	100

$$N_s = 10 \times (50 + 30 + 25 + 20) + 25 \times (30 + 20) + 30 \times (25 + 20) + 50 \times 20 = 4\,850$$

$$N_d = 50 \times (30 + 50 + 60 + 25) + 25 \times (30 + 60) + 30 \times (60 + 25) + 50 \times 60 = 16\,050$$

$$G = \frac{4\,850 - 16\,050}{4\,850 + 16\,050} = -0.54$$

所以，可以得出此产品的年龄段与满意程度是负相关的，即随着年龄段的增加，满意度逐渐下降。

2）d 系数。d 系数是一个不对称的等级相关系数，在计算时涉及同分对，因此需要严格区分自变量和因变量。它也是 Gamma 系数的一个修正系数，即在分母中增加了同分对的数量。

如果是以 x 来预测 y，即 x 是自变量，y 是因变量，这时增加 y 的同分对 N_y，这时

$$d_x = \frac{N_s - N_d}{N_s + N_d + N_y}$$

如果是以 y 来预测 x，即 y 是自变量，x 是因变量，这时增加 x 的同分对 N_x，这时

$$d_y = \frac{N_s - N_d}{N_s + N_d + N_x}$$

d 系数与 Gamma 系数的取值范围相同。一般情况下，Gamma 系数适用于分析对称关系；d 系数适用于分析不对称关系（即能区分自变量和因变量）。

（4）两个定比变量之间的相关程度。一般情况下，定类变量和定序变量的取值种类都不是很多，它们均属于离散型变量，但是定比变量往往涉及连续的数字，利用交互表来分析变量之间的关系不太现实。在实际操作中，往往将两个定比变量描绘在一个直角坐标系中，以散点图的形式呈现（见图 8–1）。

观察散点图的分布状况，可以大致判断出两个变量是否线性相关、线性相关的方向和相关的程度。

散点图呈现出一定的分布趋势，则相关；散点随机分布，未呈现出一定的分布趋势形状，则不相关。散点的分布呈直线状，变量之间存在线性关系；分布呈非直线状，变量存在非线性关系，曲线相关。散点分布左低右高，证明随着自变量的增大，因变量也增大，两变量呈正相关，反之，则负相关。对于线性相关的点，如果散点集中在一条直线上，表示两个变量之间的关系属于完全确定的直线函数关系，即完全相关。但是实际中这种情况几乎不可能出现，散点的分布往往比较分散。散点的分布越密集呈直线状，证明线性相关程度越高。

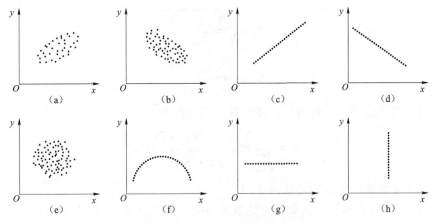

图 8-1　定比变量之间的相关程度

（a）正相关；（b）负相关；（c）完全正相关；（d）完全负相关；（e）零相关；

（f）曲线相关；（g）无直线相关；（h）无直线相关

1）线性相关系数的计算——皮尔逊 r 系数。皮尔逊 r 系数是计算两个定比变量之间的线性相关程度的。皮尔逊相关系数的计算首先涉及一个重要的概念——协方差。

对于两个定比变量 x 和 y，x 是自变量，y 是因变量。那么 x，y 的均值分别是（见图 8-2）：

$$\bar{x} = \frac{\sum x_i}{n}$$

$$\bar{y} = \frac{\sum y_i}{n}$$

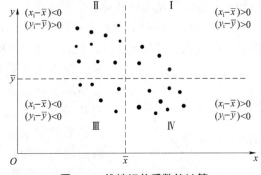

图 8-2　线性相关系数的计算

将坐标轴移到 $\bar{x}$，$\bar{y}$ 上，那么，在新的坐标系里，数据分别分布到四个象限里，坐标分别变为：$(x_1 - \bar{x}, y_1 - \bar{y})$，$(x_2 - \bar{x}, y_2 - \bar{y})$，$\cdots$，$(x_n - \bar{x}, y_n - \bar{y})$。

如果变量 x 与变量 y 之间存在线性相关关系，那么它们不会均匀分布在四个象限。如果它们正相关，会在一、三象限分布多一些；如果负相关，会在二、四象限分布多一些。可以将 $\sum(x_1 - \bar{x})(y_1 - \bar{y})$ 作为线性相关程度的标志。$\sum(x_1 - \bar{x})(y_1 - \bar{y})$ 不等于 0，则说明 X 与 Y 之间存在线性相关关系。$\sum(x_1 - \bar{x})(y_1 - \bar{y})$ 的绝对值越大，表明其线性相关程度越强。

将 $\sum(x_1 - \bar{x})(y_1 - \bar{y})$ 除以自由度（$n-1$），便得到了协方差，它表明两个变量的实际观测值相对于各自的均值所造成的共同平均离差。协方差的公式为：

$$COV(x, y) = \frac{\sum(x_1 - \bar{x})(y_1 - \bar{y})}{n-1}$$

协方差的值与两个变量的计量单位有关，无法比较不同计量单位计算所得的协方差的大小。所以必须将其标准化。即将每一个 $(x_i - \bar{x})$ 值除以 X 的样本标准差 S_x，将每个 $(y_n - \bar{y})$ 值除以 X 的样本标准差 S_y。由于

$$S_x = \sqrt{\frac{\sum(x_i - \overline{x})^2}{n-1}}$$

$$S_y = \sqrt{\frac{\sum(y_i - \overline{y})^2}{n-1}}$$

代入后，得到标准化的协方差，即线性相关系数为：

$$r = \frac{\sum(x_i - \overline{x})(y_i - \overline{y})}{\sqrt{\sum(x_i - \overline{x})^2 \cdot \sum(y_i - \overline{y})^2}}$$

线性相关系数的取值范围是从–1 到 1。

r 系数是一个对称的相关系数，无论谁是自变量或因变量，r 的大小不变。

相关系数的绝对值（$|r|$）的大小只反映两个变量之间的线性相关的程度，并不意味着两个变量之间不存在其他形式（例如，非线性相关）的相关关系。

在样本比较小时，r 可能会受个别极端值的影响。

在实际的调查中，散点有可能会集中到两个区域，在这两个区域内，两个变量都呈线性相关关系，但是总体计算 r 会变成 0。

2）一元线性回归分析。"回归效应"是由英国著名生物学家兼统计学家 Galton 提出来的。在研究人类遗传问题时，他搜集了 1 078 对父亲及其儿子的身高数据。他发现这些数据的散点图大致呈直线状态，也就是说，总的趋势是父亲的身高增加时，儿子的身高也倾向于增加。但是，高个子男人的儿子身高要比他们的父亲矮，矮个子男人的儿子的身高要比他们的父亲高，即后代的身高向平均身高回归，这就是所谓的回归效应。

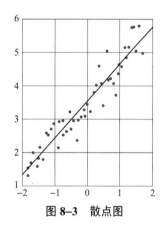

图 8–3　散点图

关于自变量 x 与因变量 y，它们的值在坐标轴上形成一个散点图（见图 8–3），理论上通过散点可以画出无数条直线，但是哪一条直线最能代表总体情况，即哪条直线与散点的拟合度最好。如果散点到某条直线的铅直距离的平方和最小，那么这条直线就是拟合度最好的直线，也就是回归直线。这种计算方法叫作最小平方法。

假设回归直线的方程为：

$$\hat{y} = a + bx$$

根据最小平方法，对方程进行导数运算，求得的 a，b 值分别为：

$$b = \frac{\sum(x_i - \overline{x})(y_i - \overline{y})}{\sum(x_i - \overline{x})^2}$$

$$a = \overline{y} - b\overline{x}$$

在实际运算中，计算出了 a，b 值，回归方程也就确定了，a 是回归直线在纵轴上的截距，即当 $x = 0$ 时 $\hat{y}$ 的值，称为回归常数；b 是直线的斜率，称为回归系数。有了回归直线，便可以通过一个变量对另一个变量进行估计。但是利用回归方程预测因变量的值时，不能预测自变量范围以外的情况，因为超过样本范围以后，两个变量之间的关系可能不再是原有的线性关系。

回归系数 b 和线性相关系数 r 的正负号一致，即 b 大于 0 时，两个变量之间存在正的线性相关关系；当 b 小于 0 时，两个变量之间存在负的线性相关关系；当 b 等于 0 时，则表示两个变量之间不存在线性相关关系。但是它们之间的大小不一定呈正比关系，相同的 b 值可以对应不同的 r 值。在 r 值非常小的情况下绘制出的回归直线，误差会非常大。b 值是一个不对称的系数，将原来的自变量变成因变量，因变量变成自变量，会得到不同的 b 值，因此，在进行回归分析时要分清自变量和因变量。

3）直线回归方程的应用。描述两变量之间的依存关系；利用直线回归方程即可定量描述两个变量间依存的数量关系；利用回归方程进行预测；把自变量 x 代入回归方程对因变量 y 进行估计，即可得到个体 y 值的容许区间。

利用回归方程进行统计控制，规定 y 值的变化，通过控制 x 的范围来实现统计控制的目标。例如已知某加工工厂粉尘浓度和工人尘肺病患病率间的回归方程，那么就可以通过对工厂粉尘环境的控制改造来降低工人尘肺病的患病概率。

8.2.4　概率抽样与概率分布

上一部分的内容涉及对样本数据本身进行描述统计，那么，如果要根据样本来进行总体的估计和预测总体特征，应该怎么办？这时就用到了推论统计。总的来说，推论统计研究如何根据样本数据去推断总体数量特征的方法。它是在对样本数据进行描述的基础上，对统计总体的未知数量特征做出以概率形式表述的推断。

1. 抽样方法

在推论统计中，我们通过样本的性质来预测整体性质，因此，当所抽取的样本能够很好地代表总体时，推论的结果相对来讲信度较高；当所抽取的样本与总体状况偏差较大时，推论出的总体性质是不准确的。因此，采取何种方法进行样本抽取是非常重要的。

调查研究中，从整体中抽取样本的基本方法可以分为两大类：非概率抽样和概率抽样。

非概率抽样，又称为不等概率抽样或非随机抽样，就是调查者根据自己的主观判断抽取样本的方法（见表 8-17）。

表 8-17　非概率抽样

抽样类型	性质	案例
方便抽样	样本选择整体中易于抽到的部分	最常见的是偶遇抽样，例如街头拦访
立意抽样	研究人员从总体中选择那些被判断为最能代表总体的单位做样本的抽样方法。研究者对自己所要研究的领域比较熟悉时采用这种方法	空调厂家会抽取夏季比较炎热的省份，作为调查的样本
滚雪球抽样	样本由被调查对象协助选取和扩充	以若干个具有所需特征的人为最初的调查对象，然后依靠他们提供认识的合格的调查对象，再由这些人提供第三批调查对象……依此类推，样本如同滚雪球般由小变大
空间抽样	对非静止的、暂时性的空间相邻的群体的抽样方法	在某高校的报考咨询现场进行样本收集

概率抽样是指按照随机的原则选取调查样本，使调查母体中每一个子体均有被选中的可能性，即具有同等被选为样本的可能率，机遇均等（见表8-18）。

表8-18 概率抽样

抽样类型	性质	案例
简单随机抽样	从总体N个单位中任意抽取n个单位作为样本，使每个可能的样本被抽中的概率相等	类似抓阄、抽签，适用于大样本
系统随机抽样	首先将总体中各单位按一定顺序排列，根据样本容量要求确定抽选间隔，然后随机确定起点，每隔一定的数量抽取一个单位的一种抽样方式	无关排序：调查高校学生月消费水平，先按照姓氏排列，再进行抽取 有关排序：调查某葡萄产地产量，按年份排列后进行抽取。使标志值高低不同的单位，均有可能选入样本，从而提高样本的代表性
分层随机抽样	将总体单位按某一属性特征分成若干类型或层，然后在类型或层中随机抽取样本单位	调查某大型企业员工健康状况。先按照年龄分为 M 个层次，算出每个年龄的构成比，再按构成比从每个层次抽取样本
整群抽样	将总体中各单位归并成若干个独立的群，然后以群为抽样单位抽取样本的一种抽样方式 原则：群内各单位的差异要大，群间差异要小	调查某城市居民户收入情况时，在一个城市抽取 n 个小区，而不是直接按百分比随机抽取人数

2. 概率分布

（1）概率分布类型。概率分布表示的是随机变量一共有多少种取值，每种取值出现的概率是多少。下面将概率分布与之前所说的频率分布进行比较，以加深理解（见表8-19）。

表8-19 概率分布与频率分布

项目	概率分布	频率分布
定义	总体的概率分布，即随机变量各取值相应的概率	样本中某一变量的各取值出现的次数占总次数的百分比
分布性质	理论分布，唯一的	经验分布，非唯一
计算方法	公式计算	统计资料
反映结果	反映未来的理想结果	反映某次调查或观察所得到的实际结果

1）离散型随机变量概率分布：假设离散型随机变量 X 的取值分别为：$x_1, x_2, \cdots, x_n$，取这些值的概率分别为 $p_1, p_2, \cdots, p_n$，那么其概率分布可以用以下三种形式表示：

① 公式法。

$$P(X = x_i) = p_i \quad (i = 1, 2, \cdots, n)$$

② 列表法（见表8-20）。

表 8–20　列表法

X	x_1	x_2	…	x_n
P	p_1	p_2	…	p_n

③ 图示法（见图 8–4）。

离散型随机变量分布基本性质：

① $p_i \geqslant 0, \ (i = 1, 2, \cdots, n)$。

② $p_1 + p_2 + \cdots + p_n = 1$，即随机变量取遍所有值，其相应的概率之和为 1。

2）连续型随机变量概率分布：连续型随机变量的所有取值是连续地充满某个区间，不能一一列举出来，但其概率分布可以用概率密度函数来表示（见图 8–5）。

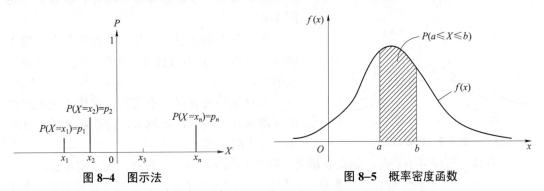

图 8–4　图示法　　　　　　图 8–5　概率密度函数

$$f(x) = \lim_{\Delta x > 0} \frac{p\left(x - \dfrac{\Delta x}{2} \leqslant X \leqslant x + \dfrac{\Delta x}{2}\right)}{\Delta x}$$

当 $\Delta x \to 0$ 时，概率密度函数在平面几何上表现为一条平滑的曲线，这就是概率分布曲线。概率密度函数确定以后，连续随机变量 X 在任意两点 a 与 b 之间的概率就等于概率密度函数 $f(x)$ 在 $[a, b]$ 上的曲边梯形的面积。

概率密度函数具有以下性质：

① $f(x) \geqslant 0$。

② $\int_a^b f(x)\mathrm{d}x = 1$。

3）随机变量的数学期望：

① 离散型随机变量的数学期望值。假设离散型随机变量 X 的取值分别为：$x_1, x_2, \cdots, x_n$，取这些值的概率分别为 $p_1, p_2, \cdots, p_n$，那么 X 的数学期望值为：

$$E(X) = \sum_{i=1}^n x_i p_i = x_1 p_1 + x_2 p_1 + \cdots + x_n p_n$$

② 连续型随机变量的数学期望值。

$$E(x) = \int_{-\infty}^{+\infty} x f(x) \, \mathrm{d}x$$

随机变量的方差和标准差：

$$D(X) = E[X - E(X)]^2$$
$$\sigma = \sqrt{D(X)}$$

（2）正态分布。正态分布是一种最重要的概率分布。许多自然出现的变量分布接近于正态分布，比如英语四六级考试的成绩、一个国家的男女身高、一个地区的家庭收入状况。当样本规模足够大的时候，用于估计总体参数的大多数统计值的抽样分布都接近于正态分布。所以，它在推论统计中占有十分重要的地位。

假设连续型随机变量 x 的总体均值为 μ，标准差为 σ，如果 x 的概率密度为：

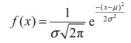

则 x 服从一般正态分布，简称正态分布（见图 8-6）。

正态分布的性质：它是一种对称分布，整个曲线以直线 $x = \mu$ 为对称轴，其平均值、中位值和众值三者合一。

当总体均值 μ 保持不变时，曲线的陡峭程度由标准差 σ 来决定，σ 越大，曲线越平缓；σ 越小，曲线越陡峭。

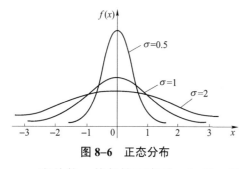

图 8-6 正态分布

当总体 σ 值保持不变时，如果 μ 增大，则整个曲线沿横轴向右移；反之则左移。

1）u 分布。正态分布有两个参数：μ 和 σ，它们决定了正态分布的位置和形态。为了应用方便，常将一般的正态变量 x 通过 u 变换 $u = [(x - \mu) / \sigma]$ 转化成标准正态变量 u，以使原来各种形态的正态分布都转换为 $\mu = 0$，$\sigma = 1$ 的标准正态分布，亦称 u 分布。

2）t 分布。在实际工作中，往往 σ 是未知的，常用 s 作为 σ 的估计值，为了与 u 变换区别，称为 t 变换，统计量 t 值的分布称为 t 分布。

3）抽样分布。抽样分布是从已知的总体中以一定的样本容量 n 进行随机抽样，由样本的统计数所对应的概率分布称为抽样分布。

如果从一个均值为 μ，标准差为 σ 的总体中，采用简单随机抽样的方法抽取样本规模为 n 的所有可能的随机样本，那么，它具有以下几个性质：

样本均值的抽样分布的均值等于总体的均值。

样本均值的抽样分布的标准差等于总体的标准差除以样本规模的平方差。

如果从中随机抽取样本的总体服从正态分布，那么样本均值的抽样分布也服从正态分布。

3. 网站评估案例

之前章节提到了多种统计方法，在实际评估中它们会有哪些应用呢？接下来看看统计学方法是如何在网站评估应用的。

案例一：某大学研究生管理系统是研究生教学与管理的常用软件，它为学生提供信息公布、选课、项目申请等服务，并方便老师进行课程管理、学生管理、项目管理等。作为一个综合性、服务性的教育辅助网站，它真的为师生提供了便利吗？研究生管理系统的用户满意度达标了吗？

（1）收集数据。

选择系统可用性量表（System Usability Scale，SUS）获得用户使用系统后的反馈。可用性量表（SUS）是一种成本较低但有用的工具，它用来评估产品的可用性，包括网站、手机、交互式语音应答系统、电视应用等，它提供了一种易于理解的评分方式（见表 8–21）。

表 8–21　某大学研究生管理系统可用性量表

序号	可用性项目	非常不同意			非常同意	
0		1	2	3	4	5
1	我愿意使用这个系统	○	○	○	○	○
2	我发现这个系统过于复杂	○	○	○	○	○
3	我认为这个系统用起来很容易	○	○	○	○	○
4	我认为我需要专业人员的帮助才能使用这个系统	○	○	○	○	○
5	我发现系统中的各项功能很好地整合在一起了	○	○	○	○	○
6	我认为系统中存在大量不一致	○	○	○	○	○
7	我能想象大部分人都能快速学会使用该系统	○	○	○	○	○
8	我认为这个系统使用起来非常麻烦	○	○	○	○	○
9	使用这个系统时我觉得非常有信心	○	○	○	○	○
10	在使用这个系统之前我需要大量的学习	○	○	○	○	○

测试邀请了 15 名用户在研究生管理系统改进前查询关于选课的信息。在完成任务后，每个用户均需要填写上述的 SUS 量表。1 代表"非常不同意"，5 代表"非常同意"。

（2）处理数据。下面来看看其中一个用户 A 所填写的量表（见表 8–22）。

表 8–22　某大学研究生管理系统可用性量表

序号	可用性项目		非常不同意			非常同意	
0			1	2	3	4	5
1	我愿意使用这个系统		○	○	○	○	○
2	我发现这个系统过于复杂		○	○	○	○	○
3	我认为这个系统用起来很容易		○	○	○	○	○
4	我认为我需要专业人员的帮助才能使用这个系统		○	○	○	○	○
5	我发现系统中的各项功能很好地整合在一起了		○	○	○	○	○
6	我认为系统中存在大量不一致		○	○	○	○	○
7	我能想象大部分人都能快速学会使用该系统		○	○	○	○	○
8	我认为这个系统使用起来非常麻烦		○	○	○	○	○
9	使用这个系统时我觉得非常有信心		○	○	○	○	○
10	在使用这个系统之前我需要大量的学习		○	○	○	○	○

从表中可以看出，用户 A 选择的结果为：2，4，3，3，2，3，2，4，2，3。

接下来分别统计每一个用户的评分，标准的 SUS 量表的原始分值为 40 分，而 SUS 的评分为 0～100 分。为了使总分为 100 分，需要原始分值乘以乘数 2.5。

评分标准：在计算评分之前，要先计算每一项的基值，基值的范围为 0～4。1，3，5，7，9 题的基值为"得分−1"；2，4，6，8，10 题的基值为"得分−5"。最后所有题目得分总和再乘以 2.5 为最后评分。

根据评分标准，用户 A 的得分为：

[(2−1)+(3−1)+(2−1)+(2−1)+(2−1)+(5−4)+(5−3)+(5−3)+(5−4)+(5−3)]×2.5=35

根据同样方法，计算出 15 个用户 SUS 量表的分值，如表 8−23 所示。

表 8−23　15 个用户 SUS 量表分值

用户	1	2	3	4	5	6	7	8	9	10	11	12	13	14	15
得分/分	50	40	42.5	35	62.5	32.5	50	30	60	55	50	40	35	52.5	40

进一步可以计算得到，在这 15 名用户组成的样本中，SUS 分数的均值为 45，标准差为 9.7。

（3）分析数据。该如何解释量表分值呢？SUS 分数反映的是总体的可用性。

评价标准一：

2009 年，AT&T Labs 的 Bangor，Kortum 和 Miller 发表了一篇文章。他们提出用户可以使用"最差"（Worst Imaginable）、"很差"（Awful）、"差"（Poor）、"不错"（Ok）、"好"（Good）、"很好"（Excellent）、"最好"（Best Imaginable）等形容词来总体评价这个用户界面（见图 8−7）。以下是每个形容词对应的 SUS 分数：按照这次的数据，被用户评为 Good 的那些界面，SUS 的平均分为 71.4 分。但是 Bangor 等人并没有足够的证据来证明可以使用 71.4 分或某个分数来判断一个产品是否合格。一般可以认为得分在 60 分以上的系统可用性较好。

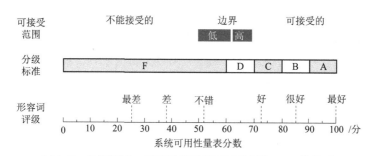

图 8−7　比较等级、可接受范围以及百分制与 SUS 的关系

测试结果显示，某大学研究生管理系统在改进之前的分数为 45 分，远远未达到可用性标准。

评价标准二：

Jeff Sauro 通过 446 个研究，超过 5 000 个用户的 SUS 反馈数据，提出将 SUS 分数转换成百分位数，从本质上说，百分等级用于说明你的应用程序相对于总数据库里其他产品的可用性程度。根据定义，百分等级如果低于 50%，表明低于产品平均水平，高于 50%，表明高于产品平均水平。当 SUS 分数是 69 分时，百分等级是 53%（见表 8–24）。

表 8–24 SUS 原始分数对应的百分数

SUS 原始分数/分	百分等级/%	SUS 原始分数/分	百分等级/%
5	0.3	69	53
10	0.4	70	56
15	0.7	71	60
20	1	72	63
25	1.5	73	67
30	2	74	70
35	4	75	73
40	6	76	77
45	8	77	80
50	13	78	83
55	19	79	86
60	29	80	88
65	41	85	97
66	44	90	99.8
67	47	95	99.999 9
68	50	100	100

案例二：通过之前对研究生管理系统的可用性测试，发现系统可用性较差。因此，对系统进行了改进设计。那么新系统真的比旧系统好用吗？这涉及同一系统新旧网站的比较问题，用数据来说话。这样的分析方法同样也可用在竞品分析上比较不同系统的优劣。

STEP 1 收集数据。

招募 15 名用户，让他们分别使用新旧系统完成指定的任务，在之后填写可用性量表（SUS）问卷，并分别对它们进行评分。与之前流程相同，分别计算出每个用户的 SUS 分值（见表 8–25）。

表 8–25 新旧管理系统可用性量表（SUS）分数和差异

用户	旧系统/分	新系统/分	差异/分
1	50	67.5	17.5
2	55	72.5	17.5
3	65	80	15

续表

用户	旧系统/分	新系统/分	差异/分
4	52.5	77.5	25
5	50	72.5	22.5
6	55	77.5	22.5
7	55	75	20
8	47.5	72.5	25
9	65	80	15
10	57.5	75	17.5
11	55	72.5	17.5
12	50	75	25
13	65	82.5	17.5
14	65	77.5	12.5
15	55	80	25
均值	56.2	75.8	19.7

STEP 2　处理和分析数据。

上一阶段的数据收集和初步整理之后，得到旧系统可用性量表（SUS）分数均值为 56.2 分，新系统可用性量表（SUS）分数均值为 75.8 分。两个得分差值的均值为 19.6 分。

新系统用户样本在该量表中的平均分数高于旧系统的，就代表新系统比旧系统好吗？不一定。因为我们不知道造成分数高低不同的原因，是因为两个设计之间的差别还是因为一些随机因素。更直白一些说，我们不知道系统分数的提高是因为系统可用性真的变好了还是因为巧合和运气让用户给了高分。所以接下来需要进行统计检验，以判断一个差异是否统计性显著。

下面的公式可以判断两个连续或等级量表分数的均值是否存在显著差异：

$$t = \frac{\hat{D}}{\frac{s_D}{\sqrt{n}}}$$

式中，$\hat{D}$ 是每个用户在使用两个不同系统时，得分差值的均值；s_D 是得分差值的标准差；n 是样本量，即每组中参与量表评分的用户的数量；t 是检验统计量。

已知旧系统可用性量表（SUS）分数均值为 56.2 分，新系统可用性量表（SUS）分数均值为 75.8 分。两个得分差值的均值为 19.7 分。计算出得分差值的标准差为 4.07。

将已知值代入公式，得到：

$$t = \frac{19.7}{\frac{4.07}{\sqrt{15}}}$$

$$t = 18.746$$

为了确定是否存在显著差异，需要在 t 表中查询 p 值。在这里解释一下 p 值：统计学根据显著性检验方法所得到的 p 值，一般以 $p<0.05$ 为显著，$p<0.01$ 为非常显著，其含义是样本间的差异由抽样误差所致的概率小于 0.05 或 0.01。实际上，p 值不能赋予数据任何重要性，只能说明某事件发生的概率。接下来进行双侧检验（单侧检验用于均值与基准的比较，双侧检验研究两个可用性测试均值的差异是否为零）。

组内设计测验的自由度为 $n-1$，即为 14。

所以 $p=\text{TDIST}（18.746，14，2）$

计算出的 p 值远小于 0.01，可以下结论说两组可用性测试得分均值无差异的概率非常小，换句话说，可以肯定旧系统和新系统的评分有差异。即新系统可用性得分 75.8 分在统计上显著高于旧系统的 56.2 分，而且分数提高绝非随机概率的偶然性，是真实存在的。

由此，可以得出结论：研究生教育管理系统新系统的可用性好于旧系统的，新系统的用户满意度高于旧系统的。

8.2.5　统计推论

1. 统计推论的类型

统计推论是通过样本信息来推断总体特征。对于无限总体来讲，利用样本进行总体推论是唯一的方法。对有限总体来讲，因为人力成本和其他现实性的原因，也不可能逐一进行统计运算，所以，统计推论对于统计工作是十分必要的。统计推论根据性质可以分为两大类：参数估计和假设检验。参数估计，是根据样本的统计值来估算整体统计值的方法；假设检验是先假设总体的特征，然后通过抽样研究的统计推理，对此假设应该被拒绝还是接受做出推断，判断样本与样本、样本与总体的差异是由抽样误差引起还是本质差别造成的统计推断方法。

2. 参数估计

参数估计主要分为点值估计和区间估计两种。

（1）点值估计：即直接用样本均数作为总体均数的估计值。

（2）区间估计：区间估计是在一定的置信度下，用样本统计值的某个范围（置信区间）来估计总体的参数值。其中，置信度也称为置信概率，反映的是这种估计的可靠性，而置信区间反映的是估计的精确度。举个例子，可以说"我们有 95%的把握认为：某大学拥有笔记本电脑的学生占全体学生的 85%～90%"。在这里，95%是置信度，85%～90%是置信区间。当其他条件保持不变时，置信概率越高，相应的区间将越大，估计的精确程度就越低。

置信区间展现的是这个参数的真实值有一定概率落在测量结果的周围的程度。置信空间给出的是被测量参数的测量值的可信程度，即前面所要求的"一定概率"，这个概率被称为置信水平。如上例所讲，某大学拥有笔记本电脑的学生占全体学生的 88%，而置信水平 0.95 上的置信区间是（85%，90%），那么学生真实的笔记本电脑拥有率则落在 85%和 90%之间。

8.2.6　如何选择统计方法

选择合适的数据分析方法是非常重要的（见表 8-26）。选择数据分析（统计分析）方法时，必须考虑许多因素，主要有：

（1）数据分析的目的；

（2）所用变量的特征；

（3）对变量所做的假定；

（4）数据的收集方法。

表 8–26　分析方法的选择

变量类型		统计分析方法	统计分析目的
因变量	自变量		
定量	定量	回归分析（或线性模型）、相关分析	描述一个或多个自变量与一个因变量之间的因果依存关系，或变量之间的相关关系
定量	定性	T 检验、方差分析	描述一个连续型因变量与一个或多个定类自变量之间的关系
定量	定性、定量	协方差分析（或线性模型）	描述在控制了一个或多个连续型自变量的影响下一个连续因变量与一个或多个定类自变量之间的关系
定性	定性	列联分析	描述定性变量之间的相互影响关系
定性	定量	Logistic 回归分析、差别分析、聚类分析	描述多个定量变量与定性变量之间的依赖关系
定性	定性、定量	对数线性模型	描述定性或定量变量与分类变量之间的关系
定性、定量	定性、定量	—	—
相依模型		主成分分析、因子分析、对应分析等	描述变量、样品或类型之间的结构关系

8.3　问卷调查

8.3.1　基本概念

1. 问卷的定义

问卷属于调查工具中的一种，又称调查表，是在调查过程中用来收集资料的一种工具。叶祥凤（2009）认为问卷是指一系列事先精心设计的、系统的、严密的、需要调查对象书面或口头回答的问题表格。以回答问题的方式收集被调查者的行为、心理等特征，并以书面形式进行信息的收集和记录。问卷的历史可追溯到社会调查广泛开展的 19 世纪。例如，K·马克思曾精心制作过一份工人调查表，它分为四个方面，包括近百个问题，以全面了解工人的劳动、生活和思想状况。20 世纪以来，结构式的问卷越来越多地被用于定量研究，与抽样调查相结合，已成为社会学研究的主要方式之一。

2. 问卷的功能

（1）易于被调查者理解和接受。采用问卷的形式可以通过问卷标题和问卷说明向被调查者清楚地表达调查的意图，以获得被调查者的理解和配合。问卷中提出的问题通常会提供备选的选项，易于被调查者理解问题并较为轻松地回答。

（2）易于操作和实施。实施调查时有多种调查方式可供选择，例如文献法、访谈法、电话调查法等，但这些方法相比问卷调查法来说实施难度更大。例如采用文献法时，需花费很大的时间成本用于搜索并筛选有价值的文献；采用访谈法和电话调查法时，要求调查者具备相当高的询问技巧和记录技巧，否则被调查者难以陈述最真实的行为和想法。而采用问卷调查法时，主要难度在于问卷的设计，当问卷设计完成后，需要的人力和时间成本较低，收集后也可以很方便地进行数据的统计和分析。

（3）易于处理和分析调查结果。在调查问卷中，通常只有很少的问题会要求被调查者做出文字表述回答，绝大多数问题都会给出备选答案，被调查者只需选择与自己的答案最相近的选项即可。因此，与访谈法、实地调研法等方法相比，调查问卷的统计和分析较为容易，因为主要需要统计的是选项。问卷一般会采用人工统计与分析软件统计相配合的形式进行。

（4）有利于提高调查效率。调查问卷中的绝大多数问题都给出了备选答案，因此被调查者可以迅速地选出答案，节省了被调查者的时间，也节省了调查者向被调查者详细解释和沟通的时间，从而提高了整个调查过程的效率。

3. 问卷的类型

问卷根据是否由被调查者自行填写划分为自填式问卷和访问式问卷。自填式问卷是由调查者发送给被调查者（当面发放、网上发送或邮寄等），由被调查者自行填写的问卷。访问式问卷是由调查者根据设计好的问卷，对被调查者进行提问和采访，根据被调查者的回答来填写问卷。

问卷根据是否有固定的结构划分为结构式问卷和无结构式问卷。结构式问卷又称为标准式问卷，其中的问题是按照一定的提问方式和顺序排列的。在调查时，通常不能随意改动问题的内容和其顺序，所有调查者都回答同一结构的问题，利于调查结果的统计和分析。无结构式问卷是指问卷中的问题没有进行严格的设计和安排，通常会制定一份调查提纲，由调查者根据提纲，在围绕调查目的和内容的基础上，与被调查者进行较为自由的提问和回答。在提问的过程中，调查者可根据被调查对象的具体情况、谈话的进展等随时调整提问的方式或问题。无结构式问卷对调查者的要求较高，因此人力成本较高，调查效率要低一些，适用于针对小样本的调查，可用于探索性的研究。

结构式问卷根据答案形式可分为封闭式、半封闭式和开放式三种。

（1）封闭式问卷。封闭式问卷是指对提出的问题均给出了明确的供选择的答案，被调查者无须自行填写任何文字内容。例如：

您的年龄是多大？（　　　）

A. 20 岁以下　　　　　B. 20～40 岁　　　　　C. 40～60 岁　　　　　D. 60 岁以上

被调查者只可从给出的答案中进行选择。再如：

您参加社团的主要原因是什么？（　　　）（可多选）

A. 同学推介或从大流　　　　　　　B. 提高自己的能力，完善自我个性

C. 拓宽知识面和人际圈　　　　　　D. 培养自身社会性，激发社会责任感

E. 丰富大学生活　　　　　　　　　F. 其他

封闭式问卷的优点：答案标准化，后期统计和整理较为方便；减少被调查者回答问题

的压力，从选项中选择要比让用户自己想答案容易。

封闭式问卷的缺点：调查者设计问卷中问题的选项时难度较大，很可能遗漏掉某些重要的选项或所提供的选项不符合被调查者的实际情况；将选项提供给被调查者可以提高答题效率，但速度的提高、思考的减少可能会导致被调查者误答或乱答。

（2）开放式问卷。开放式问卷又称自由式问卷，是指只提出问题而不给定备选答案，由被调查者自主做出回答。例如："你认为在自主创业的道路上会遇到哪些困难？其中，最大的困难是什么？"

开放式问卷的优点：充分性——被调查者可就问题进行充分的、自由的回答，给予的答案可能超出调查者的预料，获得有价值的信息；适用性——适用于一些难以给出确定的备选选项或备选选项过多的问题。

开放式问卷的缺点：耗费被调查者的时间、精力较大，被调查者可能会因为答题较为麻烦而拒绝回答，或给出不合实际的简短答案，导致调查效率和准确性较低；由于被调查者给出的答案可能性过多、表达未必清楚，所以对结果的统计和分析难度较大。

（3）半封闭式问卷。半封闭式问卷是指封闭式与开放式相结合的问卷，问卷中有的问题除了给定备选答案，还会给予几个开放性问题供被调查者自由回答；或是问卷的一部分是封闭式问题，另一部分是开放式问题。例如：

您认为政府在大学生创业方面应当给予哪些支持？（　　　）（可多选）

A. 大学生科技创业基金支持

B. 社会化专业化治理服务机构提供服务

C. 政策支持

D. 宣传鼓励

E. 政府不应该扶持，不应再出台过多的这类政策，使大量大学生盲目地选择创业而荒废学业

F. 其他

半封闭式问卷综合了封闭式与开放式问卷的优点，是使用较为普遍的问卷形式。选择问卷形式时，要考虑到问题的实际情况。若问题的答案较为明确，容易归纳，数量较少，则可以采用封闭式。如果认为设定的备选答案不一定完整，则可采用半封闭式；若问题比较复杂，需要进行探索性的研究或问题答案过多难以归纳，则可采用开放式。

4. 问卷的基本结构

问卷的基本结构主要包括问卷标题、问卷说明词、问题与答案、填写要求、编码和说明六部分。

（1）问卷标题。问卷的标题是对整个调查问卷主题和内容的高度概括，一般位于问卷顶部的中间位置，合适的标题可以使被调查者快速了解调查的目的和内容。例如，某问卷题目为：社交网站对大学生人际关系影响的调查。被调查者看到题目后，能马上明白调查的对象是大学生，调查的内容是社交网站对人际关系的影响。清楚明确的标题有利于被调查者理解问卷的目的和内容，还可以吸引其注意力，减轻被调查者的抵触情绪。

（2）问卷说明词。问卷说明词又称前言，是对调查的背景、目的、意义及相关事项的说明。恰当的问卷说明词能使被调查者迅速理解问卷的目的和内容，打消顾虑，引起被调查者的兴趣，争取到支持与合作。问卷说明词的内容一般包括调查的背景、目的、意义；

阐明问卷的匿名性和保密性；提出对被调查者的希望和要求；说明调查的时间、地点、调查者信息等。

例如下面这个"电信运营商网上营业厅的用户满意度调查问卷"的说明词：

尊敬的先生/女士：

您好！我是来自中山大学信息管理与信息系统专业的大四本科生，我正在对国内三大电信运营商（移动、电信、联通）的网上营业厅的手机用户进行满意度的研究，需要收集数据进行分析和统计，麻烦您如实回答下列问题。此问卷的所有数据仅做论文研究使用，没有任何商业性质，您的信息将被完全保密。衷心感谢您抽出宝贵时间给予我帮助，谢谢！

在这个说明词中，调查者说明了自己的身份、调查的内容和目的、对被调查者提出如实回答的希望、阐明了保密性，并对被调查者的支持表示了感谢。

（3）问题与答案。问题与答案是问卷中最为重要的部分，包括了调查者希望了解的内容。问题与答案涉及的主要内容包括：行为调查，指对被调查者的个人行为及其由被调查者所了解并反映出来的其他人行为的调查；行为后果的调查，主要指对被调查者本人的某种行为的后果和由其所反映出来的其他人行为后果的调查；主观评价的调查，主要指针对被调查者对某一问题或事物的态度、意见、感觉和偏好等的调查；描述或界定客观事物的调查，如对客观事物的属性、特征、状态等方面情况的调查。

（4）填写说明。填写说明一般出现在说明词之后，对填写问卷的要求、方法等给予说明；也经常会出现在某个问题之后，例如"可多选"，指导用户对单个复杂题目进行回答。编写填写说明时务必做到简明扼要，清晰表达填写要求和方法，以避免被调查者产生困惑，影响问卷效率和质量。

（5）编码。编码是指将问卷中的调查项目以代码的形式表示出来，以便运用计算机对数据进行分析统计。在问卷调查中大量的问卷收回后，需要对每个问题的答案进行整理、汇总。为了充分利用问卷中的调查数据，提高录入效率及分析效果，需要对问卷中的数据进行科学的编码。编码工作是问卷调查中不可缺少的流程，也是数据整理汇总阶段重要而基本的环节。例如：

除了服装以外，您还会在网上购买哪些商品？（可多选）

1. 化妆品类（　　）　　　　　　2. IT 产品类（　　）

3. 家用电器类（　　）　　　　　4. 数码产品类（　　）

5. 图书音像类（　　）　　　　　6. 办公设备及用品类（　　）

针对这一问题的编码见表 8–27。

表 8–27　问题的编码

变量序号	变量名（编码）	变量类型	变量所占字节	取值范围		取值对应含义	备注	对应题号	对应问题
				方法一	方法二				
1	V01	数值型	1	0 或 1	0 或 1	取值为 1（或 1～6）表示该选项被选中；若为 0 则未选中	全为 0 表示该题未回答	—	除了服装以外，您还会在网上购买哪些商品
2	V02	数值型	1	0 或 1	0 或 2				
3	V03	数值型	1	0 或 1	0 或 3				
4	V04	数值型	1	0 或 1	0 或 4				
5	V05	数值型	1	0 或 1	0 或 5				
6	V06	数值型	1	0 或 1	0 或 6				

以上举的例子是封闭式问题的编码方法，对于开放式问题，可以先对答案进行总结，分条列出，对每条答案进行编码。

（6）其他说明。在问卷的结尾，通常可以放置一些有必要的说明。例如对被调查者表示感谢、询问被调查者对问卷本身的意见及个人信息等。

8.3.2 问卷设计的原则与流程

1. 问卷设计的原则

一份优质的问卷应当准确地将问题传达给被调查者，使被调查者容易回答，提高调查效率并方便后期的统计和分析。然而，要达到这些要求并不容易，需要问卷的设计者掌握一定的方法和原则。

（1）目的性原则。目的性原则是问卷设计中最为重要的原则，也是首先要遵守的原则。问卷设计必须符合开展调查的目的，所有的内容和形式均应围绕调查目的进行设计。根据调查目的决定问卷中需要提出哪些问题、不必要或不能提哪些问题以及提问的形式等。

（2）可接受性原则。调查问卷的设计要让被调查者容易接受，以获得支持与合作。被调查者对是否参与调查有着绝对的自由，完全可以拒绝回答一份不合理的问卷，因此，请求合作就成为问卷设计中一个十分重要的问题。在问卷说明词中，应将调查目的明确告诉被调查者，让对方理解该项调查的意义和自身对整个调查结果的重要性；问卷的问题要符合被调查者的实际情况和认知水平，避免提出被调查者难以作答的问题，用语要简单易懂，避免使用生涩、专业词汇；避免提问过于隐私的问题，否则容易导致被调查者产生抵触和厌恶情绪，乱答乱写甚至拒绝回答；向被调查者说明保密问题，打消其顾虑等。

（3）简明性原则。简明性原则主要体现在三个方面：调查内容要简明。根据调查目的设置最有价值、最重要的问题，避免设置可有可无的问题，力求以最少的问题完成调查任务；调查时间要简短。要严格控制整个问卷的长度，长度过长、内容过多都会引起被调查者的反感和抵触，另被调查者"望而生畏"；问卷设计的形式要简明、易读、易懂。要充分考虑被调查者的理解和认识能力，使被调查者能顺利回答每一个问题。

（4）顺序性原则。在设计问卷时，要讲究问卷中问题的排列顺序，使问卷条理清楚，顺理成章。问卷中的问题一般可按下列顺序排列。可按照问题的逻辑顺序、时间顺序、类别顺序等进行合理排列。将容易回答的问题（如行为性问题）放在前面，较难回答的问题（如态度性问题）放在中间，敏感性问题（如动机、目的、隐私等问题）放在后面，而关于被调查者个人信息的事实性问题应放在最后。将封闭性问题放在前面，开放性问题放在后面。回答封闭性问题时被调查者只需从备选答案中进行选择，较为容易；而开放性问题需被调查者花费更多时间考虑并组织语言书写，难度较大，若放在前面易使被调查者产生畏难情绪。

（5）匹配性原则。匹配性原则是指要使调查结果便于检查、处理和分析。要把握调查目的与所提问题的对应关系，不设置多余的问题，不遗漏重要的问题；要把握数据与数据之间的关系，便于进行数据之间的核算、检验和分析等。

2. 问卷的设计流程

（1）前期准备阶段。在正式开始问卷设计之前，需要进行一些准备工作。首先，明确此次调研的目的，确定调研对象及范围。接下来，针对调研目的和对象进行一定的资料收集和分析，例如调研对象的基本特征等。在这些资料和分析的基础上，开展正式的问卷设计。

（2）初步设计阶段。根据调研目的及调研对象特点等资料开始设计问卷的各个部分，包括标题、说明词、问题及答案等。

（3）试答和修改阶段。对设计完成的问卷进行小范围的检验性调查，根据被调查者的意见以及问卷回答情况及时修改问卷。

（4）交付使用。确定问卷的最终版本后，根据调查数量进行打印及发放，或通过网络发放。

8.3.3　问卷设计与评估

本节将会采用一个实际问卷设计的案例来进行设计方法的讲解，对高校的研究生管理系统网站进行优化改进，首先需要进行一次关于学生对于该系统的满意度调查（完整问卷见本节最后）。

1. 问卷设计

（1）问题的设计方法。

1）问题设置要准确、通俗，避免含混不清。问卷中问句的用词要简明易懂，避免使用专业词汇。例如在进行"研究生管理系统满意度调查"问卷设计时，由于设计人员对网站设计的专业性较强，会不自觉地使用一些专业词汇；例如当想询问学生对该系统的架构设计是否满意时，应当将"架构设计"这类专业词汇更换为更通俗的表达；例如询问学生该系统的导航信息是否合理明确、易于寻找所需功能。因为被调查的学生中有来自各个专业的同学，因此要避免使用网站设计中的专业词汇。

2）提问立场要中立、客观，避免诱导性和倾向性。但在设计问题时，要规避有倾向性的方式，保持中立、客观的提问方式，否则得到的调研结果将不真实。避免使用具有情感指向性的词语。在问句中，避免使用例如"低效率的""不友好的""乏味的"等具有情感倾向的词语，否则容易影响被调查者的意见。

3）避免直接提出断定性问题。在提问过程中不能假定被调查者一定具备哪种行为或态度，并基于此进行提问。例如：您希望研究生管理系统增加以下哪些功能？实际上，可能有的被调查者认为该系统不需要增加功能了，如果直接问上面这个问题会使被调查者做出违背真实情况的回答。因此，在这种断定性问题之前，应当先加一个"过滤性"问题。例如：您认为研究生管理系统应该增加功能吗？这样，回答不需增加的被调查者就不用再回答下面的问题。

4）避免提出过于敏感的问题。敏感性问题会让被调查者产生抵触情绪，例如个人收入问题、个人素质道德问题等。对这类问题直接进行提问可能会使被调查者拒绝回答或给予不真实答案。针对这些问题，可以用第三人称进行询问。例如询问学生是否常出现逃课行为时，可以这样询问：在专业课中，您身边的同学经常逃课吗？

（2）答案的设计方法。

1）穷尽性原则：答案中应包括所有可能的回答，若被调查者发现答案中没有符合自己的选项很可能会放弃回答或乱答。例如：

与您平时使用的市场上的主流网站相比，该系统有差距吗？（　　　　）

A. 没差距，比其他网站要好　　　　　B. 差不多

C. 有一定差距　　　　　D. 有很大差距

在设计此问题时，尽管设计者已知该网站相对于主流网站来说差距很大，但也要设置"A. 没差距，比其他网站要好"这一选项以保证答案的完整性，因为不排除会有学生认为网站很好的可能性。

2）互斥性原则：互斥性原则是指所有答案应当互不相容、不产生重叠。例如"食品"和"甜点"就不是互斥选项，会使被调查者不知该选择哪个答案，造成误解。

2. 问卷的评估

问卷设计完成后，不能急于发放，应进行两轮评估：自评与小范围试答评估。评估主要针对两个方面：内容评估与形式评估。

（1）内容评估。评估问题的必要性与合理性，根据调研目的和调研对象等因素检查设计的问题是否符合要求，是否服务于调研的目的。将无关、不合理的问题进行删除或修改；评估问题是否全面，在小范围试答后，可以进行一次简单的调研结果分析，检验目前所设置的问题是否能全面地反映真实情况，根据空缺的调查方面适当补充问题；评估问题的答案设置是否合理，小范围试答后，可以询问被调查者问卷中答案的设置是否合理，是否出现难以选出符合的答案、答案含义不明确等情况，并进行适当修改。

（2）形式评估。卷面设计是否美观、易读，评估卷面的字体、字号、行间距、版面设计等是否美观、简洁、易于阅读。一份字体过小、拥挤、杂乱的问卷很难使被调查者耐心、投入地进行作答，进而影响调查质量；问卷的长度是否合理。在试答的过程中统计被调查者回答问卷花费的平均时间，评估问卷的长度是否合理。一般被调查者自主填写时问卷的花费时间不应超过 10 分钟，访谈式问卷的访谈过程不应超过 20 分钟，否则易引起被调查者的厌烦情绪。

8.3.4 问卷设计案例

亲爱的同学们：

您好！

我们是设计与艺术学院的设计学研究生，我们正在进行一项关于我校研究生管理系统的满意度调研工作，希望根据调研结果对该系统进行改进优化。我们希望倾听同学们的声音，根据大家的意见进行设计，使研究生管理系统更易于使用、满足学生的需求。诚挚地希望获得您的协助和支持，问卷采用匿名形式，请放心填写！

个人信息：　　学院　　　　　专业　　　　　年级

1. 平均来说，您访问研究生管理系统的频率是（　　　）。

A. 每周多次　　　B. 每周一次　　　C. 每两周一次　　　D. 每月一次

E. 极少访问

2. 您访问该系统时最常用的功能是（　　　）（可多选）。

A. 选课　　　　　　　　　　B. 查看课表

C. 查成绩　　　　　　　　　D. 查看公告信息

E. 学籍管理　　　　　　　　F. 查看培养方案及开课课程

G. 考试报名　　　　　　　　H. 奖学金申请及管理

I. 贷款申请　　　　　　　　J. 勤工助学申请

K. 学位管理　　　　　　　　L. 系统办公

3. 您认为您常用的功能大概占到网站全部功能的比例是（　　　）。

A. 20%以内　　　　　B. 20%～40%　　　　C. 40%～60%　　　　D. 60%～80%

E. 接近 100%

4. 您对以下各项的满意程度如何（见表 8-28）？

表 8-28　对各项目的满意程度调整

项目	非常满意	比较满意	一般	不太满意	非常不满意
导航清晰、合理，查找功能方便					
各功能操作流程合理、操作效率高					
界面布局合理、美观					
系统中的文字语义明确、通俗易懂					

5. 您对以下各功能模块的满意程度如何（见表 8-29）？

表 8-29　对各功能模块的满意程度调查

功能模块	非常满意	比较满意	一般	不太满意	非常不满意	没用过
选课						
调换课程						
查看课程表						
查看成绩						
查看公告信息						
学籍管理						
考试报名						
研工管理						
学位管理						

6. 与您平时使用的市场上的主流网站相比，该系统有差距吗？（　　　）

A. 没差距，比其他网站要好　　　　　B. 差不多

C. 有一定差距　　　　　　　　　　　D. 有很大差距

7. 若有差距的话，请问您认为主要差距在于（　　　）。（最多选择 4 项）

A. 功能设置合理　　　　　　　　　　B. 能迅速找到所需功能

C. 操作简易流畅　　　　　　　　　　D. 具备良好的反馈

E. 界面简洁明了　　　　　　　　　　F. 界面设计美观

G. 系统稳定、不易崩溃　　　　　　　H. 其他

8. 您认为该系统应该增加功能吗？（　　　）

A. 现有功能已经过多，不需增加

B. 现有功能很合理，不需增加

C. 需要增加，现有功能无法满足某些需求

9. 您希望该系统增加以下哪些功能？（最多选择 3 项）（　　　）

A. 不需要增加功能

B. 定制常用功能清单，一键进入该功能页面

C. 丰富公告信息内容，成为查看学校通知的首选平台

D. 增加课程评价功能，可查看各课程的评价

E. 可发送成绩、课表等信息至手机或邮箱

F. 其他

10. 您对于该系统的改进优化有什么建议吗？

建议：_____

8.3.5　问卷数据的处理

在进行数据分析之前，需要先对收集到的原始数据进行处理，处理包括：数据审核、编码、录入、插补等。

1. 数据审核

对原始数据的审核主要包括：答案是否符合答题要求，如单项选择题中是否只选择了一个选项，多项选择题中选择的选项数量是否符合要求等；判断数据是否符合逻辑关系、实际情况，例如答案之间是否互相矛盾，是否符合常理经验，整份问卷的答案是否符合逻辑关系等；离群值的审核与处理，离群值的产生有可能是被调查者误答、错答或调查者记录中出现了错误。可以通过删除离群值或给予其合理的估计值的方式来降低它们的影响。

2. 数据编码

数据编码是指给问题及其答案赋予数值代码，将文字信息转换为数字信息以录入计算机进行处理的过程。对封闭式问题进行编码比较容易，可以直接对给出的选项赋予数字代码；对于开放式问题，需要先审核答案，对答案进行分类，将其概括成几个答案再进行编码。

（1）使用 SPSS 软件进行数据编码。

1）变量名称：首先要给问卷中的问题或变量指定"变量名称"，如"性别""年龄""文化程度"等。需要遵循 SPSS 中的命名规则：变量名字符数不超过 8 个；变量名具有唯一性、不可重复；下划线和点不可作为变量名的最后一个字符；不可使用 ALL，NE，BY，OR 等 13 个保留关键字作为变量名。

2）变量类型：变量类型有三种：数值型、字符型、时间型。一般采用系统默认的数值型，通常用阿拉伯数字（0～9）或其组合表示。

3）变量宽度：变量宽度是指变量值的最大字符数，一般默认为 8，最大宽度为 40 个字符。

4）变量名称标签：变量名称标签是对变量内容的描述，最长可达到 256 个字符，例如"界面满意度打分"。

5）变量值标签：变量值一般由阿拉伯数字（0～9）或其组合表示，变量值标签是对变量值的进一步说明。例如"1 非常满意""2 比较满意"等。

6）缺失数据：缺失数据指存在错误、不合理数据或遗漏数据，系统一般默认为无缺失

数据。

7）变量显示宽度：变量显示宽度是指在数据编辑窗口中每列显示的最大字符数，默认为 8，一般应至少等于变量宽度，以便完全显示。

8）排列格式：排列格式是指变量值在数据编辑窗口中每列显示的位置，有居中、居左和居右三种方式可选，默认为居左排列。

9）度量类型：度量类型包括定类尺度、定序尺度、定距尺度。一般使用系统默认的定距尺度。

（2）SPSS 编码设计案例。

1）单选问题的编码。

例：请问您的性别是什么？（　　）A. 女性　B. 男性

针对以上问题可以这样编码：变量名为 Q1，变量类型为字符型，定义宽度为 2，小数为零，标签为性别，列宽度为 2，缺失值为无，排列为居中，变量值标签 1 代表女性，2 代表男性，如图 8-8 所示。

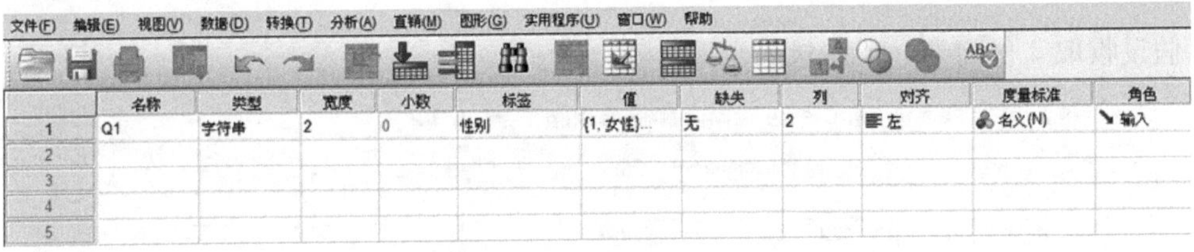

图 8-8　SPSS 编码设计案例

2）多选问题的编码。

例如，问题有 5 个选项，则需将该多选问题设计为 5 个单选问题，判断每一个选项是否被选中。

例：您访问该系统时最常用的功能是什么？（可多选）（　　）

A. 选课　　　　　　B. 查看课表　　　　C. 查成绩　　　　　D. 查看公告信息

E. 学籍管理

针对以上问题需要设计为 5 个单选问题，可分别命名为 Q1.1、Q1.2 等，以 Q1.1 为例：变量名为 Q1.1，变量类型为字符型，定义宽度为 2，小数为零，标签为最常使用选课功能，列宽度为 2，缺失值为无，排列为居中，变量值标签 1 代表是，2 代表否。若该选项被选中则录为 1，未被选中则录为 2。

3）排序问题的编码。此类问题的编码与多选问题的编码类似，不同之处在于，不需定义变量值，直接录入排名即可。

例：请根据您的常用程度为以下电商网站排序：

京东商城（　　）　一号店（　　）　淘宝网（　　）　亚马逊（　　）　当当网（　　）

以第一个选项京东商城为例：变量名为 Q1.1，变量类型为数值型，定义宽度为 2，小数为零，标签为常用京东商城，列宽度为 2，缺失值为无，排列为居中，变量值不需定义，直接录入序号即可。

3. 数据录入

在 SPSS 软件的变量视图中完成编码后，即可切换至数据视图进行数据录入工作。数据视图中第一行为变量名称，在其对应的列中输入数据即可。

以上一节数据编码中的两个题目为例：

Q1：请问您的性别是什么？（　　）

A. 女性　　　　　B. 男性

Q2：您访问该系统时最常用的功能是什么？（可多选）(　　)

A. 选课　　　　　B. 查看课表　　　　　C. 查成绩　　　　　D. 查看公告信息

E. 学籍管理

其数据编码见图 8–9。

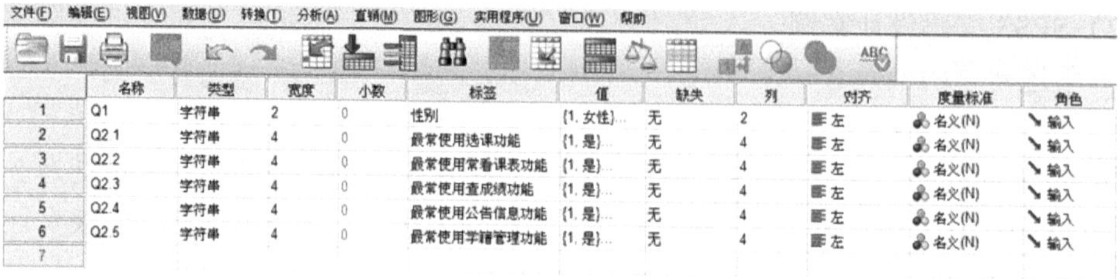

	名称	类型	宽度	小数	标签	值	缺失	列	对齐	度量标准	角色
1	Q1	字符串	2	0	性别	{1, 女性}...	无	2	左	名义(N)	输入
2	Q2.1	字符串	4	0	最常使用选课功能	{1, 是}...	无	4	左	名义(N)	输入
3	Q2.2	字符串	4	0	最常使用常看课表功能	{1, 是}...	无	4	左	名义(N)	输入
4	Q2.3	字符串	4	0	最常使用查成绩功能	{1, 是}...	无	4	左	名义(N)	输入
5	Q2.4	字符串	4	0	最常使用公告信息功能	{1, 是}...	无	4	左	名义(N)	输入
6	Q2.5	字符串	4	0	最常使用学籍管理功能	{1, 是}...	无	4	左	名义(N)	输入
7											

图 8–9　数据编码

假设收取 4 份问卷，数据录入见图 8–10。

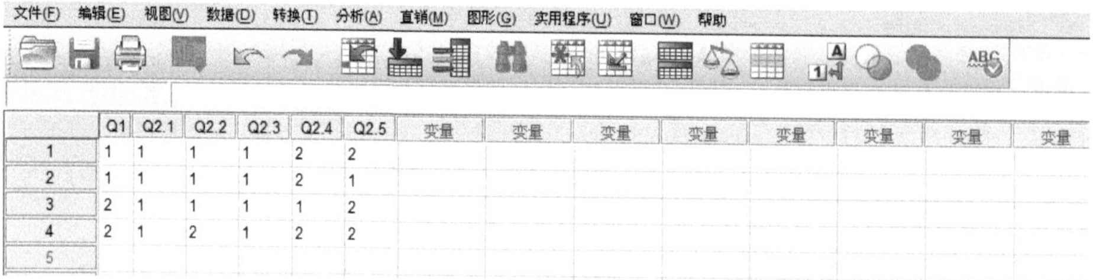

	Q1	Q2.1	Q2.2	Q2.3	Q2.4	Q2.5	变量	变量	变量	变量	变量	变量	变量	变量
1	1	1	1	1	2	2								
2	1	1	1	1	2	1								
3	2	1	1	1	1	2								
4	2	1	2	1	2	2								
5														

图 8–10　数据录入

4. 数据插补

数据录入后，应当进行一轮审核，检查是否存在数据缺失、无效等问题。若存在问题，则需进行数据插补，即对缺失数据进行补充或修改。

数据插补主要有以下三种方法：

（1）推理替代法。根据常理或逻辑推断来补充空缺数据。例如在调查大学生消费习惯时，要求填写各类别支出的百分比，若某份问卷中，日常生活、学习、娱乐的比例分别是 40%、10%、20%，“其他”选项未填写，则根据推断可将其补充为 30%。

（2）中性值替代法。可用中性值，如均值、中位数、众数等替代缺失数据，这样可以减少对统计结果的影响。

（3）估计值替代法。

1）相近样本值替代：可寻找与该样本类似的其他样本，参考其数据；

2）均值加随机项替代：利用中性值和残差获得一个随机项；

3）预测值替代：根据回归模型得到预测值。

8.3.6　标准化的可用性问卷

1. 标准化的问卷的定义

为了保证研究结果的准确性，推荐使用标准化问卷。标准化问卷是被设计为可重复使用的问卷，通常有一组特定的问题使用特定的格式按照特定的顺序呈现，基于用户的答案产生的度量值具有特定的规则。作为标准化问卷设计的一部分，设计者通常需要研究给出问卷测量的信度、效度和灵敏度，也称为心理测量的条件审查。

2. 标准化问卷的优点

进行用户研究时，采用标准化测量具有许多优势，主要有：

（1）客观性：标准化测量使用的问卷是经过其他研究机构或专业人员长时间设计、验证和优化的，具有客观性。

（2）重复性：使用标准化方法可轻易重复别人的权威研究，可用性测量的研究表明，标准化可用性问卷比非标准化可用性问卷更可靠。

（3）量化：标准化测量使得用户研究人员更易得出定量的研究结果，而不仅仅是定性的认识，其结果更有说服力。标准化测量结果研究时通常会使用高效的数学和统计学方法来进行。虽然应用统计方法（如 t 检验）对多点量表数据进行分析有着历史性争议，但多年的研究与实践表明这些方法对多点问卷数据是适用的。

（4）经济：开发一份标准化测量问卷需要较长时间的设计、验证和修正，然而，一旦开发出来，它能重复使用，非常经济实惠。

（5）沟通：采用相同的标准化测量问卷，可使从业者更方便地进行有效沟通。

（6）科学的普适性：科学结果的普适性是科学工作的核心。标准化对评估结果的普适性必不可少。

3. 应用最为广泛的标准化问卷

目前，应用最广泛，被国内和国际标准所引用，在整体研究后评估可用性感知的标准化问卷有以下一些。

（1）用户交互满意度问卷（QUIS）；

（2）软件可用性测量表（SUMI）；

（3）系统可用性整体评估问卷（PSSUQ）；

（4）软件可用性量表（SUS）。

场景式可用性测试完成后，用于结果管理的问卷有：

（1）场景后问卷（ASQ）；

（2）期望评级（ER）；

（3）可用性等级评估（UME）；

（4）单项难易度问题（SEQ）；

（5）主观脑力负荷问题（SMEQ）。

4. 标准化问卷的质量评估：信度、效度和灵敏度

对标准化问卷质量的测试指标主要是信度（测量的一致性）和效度（目标属性的测量）。

评估信度的方法主要包括重复测量信度和分半信度。评估信度最常见的方法是 α 系数法，α 系数的范围从 0（完全不可信）到 1（完全可信）。像大学入学考试这种能够影响一个人未来的测试，最低应该有 0.9 的信度。其他研究或评估，测量信度为 0.7～0.8 是可接受的。

问卷效度是其所要测量内容的程度。通常使用 Pearson 相关系数来评估效标效度（感兴趣行为的测量与同时进行的不同测量之间的关系）。这些相关性并不需要很大就能证明效度。例如，人员选拔制度的有效性低至 0.3 或 0.4 就足以证明可用。另一种测量效度的方法是内容效度，通常使用因子分析（一种帮助问卷设计者发现或证实某类相关问题可以形成合理分量表的统计学方法）进行评估。如果一份问卷是可靠有效的，那么它对实验操作也应该是灵敏的。例如，用户反馈产品 A 很难用而产品 B 很容易用，这在统计学上有显著差异，说明产品 B 的可用性相对较好。灵敏度没有类似于信度和效度的直接测量方法。灵敏度的间接指标是产品在比较时达到统计显著性所需的最小样本量。问卷越灵敏，所需最小样本量越少。

5. 用户交互满意度问卷（QUIS）

用户交互满意度问卷是这四种问卷中首先发明的，马里兰大学帕克分校人机交互实验室的一个多学科研究团队创建了此问卷来评估用户对人机界面特定方面的主观满意度。

当前版本的问卷中包含了 9 个特定界面因素（屏幕因素、术语和系统反馈、学习因素、系统功能、技术手册、在线教程、多媒体、远程会议和软件安装）。此问卷有两种长度，短的为 41 项，长的为 122 项，每一项使用 9 点的两极量表。

图 8-11 所示为用户交互满意度问卷。

图 8-11 用户交互满意度问卷

QUIS 心理测量评估的主要信息来自 Chin 等（1988）的研究，第一个长版本的 QUIS 有 90 项（5 个对系统的整体反应和 85 个成分相关的问题组成的 20 组问卷，每组有一个主题项和一些相关的子题项），使用两级 10 分制量表，0～9，所有题项的否定回答在左侧，不适用项在最后。Chin 的心理测量评估问卷是简短的版本（27 个题项包括对软件屏幕、专业术语和系统信息、学习性和系统能力的整体评价）。127 个测试用户分别完成四个 QUIS 问卷，数据表明整体可靠性是 0.94。题项间相关性的因子分析（$n=96$），大部分与预期一致，但有一些明显不同。Slaughter 等（1994）比较了 QUIS5.5 版本纸质问卷和在线问卷的差异，与大部分研究结果一致，在用户评价结果中纸质和在线问卷的形式没有显著差异。

6. 软件可用性测试问卷（SUMI）

SUMI 有 50 项问题，其中 25 项问题组成一个整体量表，50 项问题分为 5 个分量表，分别是关于效率、情感、帮助、控制和易学性（每个分量表有 10 项），题项步距为 3（同意、不确定、不同意）（见图 8-12）。包含正面和负面的语句（如，"说明和提示是有帮助的""我有时不知道这个系统接下来要做什么"）。

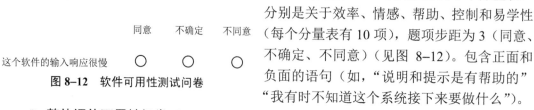

图 8-12 软件可用性测试问卷

7. 整体评估可用性问卷（PSSUQ）

PSSUQ 是用于评估用户对计算机系统或应用程序所感知的满意度，IBM 进行的一项不同用户组对可用性感知的独立性调查表明，存在通用的 5 个可用性特征：工作可快速完成，易于学习，高质量的文档和在线信息，功能适用性，生产力的快速增长。问卷包含 16 个题项（见表 8-28）。

表 8–28　整体评估可用性问卷

题　目	非常同意 非常不同意 不适用 — 1 — 2 — 3 — 4 — 5 — 6 — 7 →							
1　整体上，我对这个系统是满意的	○	○	○	○	○	○	○	○
2　使用这个系统很简单	○	○	○	○	○	○	○	○
3　使用这个系统我能快速完成任务	○	○	○	○	○	○	○	○
4　使用这个系统我觉得很舒适	○	○	○	○	○	○	○	○
5　学习这个系统很容易	○	○	○	○	○	○	○	○
6　我相信使用这个系统能提高产出	○	○	○	○	○	○	○	○
7　这个系统给出的错误提示可以清晰地告诉我 如何解决问题	○	○	○	○	○	○	○	○
8　当我使用这个系统出错时，我可以轻松快速地 恢复	○	○	○	○	○	○	○	○
9　这个系统提供的信息（如在线帮助、屏幕信息 和其他文档）很清晰	○	○	○	○	○	○	○	○
10　要找到我需要的信息很容易	○	○	○	○	○	○	○	○
11　信息可以有效地帮助我完成任务	○	○	○	○	○	○	○	○
12　系统屏幕中的信息组织很清晰	○	○	○	○	○	○	○	○
13　这个系统的界面让人很舒适	○	○	○	○	○	○	○	○
14　我喜欢使用这个系统的界面	○	○	○	○	○	○	○	○
15　这个系统有我期望有的所有功能和能力	○	○	○	○	○	○	○	○
16　整体上，我对这个系统是满意的	○	○	○	○	○	○	○	○

此问卷第三版的信度是：

整体：0.94　　系统质量：0.9　　信息质量：0.91　　界面质量：0.83

所有的信度都超过了 0.8，表明问卷具有足够的信度作为标准化的可用性测量工具，

计算规则：

PSSUQ 问卷有四个分数——一个整体和三个分量表，计算方法如下：

整体：16 个题目的答案平均值。

系统质量：1～6 题的答案平均值。

信息质量：7～12 题的答案平均值。

界面质量：13～15 题的答案平均值。

结果的分数为 1～7，分数越低表示满意度越高。

8. 软件可用性问卷（SUS）

SUS 于 20 世纪 80 年代中期编制形成，尽管编制者将其描述为"快速而粗糙"的可用性问卷，但是这丝毫不影响它的受欢迎程度。此问卷作为可用性测试结束时的主观性评估问卷，得到越来越广泛的使用。在最近的一个研究中发现，目前尚未出版的可用性研究题项中，将 SUS 作为测后问卷的题项占了 43%。SUS 包括 10 个题目、5 分制。奇数项是正面描述题，偶数项是反面描述题（见表 8-29）。

表 8-29　系统可用性量表的标准版

题　　目	非常不同意　　非常同意				
	— 1 —	2 —	3 —	4 —	5 →
1　我愿意使用这个系统	○	○	○	○	○
2　我发现这个系统过于复杂	○	○	○	○	○
3　我认为这个系统用起来很容易	○	○	○	○	○
4　我认为我需要专业人员的帮助才能使用这个系统	○	○	○	○	○
5　我发现系统里的各项功能很好地整合在一起了	○	○	○	○	○
6　我认为系统中存在大量不一致	○	○	○	○	○
7　我能想象大部分人都能快速学会使用该系统	○	○	○	○	○
8　我认为这个系统使用起来非常麻烦	○	○	○	○	○
9　使用这个系统时我觉得非常有信心	○	○	○	○	○
10　在使用这个系统之前我需要大量的学习	○	○	○	○	○

根据 Brooke 的建议，用户应当在使用被评估的系统后填写 SUS，填写之前不要进行总结或讨论。从业者在向用户解释填写方法时，应当要求用户快速地完成各个题目，不要过多思考。如果用户因为某些原因无法完成其中的某个题目，那么就视为用户在该题上选择了中间值。

早期的一项 SUS 量表研究结果显示，SUS 的信度系数是 0.85。更多近期使用较大的样本量的研究发现，SUS 的信度系数可升至 0.9 以上。

计算 SUS 得分的第一步是确定每道题目的转化分值，范围为 0～4 分，对于正面题（奇数题），转化分值为量表原始分减去 1；对于反面题（偶数题），转化分值为 5 减去原始分。将所有题项的转化分值相加，再乘以 2.5 即得到 SUS 量表的总分。所以 SUS 分值范围为 0～100 分，以 2.5 分为增量。

研究发现，SUS 的总体平均值是 68，标准差是 12.5。另外，还可使用表 8-30 的 SUS 分数的曲线分级范围，来根据 SUS 分数判定软件的可用性评级。

表 8-30　根据 SUS 分数判定软件的可用性评级

表　SUS 分数的曲线分级范围					
SUS 分数等级/分	评级	百分等级/分	SUS 分数等级/分	评级	百分等级/分
84.1～100	A+	96～100	71.1～72.5	C+	60～64
80.8～84	A	90～95	65～71	C	41～59
78.9～80.7	A-	85～89	62.7～64.9	C-	35～40
77.2～78.8	B+	80～84	51.7～62.6	D	15～34
74.1～77.1	B	70～79	0～51.7	F	0～14
72.6～74	B-	65～69			

研究者得出了 SUS 在不同类型的界面中的基准，可供参考（见表 8-31）：

表 8-31　SUS 在不同类型界面中的基准

分类	描　述	平均值/分	标准差	N	99%置信区间	
					下限/分	上限/分
Global	446 个调查/研究的完整数据	68	12.5	446	66.5	69.5
B2B	企业应用软件，如会计、人力资源、客户关系管理、订单管理系统	67.6	9.2	30	63	72.2
B2C	面向公众的大众消费者的软件，如办公应用程序、图形应用程序、个人理财软件	74	7.1	19	69.3	78.7
Web	面向公众的大规模网站（航空公司、汽车租赁、零售、金融服务）和企业局域网	67	13.4	174	64.4	69.6
Cell	手机设备	64.7	9.8	20	58.4	71
HW	硬件，如电话、调制解调器和以太网卡	71.3	11.1	26	65.2	77.4
Internal SW	内部平台支持软件，如客户服务和网络操作应用程序	76.7	8.8	21	71.2	82.2
IVR	互动语音应答系统，基于电话和语音	79.9	7.6	22	75.3	84.5
Web/IVR	网络和互动语音应答系统的联合	59.2	5.5	4	43.1	75.3

例：使用标准版 SUS 进行研究，共研究 5 名用户，数据如表 8-32 所示。请问每个被测者的 SUS 分数和对产品的平均值是多少？相对于公布的典型 SUS 分数（平均值为 68），表中的 SUS 平均值表现如何？在 SUS 分数的曲线分级范围中的等级是多少？如果计算 90% 的置信区间，等级区间是什么？若这些被测者也回答 NPS 的推荐可能性题项，他们中有谁可能是推荐者吗？净推荐值 NPS 是多少？

表 8-32　SUS 数据示例

题号	被　测　者				
	1	2	3	4	5
第 1 题	2	4	3	4	3
第 2 题	1	2	1	1	2

题号	被 测 者					
	1	2	3	4	5	
第3题	4	5	4	5	4	
第4题	2	1	3	1	1	
第5题	4	3	3	4	5	
第6题	2	1	1	2	2	
第7题	3	4	4	3	5	
第8题	2	1	1	1	1	
第9题	5	4	4	3	5	
第10题	2	1	1	3	2	

答：

首先将分值进行转化，列表如表 8-33 所示。

表 8-33 分值转化

题号	被 测 者					
	1	2	3	4	5	
第1题	1	3	2	3	2	
第2题	4	3	4	4	3	
第3题	3	4	3	4	3	
第4题	3	4	2	4	4	
第5题	3	2	2	3	4	
第6题	3	4	4	3	3	
第7题	2	3	3	2	4	
第8题	3	4	4	4	4	
第9题	4	3	3	2	4	
第10题	3	4	4	2	3	
						均值
整体/分	72.5	85	77.5	77.5	97.5	82
Pred-LTR	7	8	7	7	9	评级：A

大量研究显示 SUS 平均值是 68 分，所以该研究平均值 82 分是超出平均水平的。根据 SUS 等级曲线，80.8～84 分对应的等级是 A。A 的 90%置信区间范围是 71～93，因此相应的等级是从 C 至 A+。评估推荐可能性的简化回归方程是 LTR=SUS/10，所以这五个被测者的推荐可能性值分别是 7，8，7，7，9，所以推荐者有一位（0～6 为贬损者，9 和 10 为推荐者，其他为被动者），即推荐者比例为 20%，贬损者比例为 0%，NPS 的估计值是 20%（NPS=推荐者百分比减去贬损者百分比）。

9. 场景后问卷（ASQ）

ASQ 由 3 个题目组成，评估整体上完成任务的难易度、完成时间和对支持信息的满意度（见表 8–34），整体的 ASQ 得分是 3 个题项得分的平均值。研究得出，ASQ 测量的信度范围为 0.9～0.96。

表 8–34 ASQ 版本

题 目	非常同意　　非常不同意　　不适用						
	— 1 — 2 — 3 — 4 — 5 — 6 — 7 →						
1	整体上，我对这个场景中完成任务的难易度是满意的	○	○	○	○	○	○	○
2	整体上，我对这个场景中完成任务所花费的时间是满意的	○	○	○	○	○	○	○
3	整体上，我对完成任务时的支持信息（在线帮助、信息、文档）是满意的	○	○	○	○	○	○	○

10. 单项难易度问卷（SEQ）

单项难易度问卷仅要求被测评估完成任务的整体难易度，仅有一道题，采用 7 分制，其与任务完成率、完成时间、错误数量有显著相关性（见图 8–13）。

11. 主管脑力负荷问题（SMEQ）

SMEQ 是一个单题项问题，等级量表从 0 到 150，有 9 个文字标签，它们分别对应从"一点也不难做"（略高于 0）到"极其难做"（高于 110）的分值（见图 8–14）。SMEQ 与 SEQ、SUS、完成时间、完成率、错误数都显著相关。

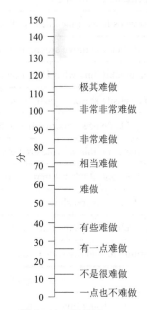

整体上，任务是：

非常困难　○　○　○　○　○　○　○　非常容易

图 8–13 SEQ　　　　　　　　图 8–14 SMEQ

12. 期望评级（ER）

期望评级表明的是被测者在任务执行之后相对于任务开始之前，所感知到的任务难易程度之间的关系。被测者在开始任务之前对任务难度的预期成为期望评级，在任务完成之后给出的任务难度评价成为经验评级。

例如，在开始任务之前提出问题：你预期这个任务的难易度如何？

在任务完成后提出问题：你觉得这个任务的难易度如何？

答案采用 7 点制，两端分别为"非常容易"和"非常困难"。结果可以做成散点图并映射到四象限中：

左上（值得推广）：这些任务是被测者原以为困难，实际上却发现比预期容易的，是值得推广的特点。

左下（改进机会）：这些任务是被测者在执行前后都感到困难的，若进行改进，可能变为左上（值得推广）的任务。

右上（保持现状）：这些任务是被测者执行前后都被认为容易的，应使这些任务保持现状。

右下（急需改进）：这些任务是被测者原以为容易，却发现很难的，这会严重影响用户的满意度，需要立即进行改进。

13. 网站分析和测量问卷（WAMMI）

WAMMI 问卷由一组 20 个题项的 5 点量表组成，包括五个分量表（吸引力、可控性、效率、帮助性和易学性）和一个整体测量。WAMMI 问卷英文版如表 8–35 所示。

表 8–35　WAMMI 问卷

Statements 1～10 of 20	Strongly Agree				Strongly Disagree
This website has much that is of interest to me	○	○	○	○	○
It is difficult to move around this website	○	○	○	○	○
I can quickly find what I want on this website	○	○	○	○	○
This website seems logical to me	○	○	○	○	○
This website needs more introductory explanations	○	○	○	○	○
The pages on this website are very attractive	○	○	○	○	○
I feel in control when I'm using this website	○	○	○	○	○
This website is too slow	○	○	○	○	○
This website helps me find what I am looking for	○	○	○	○	○
Learning to find my way around this website is a problem	○	○	○	○	○
Statements 11～20 of 20	Strongly Agree				Strongly Disagree
I don't like using this website	○	○	○	○	○
I can easily contact the people I want to on this website	○	○	○	○	○
I feel efficient when I'm using this website	○	○	○	○	○

Statements 11~20 of 20	Strongly Agree		Strongly Disagree
It is difficult to tell if this website has what I want	○　○　○　○　○		
Using this website for the first time is easy	○　○　○　○　○		
This website has some annoying features	○　○　○　○　○		
Remembering where I am on this website is difficult	○　○　○　○　○		
Using this website is a waste of time	○　○　○　○　○		
I get what I expect when I click on things on this website	○　○　○　○　○		
Everything on this website is easy to understand	○　○　○　○　○		

14. 标准通用的百分等级问卷（SUPR–Q）

SUPR–Q 是一种等级量表，旨在测量网站感知的可用性、可信性/信任、外观和忠诚度，共 13 个题项，其中 12 项为 5 点，第 13 项为关于推荐的可能性问题（见表 8–36）。

表 8–36　标准通用的百分等级问卷

	题　目	非常不同意　　　　　　非常同意 — 1 — 2 — 3 — 4 — 5 →				
1	这个网站容易使用	○	○	○	○	○
2	在这个网站内导航很简单	○	○	○	○	○
3	我喜欢使用这个网站	○	○	○	○	○
4	在这个网站上购物我感到很舒适	○	○	○	○	○
5	我能够很快在这个网站中找到我需要的	○	○	○	○	○
6	我能相信在这个网站中得到的信息	○	○	○	○	○
7	我发现这个网站有吸引力	○	○	○	○	○
8	使用这个网站进行交易我很有信心	○	○	○	○	○
9	这个网站的演示清晰而简单	○	○	○	○	○
10	这个网站的信息是有价值的	○	○	○	○	○
11	这个网站遵守对我的承诺	○	○	○	○	○
12	将来我还愿意回到这个网站	○	○	○	○	○

	题　目	完全不愿意　　　　一般　　　　非常愿意 — 0 — 1 — 2 — 3 — 4 — 5 — 6 — 7 — 8 — 9 — 10 →
13	你愿意将这个网站推荐给朋友或同事的程度	○　○　○　○　○　○　○　○　○　○　○

计算方法：

将前 12 个题项的答案值相加，再加上第 13 个题项的一半分数即得到 SUPR–Q 值，该值的范围是 12~65。将此值与 SUPR–Q 数据库比较，可将整体分数或每个题项都转换为百分数。例如，整体 SUPR–Q 分数为 65% 则表示被测的网站的整体得分高于数据库中 65% 的网站的得分。

8.4 用户测试

8.4.1 实验室布局

一个固定的实验室通常包含的设备有：

（1）计算机工作站：进行原型软件、记录软件的安装以及音频视频的采集。

（2）视频设备：移动或者固定的视频摄像机，负责被试的动作、表情、姿势的采集等。

（3）音频设备：负责记录研究人员与被试之间的对话，或者被试在产品使用过程中的想法、意见等。

（4）混合器：负责音视频数据的处理。

（5）监视器和扬声器：负责视频以及音频的播放。

（6）房间：房间数量要求至少两间，用于测试和观察。

以图 8–15 中交互设计实验室建设为案例，实验室总建设面积为 32.87 m²。其建设包括两部分：数据采集室和控制室。在数据采集室及控制室的隔墙上装有单向透视玻璃。观察人员位于控制室中，通过单向透视玻璃，可以非常直观地观察到用户在数据采集室的行为（见图 8–16），这种观察方式的优点在于可以使用户做到较大程度的放松，使观察人员自身对用户的行为产生的影响降到相对较低。

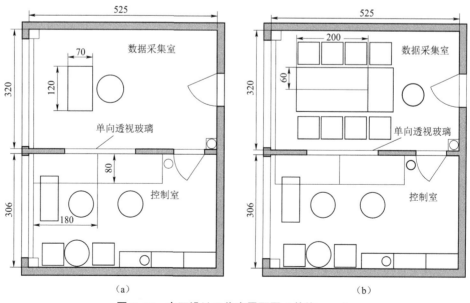

图 8–15　交互设计工作室平面图（单位：cm）

（a）布局 1；（b）布局 2

图 8-16 直观地观察到用户在数据采集室的行为

在交互设计中，常常需要在一个较为真实的环境中对用户的行为进行观察，即了解用户的日常行为方式，或者发现用户在进行人机交互过程中的行为方式。因此数据采集室通常要尽可能地模仿实际的使用环境。

8.4.2 硬件及软件配置

1. 视频和音频采集系统

视频的采集目的在于可以很好地了解用户的行为动作、姿势、运动、位置、表情、情绪等各项在人机交互过程中所展现出来的活动，同时也可以记录被试的行为发生时刻、持续时间以及发生的次数等，统计后可以进行有效的处理，方便研究人员最后得出分析报告。音频的采集目的在于更全面地记录被试在进行人机交互的过程中所表达的想法、问题的表述等，便于研究人员在后期结合视频、研究数据等全面地分析被试的心理活动。采用多视频录制方法，允许研究人员利用多个摄像机从多个角度对用户的行为进行记录与分析，如图 8-17 所示。

图 8-17 多路视频录制

2. 眼动信息采集和分析系统

眼动追踪可以为研究者提供能够揭示可用性问题的用户行为数据，这是一种非常客观和直接的研究方法。将眼动追踪技术运用到视觉用户界面评估过程当中，可以提高可用性测试的客观性和有效性，并非常好地帮助研究人员揭示用户的认知加工过程。

眼动仪作为一种眼球运动追踪设备，是研究用户心理学基础的重要仪器。眼动仪通过对目标用户的眼睛进行运动追踪，可以记录下目标眼睛在刺激物上的注视时间、注视次数、移动轨迹、时间等数据。利用眼动仪进行交互产品的可用性测试，一方面，可以帮助用户研究人员识别一些用肉眼难以观察到的行为，从而发现产品视觉和功能可视性的问题；另外一方面，也可以作为引导回溯的工具，让用户研究人员在完成任务后与用户共同观看眼动的影像记录，从而帮助用户回忆在执行可用性测试任务时的遇到的困难以及心里的感受等。

图8-18为用户进行应用测试时的视觉热区图、急簇分析图以及视线轨迹图。

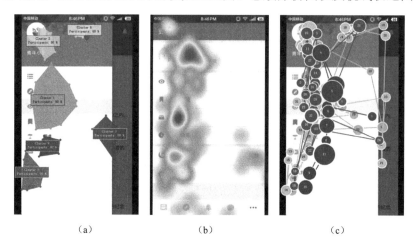

（a） （b） （c）

图8-18 眼动信息分析图

（a）视觉热区图；（b）急簇分析图；（c）视线轨迹图

3. 生物电采集系统

人的正常生理活动总是伴随着繁杂的电现象，如肌电信号（EMG）中包含了人体动作的力信息和位置信息等，脑电信号（EEG）中包含了人的大脑对物体的颜色、运动、形状等的感知信息。同时就统计学而言，人类的生物电有其特有的规律可循，一定的生理过程对应着一定的电反应，如通过观察脑电图、肌电图等可以推理出研究对象的生理过程是否处于正常状态，图8-19所示为肌电信号变化显示图。

近些年来，基于生物电技术的人机交互研究越来越受到人们的重视并且有着越来越广的应用范围。通过生物电信号的采集，研究人员可以很直观地观察到用户在进行人机交互过程中的生理及心理变化过程。

4. 行为分析系统

行为分析系统包含全功能的行为事件编码、行为事件记录、行为数据可视化与分析的平台。行为分析系统也可以让使用者按个人的需求自行设计实验，包括视频观察分析、即时观察分析，以及多种实验类型，如可用性测试实验、动物行为分析实验等；内置的音频、屏幕捕捉记录系统，可使研究人员全面得到自己想要的精准数据。

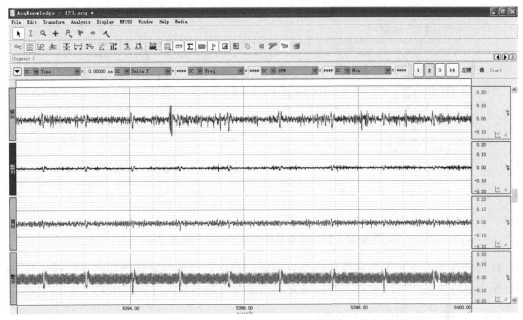

图 8-19　肌电信号变化显示图

　　行为分析系统中通过对图表生成以及编辑核心的整合，可以使试验数据以更加直观的图表方式展现出来，同时可以自行编辑各项参数，使实验结果以对自己更加有效的展现方式出现。通过对多种数据分析方式的整合，可以使数据进行科学的分析与统计计算，同时精确度得到一定的保证。图 8-20 所示为行为分析系统中的数据结果展示。

　　行为分析系统整合了多种功能完备的应用程序，同时具有很强的数据类型兼容性，包括眼动数据、生理数据以及多种第三方数据等，都可以在行为分析系统中进行分析与对比，帮助研究人员进行实验的操作以及数据的分析。图 8-21 所示为行为分析系统中数据隐藏关联性的寻找。

图 8-20　行为分析系统中的数据结果展示

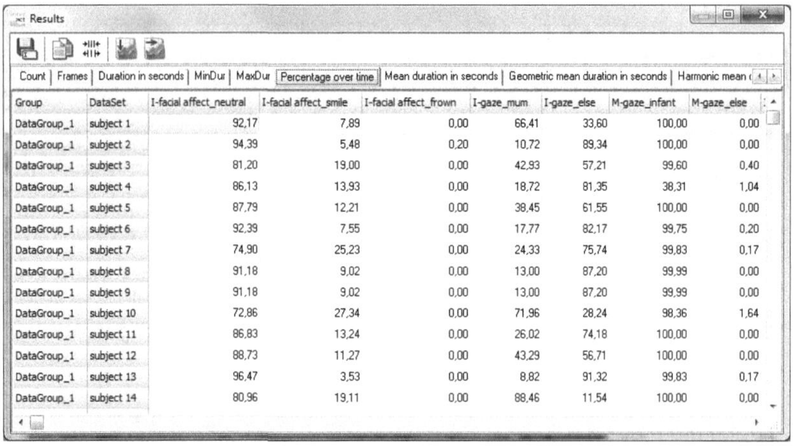

Group	DataSet	I-facial affect_neutral	I-facial affect_smile	I-facial affect_frown	I-gaze_mum	I-gaze_else	M-gaze_infant	M-gaze_else
DataGroup_1	subject 1	92,17	7,89	0,00	66,41	33,60	100,00	0,00
DataGroup_1	subject 2	94,39	5,48	0,20	10,72	89,34	100,00	0,00
DataGroup_1	subject 3	81,20	19,00	0,00	42,93	57,21	99,60	0,40
DataGroup_1	subject 4	86,13	13,93	0,00	18,72	81,35	38,31	1,04
DataGroup_1	subject 5	87,79	12,21	0,00	38,45	61,55	100,00	0,00
DataGroup_1	subject 6	92,39	7,55	0,00	17,77	82,17	99,75	0,20
DataGroup_1	subject 7	74,90	25,23	0,00	24,33	75,74	99,83	0,17
DataGroup_1	subject 8	91,18	9,02	0,00	13,00	87,20	99,99	0,00
DataGroup_1	subject 9	91,18	9,02	0,00	13,00	87,20	99,99	0,00
DataGroup_1	subject 10	72,86	27,34	0,00	71,96	28,24	98,36	1,64
DataGroup_1	subject 11	86,83	13,24	0,00	26,02	74,18	100,00	0,00
DataGroup_1	subject 12	88,73	11,27	0,00	43,29	56,71	100,00	0,00
DataGroup_1	subject 13	96,47	3,53	0,00	8,82	91,32	99,83	0,17
DataGroup_1	subject 14	80,96	19,11	0,00	88,46	11,54	100,00	0,00

图 8–21　行为分析系统中数据隐藏关联性寻找

行为分析还可以将生物电变化数据以及眼动数据等与视频记录进行同步可视化显示，通过整合多种类型的外部数据，帮助研究人员进行行为与视频分析的研究。

8.4.3　用户研究和评估案例

可用性测试（Usability Testing），又称使用性测试、易用性测试等，是用户体验研究中最常用的一种方法，可用性测试侧重于观察用户使用产品的行为过程，关注用户与产品的交互，是更偏重于行为观察的研究。可用性测试是通过观察有代表性的用户完成产品的典型任务来发现产品的可用性问题。可用性测试的流程大致分为资源准备、任务设计、用户招募、测试执行、数据分析、报告呈现等相关步骤。此次通过《知乎 App 可用性分析——基于眼动实验的安卓端 3.0 与 4.0 版本测试对比》来了解可用性测试的相关过程。

知乎可用性分析的实验计划主要想通过对比知乎安卓端 3.0 和 4.0 版本的眼动实验，分析两个版本的可用性和易用性。

（1）研究目标。选取 Android 端知乎 3.0 和 4.0 版本进行实验，对比分析两个版本的可用性和易用性。

（2）研究方法。

1）可用性测试：6 个任务，难易度依次递增，包括知乎基本功能。

2）页面布局测试：App 主要界面进行静态眼动测试，分析其布局的合理性。

3）任务评估问卷：ASQ 和 PSSUQ 问卷。

4）用户访谈：确定用户及任务后访谈。

（3）眼动测试。

（4）数据分析。对实验测试数据进行定量分析和定性分析；对测试者行为和心理进行分析。

（5）得出结论。

1. 资源准备

（1）器材准备：带有单向玻璃的观察室、测试手机（安装好 App 并注册的测试账号）、网络、DV 以及眼动仪等。

（2）人员准备：主持人要熟悉相应的产品，要全面地体验所需测试产品的所有功能，同时，要做到测试中引导用户进入相对应的环节。另外，至少需要一名工作人员进行过程记录和录音录像。

（3）文档准备：要准备好相应的实验计划、测试脚本、过程记录、任务清单、保密协议和访谈提纲等。

2. 任务设计

（1）任务设计核心：围绕用户的使用目标，要考虑什么样的人有可能使用这款产品，哪些功能最有可能是产品的常用功能，用户会如何使用这些功能，功能与功能之间的关系如何。

（2）顺序设置：要符合典型用户的操作流程，任务设置的顺序要合适，使用户操作舒适自然，符合常态。

（3）描述方式：精细与宽泛的平衡，一般来说，任务设计不宜过于精细，但当产品设计已经相对完善的时候，需要考查特定的细节，那么任务设置就要相对具体，同时要做到尽量避免直接指导操作方式的语言描述。

（4）数量控制：控制任务数量，任务数量的多少与可用性测试考察范围相关，与任务的精细程度有关，当任务数量过多时，会导致学习效应和疲劳效应。要确保正式测试环节的时间最多不超过 1 小时。

　　附：测试任务

a. 注册新用户（针对小白）or 登录（针对普通和精通）。

注册一个新账号，姓名：北理工设，手机号：被测手机号，密码：12345678；登录名：138××××××××，密码：12345678。

b. 搜索话题。

搜索一个名为"如何定义工业设计"的话题，并阅读第 4 个回答。

c. 回答并邀请好友回答。

回答上一个话题，内容如下：随时代的发展，设计的定义在发生变化；并邀请名为"赵小葱"的用户进行回答。

d. 提出问题并提到好友。

提出一个名为"工业设计为什么要重新定义"的问题，并邀请一个名为"赵小葱"的用户。

e. 收藏及取消收藏。

在主页上找到第二个问题的第三个答案，创建一个名为"工业设计"的文件夹，收藏该答案，然后取消收藏。

f. 关注用户。

关注一个名为"赵小葱"的用户，并找到我关注的人。

3. 用户招募

招募被试算是可用性测试最重要的一个环节，被试是否合适直接关系到测试结果的好坏，测试结果直接关系到能否发现产品现有的问题。所以招募被试是重中之重。在选取被试时应选取有效维度的标准：影响用户行为的关键维度。应根据产品的特征、参照人口统计学维度、个性特征、生活方式和价值观以及所在组织或地区的文化特征等方面选择合适的被试。

理想的被试是我们的目标用户，所以可用性测试要努力寻找到目标用户作为被试。寻找的途径如下：

（1）同事（非同部门）或者好友可以是目标用户，所以可以选用他们作为被试。

（2）大型公司都会有自己的用户资料库，可以从这个库里面寻找到被试。

（3）委托第三方机构帮忙寻找被试也是允许的，不过效果可能不如自己寻找的。

（4）现在的应用一般都会有自己的微博、微信、官网或者论坛，这些是非常好的寻找被试的渠道。可以推送招募被试的公告，让用户填写一份调查表之后，再筛选得到想要的被试。公告中要注明奖励，一般为小礼品的奖励，保证对被试有一定的吸引力，同时又不至于让他们为了这个礼物对个人信息造假。

其次，对于被试，需要进行一个筛选。首先需要用户填写必要的个人信息：比如姓名、电话（邮箱）、空闲时间；然后根据调查选择其他一些个人信息：性别、年龄、职业之后，最后留几道问卷题目进行筛选。筛选的维度主要有：

（1）平台。如果测试的产品与平台有关，比如是 Android 或者 iOS，需要在这里进行一个筛选。

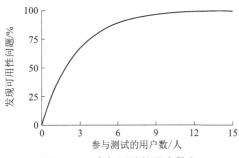

图 8-22 参与测试的用户数和发现可用性问题的关系

（2）对产品的熟悉程度。比如想找一些初级用户和一些高级用户，可以选用"使用时间"这一项来衡量用户对产品的熟悉程度。

通过参与测试的用户数和发现可用性问题的关系图（见图 8-22），我们发现，从 5～8 个用户那儿即可找到至少 80%的可用性问题，所以《知乎 App 可用性分析》实验中，选取了 6 个被试，通过相关访谈，将用户分为小白用户、普通用户和精通用户 3 组，3 组用户分别交叉使用各个版本的知乎，以此来减少学习效应对本次实验的影响。

4. 测试

图 8-23 所示为《知乎 App 可用性分析》的用户测试场景，实验流程概述如下：

图 8-23 用户测试

（1）实验准备。

1）对知乎 3.0 和 4.0 版本进行框架分析。

2）实验前撰写实验计划，准备实验脚本，进行人员分工，熟悉实验仪器等。

3）招募实验被试（6 人）并签订协议。

4）对被试进行访谈，并对其进行定位（分为精通、普通、小白三类用户）。

（2）移动端可用性测试（动态测试）。

1）对实验仪器进行校准，让被试坐在椅子上，进行眼动仪的校准。

2）进行移动端可用性测试，让被试开始对不同版本的知乎 App 进行实际操作，并有 3 名主试，1 名主试负责操作眼动仪，第 2 名主试负责呈现实验材料、宣读指导语，第 3 名主试记录被试的口语报告及操作时间。

3）被测人员开始进行以下 6 个任务的操作。

4）操作过程中要求被试进行发声思维，实时记录被试的测试情况与提出的问题。

5）操作完成后，将测试结果进行命名及保存，以便分析。

6）被测人员再填一份对两个版本的 ASQ 和 PSSUQ 问卷。

（3）页面布局测试（静态测试）。

1）开始眼动实验，将图片呈现设置为 10 s，观看屏幕上的知乎 App 流程图片。

2）实验结束后，将数据保存到指定文件夹。

3）单击"Replay"按钮，进入眼动回放界面。

4）查看眼动结果并导出测试图片。

（4）数据分析。

1）对移动端可用性测试数据进行定量分析。

2）对页面布局测试数据和图表进行定性分析。

3）察看录像和记录，对测试者的行为和心理进行分析。

（5）总结与建议。在测试过程中注意的问题如下：

1）环境准备：将实验室布置得温馨一些，让被试放松。

2）测试用语：从被试的基本情况开始引入使用习惯，多让被试回忆自己平时的使用场景。尽量使用口语化的对话，比如"在平时使用过程中存在什么问题啊"之类的等。同时向被试提示"请你来不是为了测试你，而是请你帮助我们找出产品中的问题"，在用语上尽量避免使用"请你来进行测试"这样的字眼，而要用"请你来体验我们的产品"。

3）测试中要注意观察被试的表情、肢体动作，同时要注意倾听、询问和鼓励。

① 倾听：保持和被试的交流状态，而非通过过多的话语，开放、不预设立场地观察"没有说的"语言。

② 询问：当被试出现犹豫、惊讶和任务失败的时候才进行简单的询问，询问采用一般疑问句的句式，具体客观地重复被试刚才的行为表现，如果被试没有自己主动说出原因，就可以顺便问一下，或通过身体前倾、目光注视等非语言方式来暗示他你希望能听到更多内容，若被试很快、坚定地说出原因，则该理由的可信度较高，如果被试犹豫，或难以说出原因，就不要继续追问。

③ 鼓励：对好的意见和建议，应该及时鼓励，认同其价值。觉察被试给出意见时有犹豫的表情时，要鼓励其大胆讲出来，当被试因为不能完成任务而有挫败感的时候，请他不

要把责任归咎于自己。

4）记录要点，记录的重点不是被试说了什么，而是被试如何使用。当然，由于是为了发现严重问题而进行的测试，所以可以适当地记录被试思考的内容。实验所用的记录表格如表 8–37 所示。

表 8–37　效率和影响评估过程

编号：	知乎（3.0）				知乎（安卓 4.0）			
任务	时长	肢体表情	问询语言	其他要点（何处遇到困难）	时长	肢体表情	问询语言	其他要点（何处遇到困难）
1. 注册新账户或登录								
2. 搜索话题，并阅读该话题的第四个答案								
3. 回答并邀请好友回答								
4. 提出问题并提到好友								
5. 收藏及取消收藏								
6. 关注用户，并找到关注的人								

5. 任务评估标准化问卷

在被试完成测试后，立即进行感知可用性的快速评估，即采用任务评估标准化问卷。

（1）场景后问卷（ASQ）。场景后问卷 ASQ（见表 8–38）是任务评估标准化问卷中常用的一种，由 3 个题目组成，评估整体上完成任务的难易度、完成时间和对支持信息的满意度，整体的 ASQ 得分是 3 个题项得分的平均值。研究得出，ASQ 测量的信度范围为 0.9～0.96。分值越小代表用户对任务的难易度、花费时间、支持信息的满意度越高。

表 8–38　场景后问卷 ASQ

	题　　目	非常同意			非常不同意				不适用
		— 1 —	2 —	3 —	4 —	5 —	6 —	7 →	
1	整体上，我对这个场景中完成任务的难易度是满意的	○ ○	○	○	○	○	○	○	○
2	整体上，我对这个场景中完成任务所花费的时间是满意的	○ ○	○	○	○	○	○	○	○
3	整体上，我对完成任务时的支持信息（在线帮助、信息、文档）是满意的	○ ○	○	○	○	○	○	○	○

（2）整体可用性评估问卷（PSSUQ）。

官方组织使用 PSSUQ 测试了上百个各种类型的网站系统，得出了网站的可用性得分标准，其系统质量的上限值为 3.02、信息质量的上限值为 3.24、界面质量的上限值为 2.71、整体上限值为 3.02。

6. 数据整理分析

通过统计被测用户的任务完成时间和每个任务的屏幕点击次数，可以反映出产品的可用性问题，数据整理分析要点如图 8-24 所示。

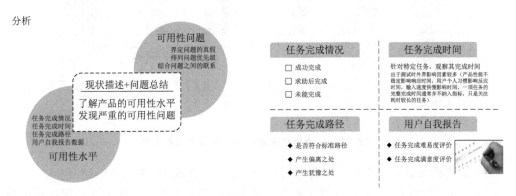

图 8-24　数据整理分析要点

新版本的更新对精通用户而言影响较小，在操作时间以及操作步骤上，他们均能较快地完成目标指令（见图 8-25、图 8-26）。

在 3.3.0 版本操作过程中提出了以下几个问题：

（1）如何进入相关问题？

（2）取消收藏时会再次弹出文件夹列表，为什么？

◆ 测试数据分析——精通用户

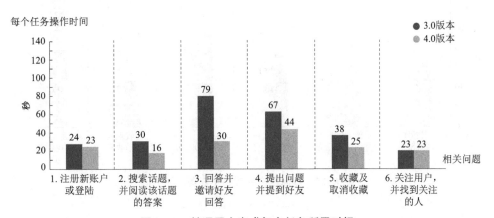

图 8-25　精通用户完成每个任务所用时间

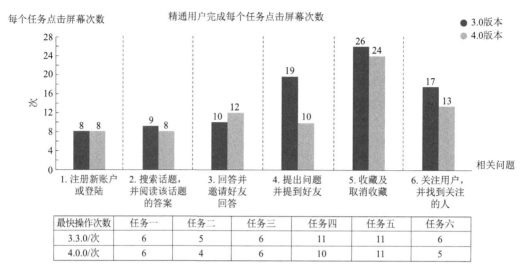

图 8-26　精通用户完成每个任务点击屏幕次数

最快操作次数	任务一	任务二	任务三	任务四	任务五	任务六
3.3.0/次	6	5	6	11	11	6
4.0.0/次	6	4	10	11	5	

知乎版本的更新在以下几点对普通用户影响较大（见图 8-27、图 8-28）：

（1）在回答和邀请别人回答的任务上，点击次数明显变少，新版本在使用过程中更加自如；

（2）关注用户并找到其他相关主页，这一任务新旧版本差异较大，旧版本出现超时现象，用户有的表现出烦躁情绪，但新版本该任务层级较浅，操作较为容易。

◆ 测试数据分析——普通用户

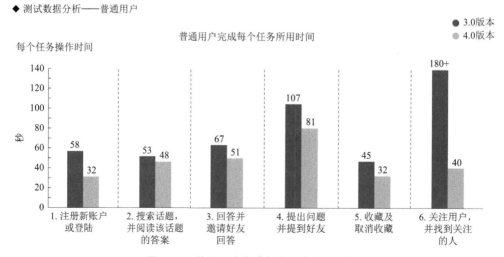

图 8-27　普通用户完成每个任务所用时间

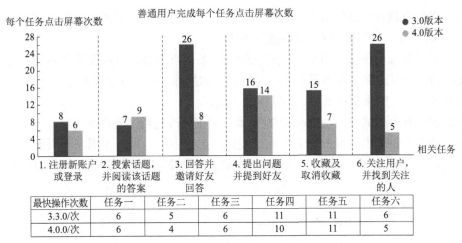

图 8-28　普通用户完成每个任务屏幕点击次数

最快操作次数	任务一	任务二	任务三	任务四	任务五	任务六
3.3.0/次	6	5	6	11	11	6
4.0.0/次	6	4	6	10	11	5

　　新用户因不熟悉本软件，所以各个项目的操作时间与点击次数均与之前测试的典型用户不同（见图 8-29、图 8-30），在不同版本的操作中表现出以下几点：

◆ 测试数据分析——小白用户

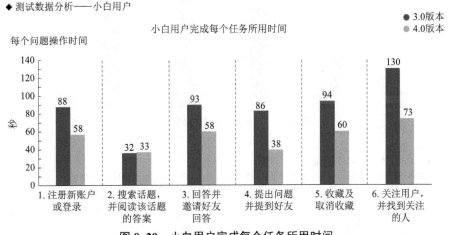

图 8-29　小白用户完成每个任务所用时间

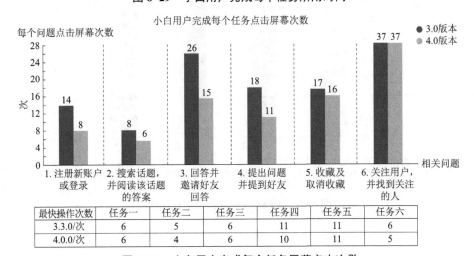

最快操作次数	任务一	任务二	任务三	任务四	任务五	任务六
3.3.0/次	6	5	6	11	11	6
4.0.0/次	6	4	6	10	11	5

图 8-30　小白用户完成每个任务屏幕点击次数

（1）进行收藏及取消收藏中，旧版本的交互逻辑给用户带来困惑，使用过程中几次出现操作失误，新版本的使用较旧版本改善要大；

（2）对于最难的任务，用户完成情况较差，多次点击尝试寻找正确的路径，并反映旧版本此项功能隐藏过深，根本没有相关引导，导致操作过程中多次碰壁。

问卷数据对比结果如图 8-31 至图 8-33 所示。

页面布局方面测试结果，侧滑菜单/更多页面主要改动点（见图 8-34）：

（1）把旧版本侧滑出现的个人界面转变成菜单栏中的一项，占据整个页面。

（2）将查看编辑个人主页的按钮从旧版本的头像变成添加文字说明的一整个横条。

◆ 场景后问卷（ASQ）

ASQ问卷的信度范围为0.9～0.96。

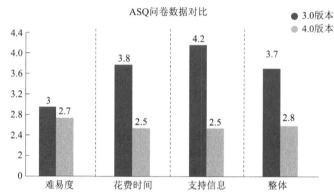

图 8-31　ASQ 问卷数据对比结果

◆ 整体可用性评估问卷（PSSUQ）

PSSUQ问卷信度是，整体：0.94，系统质量：0.9，信息质量：0.91，界面质量：0.83。

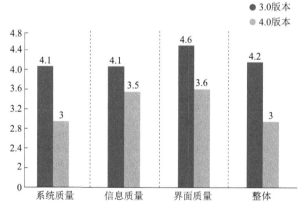

• PSSUQ问卷有四个分数：一个整体和三个分量表：整体：16个题目的答案平均值；系统质量：1～6题答案的平均值；信息质量：7～12题答案的平均值；界面质量：13～15题答案的平均值。结果分数1～7，分数越低满意度越高。

图 8-32　PPSUQ 问卷数据对比结果

◆ 整体可用性评估问卷（PSSUQ）

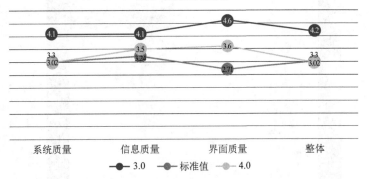

整体可用性评估问卷

系统质量　　　　信息质量　　　　界面质量　　　　整体

● 3.0　　● 标准值　　● 4.0

- PSSUQ制定组织给出了网站质量的标准值，如图灰色线所示，建议网站质量不应高于标准值。经测试，3.0的数值高于标准值，存在严重的可用性问题；4.0的四个数值均值相比于3.0更接近于标准值，相比原系统有了明显的提升。

图 8-33　PPSUQ 问卷数据与标准值的对比结果

侧滑菜单页面　　　　　　　　　　　更多页面

图 8-34　侧滑菜单/更多页面版本对比

从视线轨迹图［见图 8-35（a）］可以发现，旧版本使用侧滑的操作方式，右侧变暗的部分出现的文字和图标不能点击，对于当前界面没有任何用处，但是会打乱用户的浏览顺序，干扰用户的眼动轨迹。

从视觉热区图［图 8-35（b）］可以发现，旧版本的头像位置相对来说并不引人注意，在这一页浏览时用户很难发现点击头像可以进入编辑个人主页的界面。

新版本的修改明显提高了用户对编辑个人主页部分的视觉关注度，用户可以同下面其他栏目一样轻松发现编辑个人主页的功能。

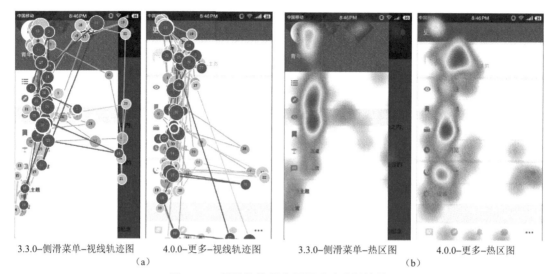

3.3.0-侧滑菜单-视线轨迹图　　4.0.0-更多-视线轨迹图　　3.3.0-侧滑菜单-热区图　　4.0.0-更多-热区图

（a）　　　　　　　　　　　　　　　　　（b）

图8-35　侧滑菜单/更多页面眼动分析结果

（a）视线轨迹图；（b）视觉热区图

7. 总结

（1）层级分类。知乎3.0和4.0普遍存在层级分类不清楚的问题，例如在"我的关注"选项卡下并没有"我关注的人"一项。"发现"选项卡下也存在"收藏"一项。

（2）交互流程。知乎4.0相比3.0精简了部分操作流程，但4.0版本仍存在部分问题，例如收藏模块操作起来比较麻烦。提问题需要填写相关类别，需要用户进行再次定义，比较烦琐。

（3）页面UI。知乎4.0相比3.0在界面上做了很多改进，但仍然存在部分问题，例如点击问题与点击回复不容易区分，容易误操作。

8.5　评估常用的其他方法

8.5.1　观察法

设计团队通常会综合使用问卷法、观察法、访谈法、测试法等进行产品的评估。观察法是指有目的、有计划地通过对被试言语和行为的观察、记录来判断其心理特点的心理学基本研究方法之一，可分为外部观察和参与式观察两类。

1. 外部观察

外部观察是指观察者以第三者的姿态，置身于所观察对象之外，不与被试进行交流和互动。例如实验室观察就是一种外部观察的方式。研究人员在测试现场放置摄像、录音设备，请被试自主完成任务，而研究人员在其他房间通过单向透视玻璃观看测试过程。研究人员通常还可使用多角度智能摄像机来观察被试在测试过程中的表情、详细的操作、动作等，用于细致的分析。

2. 参与式观察

参与式观察又称为局内观察，可以分为半参与式与全参与式观察。半参与式观察是指被试知道自己正在被观察，观察者在不影响被试正常生活的情况下参与部分活动；全参与式观察是指观察者不暴露自己的身份，使被试不知道自己正在被观察。在进行参与式观察时，观察者应当快速融入被试的真实生活之中，全身心地投入被试的生活场景中，与他们共同完成任务，了解他们的目的、行为、想法和情绪，建立与被试的互动。与此同时，观察者还应在观察过程中保持冷静，以旁观者的态度来观察、思考和记录问题。

3. 观察中的记录

在观察开始前应当准备好记录的材料，例如记录的表格、摄像拍照设备、录音设备等。记录表格中应当包括观察的对象、观察时间、观察目的、主要任务、任务记录、分析总结等部分。在观察结束后，应当根据观察记录及相关影音资料整理出观察报告，并对观察到的信息进行分析与总结，得出结论。

8.5.2　访谈法

用户访谈是用户调研中最常用的一种方法，访谈的对象一般是使用产品的普通用户，是由访谈员根据研究目的，按照访谈提纲或问卷，通过深度访谈或焦点小组的方式，收集资料的一种研究方法。

1. 深度访谈

在深度访谈的过程中，要求调查员具有较高的访问技巧和专业知识素养，通过访谈揭示对某一问题的潜在动机、想法、态度、情感和行为等。深度访谈通常用于挖掘用户的深层动机，操作成本较高。深度访谈的过程主要可分为：制定访谈方案、确定访谈提纲、预约被访者、正式访谈、整理访谈资料、输出访谈报告。

这种一对一的访谈方式，能使调查员更深入地了解被访者的深层想法，但其花费的时间成本很高，在实际的评估项目中，一般只会进行有限的深度访谈。这种访谈的流程如下：

（1）确定访谈目的。

（2）设置访谈提纲。明确访谈目的和了解产品之后，要根据访谈目的拟定访谈大纲。因为用户访谈针对的都是普通用户，他们没有过多的专业知识，也并非对产品有很大的热情，只是将其作为一个使用工具。他们在日常使用中只会关注自己常用的部分，一般不会对整个产品有条理明晰地分析。所以在制定大纲时，需要考虑到用户在实际使用时的顺序和操作习惯，制定详细而清晰的访谈大纲。同时，考虑用户对访谈题目的理解。另外，在题名设置的难度和数量上也应该加以考虑，人的精力和注意力有限，冗长的题目会让用户感到厌烦，使得到的结果与事实有出入。

（3）访谈预演。在正式进行访谈之前，为了确保访谈过程的顺利进行，进行一些前期的预演也是有必要的。这其中包括对访谈环境的模拟，确定材料准备是否齐全、评估人员是否做好了充足准备，能够很好地引导用户，另外对时间的把握也是非常重要的。

（4）邀请被访谈者。好的用户质量是访谈成功的保障。通常采取以下几种方式寻找访谈者：

一是自己发问卷邀约。一些产品比较难直接招募到实际目标用户，一般会制作在线问卷，将问卷的链接有针对性地发布在一些网站或论坛，收集问卷数据。虽然比较费时，但采用这种方法比较容易找到需要的实际目标用户，这样的用户主动性也比较强，因而持续性久，可以很好地参与后续的调研活动。

二是通过中介邀约。而中介邀约用户的效率较高，省时省力。但是中介提供的用户不一定就是目标用户，有时会达不到测试要求。

三是测试公司内部用户。选择的这类用户可以是没有参加产品开发的行政或者后勤人员。他们对产品的设计并不十分熟悉，与目标用户具有相同的特征，让他们参与测试也有利于新产品的保密。

（5）访谈过程。虽然在访谈前期已经做了许多预备工作，但是访谈一旦真正开始，还是有许多不可控的因素。用户在当场使用产品或者进行问卷填写时，仍有诸多未预料的问题。访谈者要做的是让用户放开去做，并且做好记录。但评估人员对整个环节要有掌控感，例如在必要的时刻给予用户一些提醒，注意不能让用户说偏，及时拉回某些用户将说偏的话题，快速回到正题。另外，访谈人员要有敏锐的观察力，发现客户的潜在需求。

用户访谈的真实性争议比较大的环节。相信大家都听说过一个 PSP 机的案例，在进行调研时，公司调查者询问客户喜欢什么颜色的 PSP 机，结果很多人说是黄色。后来调查公司说："好，谢谢。为了感谢你们配合调查，那么在大家走时你们随便拿一个 PSP 机吧。"结果，公司发现调查用户带走的都是黑色的机器。难道是用户在说谎？其实，用户也并非故意，有时，在特定环境下的认知偏差会造成这样的结果，所以在进行测试时，需要考虑到这方面的因素，尽量还原真实性。

2. 焦点小组

焦点小组的操作成本较低，能够快速地揭示目标用户的目的、行为和想法，在焦点小组中，受访者可以自由发表观点，便于研究人员发现不同的团体或不同类型的人观念的不同之处。

（1）焦点小组的团体类型。

第一类是探索性团体。研究者给定一个讨论的主题，受访者自由发表观点，得到关于某一个问题的结论。

第二类是特征优先法。当产品的大致定位已经确定后，可以召集可能对产品感兴趣的用户来进行访谈。

第三类是竞争者分析。这类焦点小组只要进行竞品分析，小组成员通过讨论共同发掘竞品的优势、劣势，为自己产品的优化提供建议。

第四类是趋势解释类。通过产品数据或用户反馈通常能得到对用户行为的描述，然而却无法获知用户行为的潜在原因和用户的本质需求，那可以通过焦点小组来深入研究用户的动机与期望。

（2）焦点小组的实施。

第一步，确定时间表（见表 8–39）。

表 8–39　时间表

时间	任　务
焦点小组开始前两周	确定研究主题、听众群体，开始招募工作
焦点小组开始前一周	撰写讨论提纲，与团队成员讨论提纲内容
焦点小组开始前三天	根据讨论结果修正提纲，结束招募工作

续表

时间	任务
焦点小组开始前两天	确定讨论提纲最终版，确定参会人员及设备资料等
焦点小组开始前一天	按照讨论提纲进行演练，修正时间表
焦点小组进行当天	进行焦点小组讨论，搜集所有记录
焦点小组后三天	整理讨论资料如讨论记录、录像等
焦点小组后一周	根据记录撰写分析报告

第二步，选取参与人员，根据研究目的选取并确定招募参与焦点小组的人员。

第三步，确定讨论提纲。要让所有的参与成员能够融入讨论中。

（3）讨论问题的设计。问题应具有逻辑顺序，能使讨论自然而然地不断进行下去；问题应避免带有引导性，尽可能保持中立。例如：你认为最好的手机品牌是三星还是苹果？这样问具有引导性，应该这样问：使用三星手机时你觉得哪些方面很不错？使用苹果手机时哪些方面很不错？它们之间有什么可以比较的吗？提问用户现有的行为比让用户思考并给出答案更可取。例如：你最喜欢什么样的电影推荐网站？这样提问会给用户施加回答的压力，不如这么问：当你想看电影推荐时通常会上哪个网站呢？

焦点小组的好处在于可以通过它详细了解用户的需求、目的、行为，帮助设计者把握用户需求。然而其局限性在于用户在多人面前表达的需求不一定是他们最真实的需求，只是他们声称的需求。用户不一定知道其最想要的是什么，所以这些访谈的结果可以作为设计的参考，但也不能不假思索地全部采用和遵循。

3. 访谈法在交互设计中的应用

访谈法在交互设计中的应用有很多形式，例如可以在用户使用产品时与之进行交谈，了解其真正的使用行为、想法、习惯等。还可以邀请用户作为评估人员来评价产品，提出问题。另外还可采用焦点小组的形式，由 6～12 名用户在主持人的引导下对产品方向、功能、原型或者成品等进行讨论，提出修改建议。

4. 访谈法与观察法配合使用

访谈过程中应观察被访者的身体语言。身体语言常常比言语更能够反映出内心的真实想法，所以在访谈中，不仅要关注用户的言语，还要注意观察用户的身体语言，找出用户没用言语表达出的线索。例如被访者的面部表情（眼神、表情、点头摇头等），被访者身体动作上的微妙变化（比如手指的动作、姿势的调整等），被访者语音、语调、语速的细微变化等。这些因素都能够反映出被访者的真实反应和想法，也可用于甄别用户语言表达内容的真实性和可信度。

5. 观察法和访谈法的比较

观察法和访谈法的比较如表 8-40 所示。

表 8-40　观察法和访谈法

方法	费用	设计进行阶段	输出资料	研究性质	目标	样本量
外部观察	高	计划、开发、优化阶段	用户操作记录、录像、照片等	定性定量	了解用户实际操作过程	小

续表

方法	费用	设计进行阶段	输出资料	研究性质	目标	样本量
参与式观察	高	计划阶段	用户操作记录、录像、照片等	定性	用户生活态度、操作行为	小
深度访谈	高	计划阶段	访谈记录、录像、照片	定性	用户需求、目的、想法	小
焦点小组	低	计划、开发、优化阶段	讨论记录、录像、照片	定性	用户需求、目的、想法	小

8.5.3 专家评估法

1. 专家评估法简介

专家评估法也被称为经验性评估法，是一种获得普遍采用的可用性评估方法，简单来说，就是请专家来根据专业知识和经验来评估被测对象。这种方法适用于系统开发的各个阶段，是一种快速、灵活和经济的评估方法。研究表明，其成本效益比可以达到 1:48，可以非常有效地发现产品设计中与可用性原则相抵触的问题。

采用专家评估法时要注意专家的人数，评估专家的人数会影响评估的效果。研究表明，一个评估专家通常能发现产品所存在的可用性问题中的 35%左右，发现问题的数量将随着专家人数的增加而增加。一般建议专家人数为 5 名左右，最低要求 3 名。通常可以进行两轮评估：第一轮主要评估的是整个产品的架构和操作流程；第二轮则详细评估产品的设计细节，若产品非常复杂则可以适当增加评估次数，每次评估的时间控制在两小时内。

这种评估的结果一般表现在一个可用性问题的清单上，描述问题的同时需要注明每个问题所违反的可用性准则。为了使评估结果对改进产品设计更有指导意义，可以在评估后组织一个由评估专家和产品设计人员共同参加的会议，从设计上提出解决所发现可用性问题的办法。目前企业中最常采用的是启发式评估和认知过程走查这两种方法。

2. 启发式评估

简单来说，启发式评估就是请几个专家根据一系列具有启发性的可用性原则和个人知识经验来评估产品的可用性、发现存在的可用性问题。目前较为常用的评价原则是由 Nielsen 和他的同事开发的十大可用性原则：

（1）系统状态的可见性。系统必须通过在合适时间内的适当反馈让用户知道其当前在干什么。

（2）系统和现实世界的匹配。系统必须使用用户的语言，使用用户熟悉的单词、词组和概念，而不是面向系统的术语。遵循现实世界的规范，使得信息以自然和有逻辑的方式呈现。

（3）用户控制和自由。用户经常会错误地选择系统功能，这时他们需要一个具有明确标识的"紧急出口"来离开非预期的状态，而不是面对冗长的对话框提示。

（4）一致性和标准。用户不需要思考这样的问题：是否不同词语、场景或者动作具有相同的含义？

（5）错误预防。和好的错误提示消息相比，更好的方式就是细致地设计以防止错误发生。要么避免容易发生错误的情况，要么检查并在实际操作前通过确认选项提示用户。

（6）识别而不是回忆。将对象、动作和选项可视化以减少用户的记忆压力。用户不必记住一个对话框到另一个对话框之间的信息。系统的使用指导在适当的时候必须可见或可轻易获得。

（7）使用的灵活性和效率。新手看不到的加速高级选项通常会提高专家用户的使用效率，这样系统就可以同时满足没有经验和有经验的用户的需求。用户可以定制经常使用的动作。

（8）美学和简化设计。对话框不能包含无关或者几乎不需要的信息。对话框的每一个附加信息都会和相关信息竞争并减少它们的相对可视性。

（9）帮助用户认识、诊断错误并恢复。错误消息必须通过普通用户能理解的语言来表达（不包含代码），准确指出问题并积极提示解决办法。

（10）帮助和文档。即使没有帮助文档系统也可以正常使用是很好的，但是通常还是需要提供帮助文档。这些信息必须容易搜索、关注用户任务并列出需要执行的具体步骤，而不是大而全。

Nielsen 可用性原则非常简捷易用，但缺乏可实施的精确度，这些原则虽然被广泛使用，但并未得到精确有效的验证。没有直接证据表明在产品开发过程中使用这些原则就会提高界面的可用性。基于 Nielsen 可用性原则的限制，还可以选择更为标准的可用性原则。例如，ISO 9241 关于人机交互系统的工效学，部分关于交互设计的原则。这些原则是基于研究得出的，得到了国际范围内的一致认可。内容如下：

- 对话符合用户当前的任务和技能水平吗？（Suitability for the task）
- 对话对用户下一步要做什么描述清楚吗？（Self-descriptiveness）
- 对话一致吗？（Conformity with user expectations）
- 对话支持学习吗？（Suitability for learning）
- 用户能控制交互的步骤和顺序吗？（Controllability）
- 对话允许错误的操作吗？（Error tolerance）
- 对话可以个性化以适合用户的个性需求吗？（Suitability for individualisation）

根据国际标准来指出设计中的问题时更容易被设计师接受。虽然这些原则并不像 Nielsen 的 10 个可用性原则那样广为人知，但是具有国际标准的权威和可信度。在实际的评估工作中，可根据需要选取使用其中一套评估原则。

在进行启发式评估时，最好选择具有可用性知识、经验并有与被测产品相关的专业知识的专家来进行评估，以达到较好的评估效果。在评估过程中，专家通过角色扮演来模拟典型用户使用产品的场景，从中发现存在的可用性问题并指出其违背的可用性原则是哪些。由于启发式评估不需要额外的设备支持，所以其开展的成本相对较低，并且操作简易快捷，也被称为"经济评估法"。

3. 认知过程走查法

认知过程走查法（Cognitive Walkthrough，CW）是通过分析用户的心理加工过程来评价用户界面的一种方法，最适用于界面设计的初期。一般是在产品具备原型后，邀请专家和其他设计者共同选择典型的界面任务，并为每一任务确定一个或多个正确的操作序列（Sequence of Actions），然后走查用户在完成任务的过程中，在什么方面出现了什么问题，并提供解释。

与其他方法相比，CW 具有五个特征：

（1）该方法是由分析者操作的，反映的是分析者的判断，而不是用户测试。

（2）CW 评价的是特定的用户任务，而不是对整个界面特征做评价。

（3）CW 只是分析正确的操作序列是否被用户采用而不进行用户行为的预测。

（4）CW 的目的不仅仅在于发现界面中可能存在的问题，还在于要找出原因。

（5）CW 是通过用户完成任务的情况追踪用户的心理加工过程来发现可用性问题，而不是聚焦于界面本身。

这些特征与 CW 的目标是紧密联系的，CW 最适合在设计的早期对界面的可用性进行评价，走查分析的主要目标是找到用户在完成任务的过程中什么地方出现以下问题：

（1）不知道下一步该做什么；

（2）找不到解决问题的操作；

（3）能发现操作的控制方式（如按钮或菜单），却不知道如何使用；

（4）得不到合适的反馈，不知道他们是否能顺利地完成任务。

在找出以上问题后，需要查找原因，评价界面是如何支持用户的工作或为什么不能支持。表 8–41 所示为认知走查法的主要步骤。

表 8–41　认知走查法的主要步骤

准备阶段	定义用户群体
	选择样本任务
	确定任务操作的正确序列
	确定每个操作前后的界面状态
实施阶段	根据样本任务展开走查
	记录发现的问题、原因
修正阶段	开展会议讨论评估结果、给出修正方案
	修正界面设计

认知过程走查法的价值是很明显的，它可以帮助设计者在设计初期发现设计中存在的问题，以及问题发生的阶段和原因，并且操作成本较低。其局限性在于，由于没有真实用户的参与，有时无法揭示用户真正可能出现的问题，其揭示问题的数量只有用户测试的 40% 左右，不过它提供的是设计者和专家的意见，对于设计方案的修正还是有一定帮助的。

第9章
体感交互与智能硬件

体感交互就是通过软件和硬件技术，使人们可以很直接地使用肢体动作，与周边的装置或环境互动，而无须使用任何复杂的控制设备，可让人们自然地与内容做互动。关于体感交互的内容参见 10.1.2。智能硬件技术可以作为体感交互的实现技术。

9.1 智能硬件概念的提出

智能硬件是继智能手机之后的一个科技概念，特指通过软硬件结合的方式，对传统的设备进行改进，进而让其拥有智能化的功能。改进的对象可能是电子设备，例如冰箱、电视、洗衣机和其他电器；也可能是以前没有电子化的设备，例如筷子、水杯、手镯、眼镜等。智能化后，硬件往往具备连接网络、加载互联网服务的能力，从而形成"云+端"的典型架构，获得大数据。

智能硬件概念的提出有两方面原因：一方面是相对于传统的工业产品而言的，传统的工业产品代表大工业化生产，产品设计的目标是要用最少的成本、最少的时间生产出质量优良的工业产品。如 20 世纪六七十年代日本创造的工业奇迹就是最典型的代表。当时的产品定位于人类使用的工具，无论是机械类产品还是电子类产品，其操作方法多数是人发出指令，产品则精确地去执行，但产品与人基本没有互动与交流。而智能硬件是伴随着计算机技术与传感器技术的发展而产生的，其存在的意义就是与人类进行充分的交流，并能够智能地完成人类的工作和任务。另一方面是相对于计算机软件而言的，我们知道计算机软件通过程序指令控制，可以实现与人的互动与交流。例如，现今很多移动 App 不仅可以满足用户的各种需要，而且可以和用户进行充分的互动。但是计算机软件只能通过屏幕与人进行交流，能否借助其他由计算机控制的交流方式与用户进行互动是人们需要迫切解决的问题。基于以上两方面原因，智能硬件产生了，智能硬件的本质是在传统的硬件产品中加入计算机 "大脑"，通过软件来控制硬件。这里值得注意的是软件是可以变化的，可以随着用户的喜好实施不同的控制，这种与屏幕操作不同的交互式产品就被称为智能硬件。

全球最有代表性的智能硬件产品是谷歌公司开发的 Google Glass 智能眼镜。我国的智能硬件产品近十年发展迅速，很多传统的家电企业也向智能化方向过渡，如在电视中加入安卓系统，并安装距离传感器或摄像头就可以实现人的手势控制，虽然这些方法还不完善，却也是适应时代发展的必要尝试。国内的很多互联网公司近两年更是对智能硬件大感兴趣，纷纷投入其中，推出了智能手环、智能血压仪、智能插座等产品。

9.2 智能硬件开发工具 Arduino 简介

9.2.1 什么是 Arduino

Arduino 是一个开放源代码的单芯片微电脑，它使用了 Atmel AVR 单片机，构建于开放源代码和 simple I/O 接口板，并且具有类似于 Java、Objective–C 语言的 Processing/Wiring 开发环境。Arduino 提倡"电子积木"式开发，在电子商务网站上搜索 Arduino，可以找到上千种 Arduino 的开发板和配件，用户可以根据需要选取不同的配件，通过配件的不同组合路径完成功能的开发。Arduino 的配件包括以下几类：① 传感器类：温湿度传感器、压力传感器、超声波传感器、三轴加速度传感器、人体的血压脉搏传感器等。② 通信类：以太网模块、Wi–Fi 模块、ZigBee 模块、GSM 模块、蓝牙模块等。③ 电机类：舵机、步进电机等。有了这些"电子积木"，开发者可以轻松快速地制作各种具有创意的智能产品。例如，可以使用 Arduino 制作一架微型拍照飞机，通过这个飞机可以从空中拍摄旅游景区的风光，通过遥控器屏幕，我们可以看到更广阔的空间，这是一种全新的感受。这充分说明了 Arduino 的应用范围十分广泛，同时也极具实用性。

Arduino 包括一个硬件平台——Arduino Board（见图 9–1），和一个开发工具——Arduino IDE（见图 9–2）。两者都是开放的，既可以获得 Arduino 开发板的电路图，也可以获得 Arduino IDE 的源代码。除了购买 Arduino 电路板外，不需要支付额外的费用。Arduino Board 基于简单的微控制器，如 ATmega328，提供了基本的接口和 USB 转串口模块。使用者只需要用一个 USB 线就可以将 Arduino Board 与计算机连接，完成编程和调试，而不需要专门的下载器。Arduino 使用一种简单的专用编程语言，使用者不必掌握汇编语言和 C 语言等复杂技术就可以进行开发。IDE 可免费下载，并开放源代码，跨平台，极为便利。

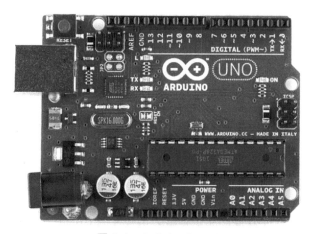

图 9–1　**Arduino Board**

Arduino 可以把 Arduino 语言与 Macromedia Flash、Processing、Max/MSP、Pure Data、Super Collider 等软件配合使用，结合电子元件，开发者可以快速地完成智能硬件创作。同

时，Arduino 也可以独立运作成为一个可以和软件沟通的接口。Arduino 是一个提供创新的工具，它可以让计算机能够拥有感应、控制真实世界的能力，而不仅局限于键盘、鼠标、屏幕、扬声器等单一的标准 I/O 设备。它同时也能作为独立的核心，作为机器人、智能车、激光枪等电子设备的控制器，应用非常简单。Arduino 用于开发交互式对象，可以采取各种开关或传感器输入，控制各种灯、电机和其他物理输出。Arduino 的项目，可以独立，也可以与计算机上运行的软件通信。

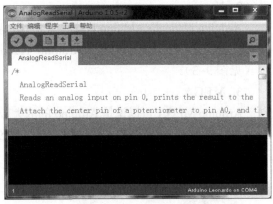

图 9-2　Arduino IDE

9.2.2　Arduino 的诞生

Arduino 的核心开发团队成员包括 Massimo Banzi、David Cuartielles、Tom Igoe、Gianluca Martino、David Mellis 和 Nicholas Zambetti。Massimo Banzi 曾经是意大利艾芙利亚一家高科技设计学校的老师，他的学生经常抱怨找不到便宜好用的微控制器。2005 年冬天，Massimo Banzi 跟 David Cuartielles 讨论了这个问题，David Cuartielles 是一个西班牙籍芯片工程师，当时在这所学校做访问学者。两人决定设计自己的电路板，并请 David Mellis 为电路板设计编程语言。两天以后，David Mellis 就写出了程式码，又过了三天，电路板就完工了，这块电路板被命名为 Arduino。几乎任何人，即使不懂电脑编程，也能用 Arduino 做出很有创意的东西，比如对传感器做出回应、闪烁灯光、控制马达。随后 Banzi、Cuartielles 和 Mellis 把设计图放到了互联网上。Arduino 保持设计的开放源码理念，因为版权法可以监管开源软件，却很难用在硬件上，他们决定采用共享创意许可。共享创意是为保护开放版权行为而出现的类似 GPL 的一种许可。在共享创意许可下，任何人都被允许生产电路板的复制品，还能重新设计，甚至销售原设计的复制品，而且不需要付版税，甚至不用取得 Arduino 团队的许可。然而，如果有人重新发布了引用设计，其必须说明原始 Arduino 团队的贡献。如果有人调整或改动了电路板，其最新设计必须使用相同或类似的共享创意许可，以保证新版本的 Arduino 电路板也会一样的自由和开放，唯一被保留的只有 Arduino 这个名字。它被注册成了商标，如果有人想用这个名字卖电路板，那么他可能必须付一点商标费用给 Arduino 的核心开发团队成员。

9.2.3　Arduino 硬件种类

1. UNO

UNO 为 2010 年年底发布的标准版本的 Arduino，主要连接接口为 USB，大部分范例程序需要的硬件电路都已经包含在其中，单片机所有的引脚也都有预留，方便使用。有许多针对此版本开发的应用扩展板，用户可以依照自己的需要进行功能选择组合，基于堆栈不同功能达成所需的应用项目（见图 9-1）。

2. Nano

Arduino Nano 是 Arduino USB 接口的微型版本，最大的不同是没有电源插座以及 USB 接口，接口是 Mini–B 型插座。Arduino Nano 尺寸非常小，而且可以直接插在面包板上使用（见图 9–3）。

3. MEGA

Arduino MEGA 可以说是 Arduino 的放大版。它包含了 54 个数字 I/O 接口、4 组 UART、16 个模拟引脚、14 组 PWM 脉冲信号（见图 9–4）。

图 9–3　Arduino Nano

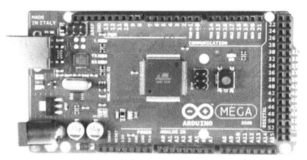

图 9–4　Arduino MEGA

4. LilyPad

Arduino LilyPad 是 Arduino 一个特殊版本，是为可穿戴设备和电子纺织品而开发的。

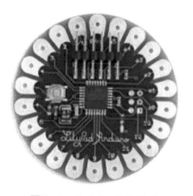

Arduino LilyPad 的处理器核心是 ATmega168 或者 ATmega 328，同时具有 14 路数字输入/输出口（其中 6 路可作为 PWM 输出，1 路可以用作蓝牙模块的复位信号），6 路模拟输入，一个 16MHz 晶体振荡器，一个电源输入固定螺丝，一个 ICSP header 和一个复位按钮（见图 9–5）。

5. Microduino

国内的团队开发的一款名叫 Microduino 的 Arduino 版本也受到了众多开发者的欢迎。比起 Arduino UNO，Microduino 采取了核心和 USB 芯片分离的方案，使得开发

图 9–5　Arduino LilyPad

者可以在制作产品的过程中只使用核心板 Microduino–Core（Microduino– Core+），方便将来对控制芯片的升级或降级，降低开发成本。

在体积方面，Microduino 跟一枚一元硬币差不多大小，它对尺寸有所要求的项目有比较大的优势。开发者可以根据实际情况配合其他兼容模块，对项目进行功能扩展。目前 Microduino 的核心板分为 Microduino–Core、Microduino–Core+和 Microduino–FT232R。据开发者介绍，Core 加上基于 FT232R 的 USB 转串口模块完全可以取代 Arduino UNO（见图 9–6）。

图 9-6 Microduino

6. Seeeduino

Seeeduino 是一款与 Arduino 完全兼容的控制板。它是基于 Duemilanove 的原理图而设计的，与其现有的程序、功能扩展版（shield）以及 IDE 完全兼容。在硬件部分，Seeeduino 对原版 Arduino 所做的最大的改进是在灵活性和用户体验上的提升（见图 9-7）。

7. Cheapduino 控制器

Cheapduino 控制器虽然个头最小，但是它也有一颗强大的"芯"，拥有和 Arduino NG 一样的处理能力。设计师大胆在 Arduino 控制器领域进行了创新，把控制器做到只有纽扣大小，价格只有常规 UNO 的 1/4。如果进行一个一次性的项目，如 DIY 制作、电子教育、礼物制作等，它不仅能够基本满足控制要求，更重要的是能够大大降低项目成本。它同 Arduino NG 一样搭载了 ATmega 8 芯片，因此能够用 Arduino IDE 直接进行编程，同时完全兼容 Arduino 的扩展设备。用户把这些功能集成在革命性的 2cm×2cm 小方块中，然后把它隐藏到作品中，完全不会影响互动式产品的整体美感（见图 9-8）。

图 9-7 Seeeduino

图 9-8 Cheapduino 控制器

9.2.4 Arduino 应用广泛

选择 Arduino 的用户通常分为两类，一类是学习型的，一类是应用型的。应用型的用户大都是用 Arduino 来做工程项目或是有了创意自己来动手，这类用户往往有技术方面的背景，且有电路开发的经验，对单片机系统有较深的认识和独到的见解。学习型的用户，有在校的电子工程类的学生，有对单片机还不太熟悉的电子爱好者，还有希望能通过 Arduino 互动技术来增加其艺术作品的表现力的工艺美术人员。

Google I/O 2011 大会上，Google 宣布在 Android 3.1 版本中新增一个特性，称为 Android Open Accessory，中文可译作"安卓开放配件"，并宣称采用 Arduino 作为 Android Open Accessory 的标准。可见 Arduino 已经在硬件开发领域广为使用。从 Arduino 的用户特点来看，此平台在国内外一直被 DIY 智能机器人发烧友们采用，是一种原型制作平台。在国内，移动互联网从业者或高校、科研机构学者广泛采用这一平台还是近几年的事，每年全球基于 Arduino 的项目估计有几十万个。

9.3　Arduino 平台的特征

全球有很多微处理器和对应的硬件平台，比如 AVR 系列或 51 系列的单片机开发板、Parallax Basic Stamp、BX–24、Phidgets 等。相比其他平台，Arduino 的优势主要有以下几方面：

（1）廉价。这也是 Arduino 诞生的主要原因和目标之一。一块最新版的 Arduino Board 的价格（约 70 元）仍然远低于一块 AVR 或 51 开发板的（100～200 元），并且不需要额外购买几十元人民币的下载线。开发软件是免费的，这也为开发者减少了不少麻烦。Arduino Board 是被设计直接用于产品开发的，小巧精简，而普通的 AVR 开发板往往过于臃肿，不适合直接用于产品开发，只是作为学习之用。

（2）跨平台。Arduino IDE 能够在主流平台上运行，包括 Microsoft Windows、Linux、Mac OS X（它们占据了 PC 的 99%以上）。而普通的 AVR 开发工具如 ICC、AVRStudio，只有 Windows 版本。对于很多程序员来说，Linux 是他们的最爱，而设计师往往钟情于 Mac OS X。跨平台的 Arduino IDE 的确解决了这样的困难，开发人员可以保持自己的平台习惯。

（3）简单、清晰的编程方式。电子产品的开发者并不都是电气工程师和程序员，他们甚至包括画家和建筑师，他们有时可能想为自己的家设计能自动开合的百叶窗。Arduino 并没有使用晦涩的汇编语言，或者复杂难懂的 C 语言，而是创造了一种简单、清晰的编程语言。Arduino 语言基于 wiring 语言开发，是对 AVRGCC 库的二次封装，不需要太多的单片机基础、编程基础，用户简单学习后就可以快速地进行开发。

（4）开源的硬件以及软件。Arduino 的硬件原理图、电路图、IDE 软件及核心库文件都是开源的，在开源协议范围内里可以任意修改原始设计及相应代码。

（5）有众多开发者社区的支持。Arduino 有着众多的开发者和用户，他们提供了很多开源的示例代码、硬件设计。例如，用户可以在 Github.com、Arduino.cc、Openjumper.com 等网站找到 Arduino 第三方硬件、外设、类库等支持，更快更简单地扩展自己的 Arduino 项目。

（6）Arduino 代表了未来硬件开发的趋势。Arduino 不仅仅是全球最流行的开源硬件，也是一个优秀的硬件开发平台，更代表了硬件开发的趋势。Arduino 简单的开发方式使得开发者更关注创意与实现，更快地完成自己的项目开发，大大节约了学习的成本，缩短了开发的周期。因为 Arduino 具有很多优势，越来越多的专业硬件开发者已经或开始使用 Arduino

来开发他们的项目、产品；越来越多的软件开发者使用 Arduino 进入硬件、物联网等开发领域；在一些高校，自动化、软件，甚至艺术专业，也纷纷开展了 Arduino 相关课程。

9.4　Arduino 开发的相关技术

Arduino 近些年在国外非常受欢迎，开发者主要用它来做互动多媒体，因为从事互动多媒体的设计师多半没有编程的基础，因此 Arduino 的程序需要设计得尽可能简单。实际上 Arduino 最大的强项是提供了丰富的库资源，几乎任何外设，用户只要在网上搜索，就可以得到自己想要的。同时，Arduino 是一块简单、方便实用的通用 GPIO 接口板，并可以通过 USB 接口和计算机通信。Arduino 包含两个主要部分，一部分是可以用来做电路连接的 Arduino 电路板；另外一个则是 Arduino IDE，即计算机中的集成开发环境。用户只要在 IDE 中编写程序，将程序上传到 Arduino 电路板中，程序便会告诉 Arduino 电路板要做些什么了。

9.4.1　搭建 Arduino 的开发环境

Arduino 是一块 AtmegaX8 的开发板，带 BootLoader，通过 USB 转串口和计算机通信。Arduino 把 AtmegaX8 的功能做了简化，以方便开发，并提供完整的 IDE 开发环境。作为一块通用 I/O 接口板，Arduino 提供了丰富的资源，包括 13 个数字 I/O 口（DIO 数字输入/输出口）；6 个 PWM 输出（AOUT 可做模拟输出口使用）；5 个模拟输入口（AIN 模拟输入）。

Arduino 开发使用类似 java 开发的编程环境，使用类似 C 语言编程，并提供丰富的函数库。Arduino 可以和 Flash、Processing、Max/MSP 等软件结合创作丰富多彩的互动作品。Arduino 也可以用独立的方式运作，开发电子互动作品，例如开关控制（Switch）、传感器（Sensors）输入、LED 等显示器件、各种马达或其他输出装置。

1. 安装硬件

第一步：将 USB 连线的方形头一端与 Arduino 连接，另外一端插入本地计算机的 USB 接口，将 Arduino 通过 USB 接口与计算机连接。

第二步：正确连接后，计算机会发现新硬件，出现驱动程序安装画面。

第三步：指定驱动程序安装目录，请选择 Arduino 的驱动程序进行安装。

第四步：至此，就完成了 Arduino 硬件驱动安装部分。开始安装 Arduino IDE 软件。从这个链接：http://arduino.cc/en/Main/Software，选择适合你本地计算机的 Arduino 版本下载。

第五步：解压刚才下载的文件到本地目录，双击 Arduino.exe 文件即可运行 Arduino IDE。

2. Arduino 管脚使用说明

（1）Digital I/O 数字式输入/输出端共 1～13（13 个数字输入输出口 DIO，其中 6 个 PWM 输出，可做模拟输出口使用 AO）。

① Arduino 的数字输入。

在数字电路中开关是一种基本的输入形式，它的作用是保持电路的连接或者断开。Arduino 从数字 I/O 管脚上只能读出高电平（5V）或者低电平（0V），因此我们首先面临的一个问题就是如何将开关的开/断状态转变成 Arduino 能够读取的高/低电平。解决的办法是通过上/下拉电阻，按照电路的不同，通常又可以分为正逻辑（Positive Logic）和负逻辑（Inverted Logic）两种。

② Arduino 的数字输出。

Arduino 的数字 I/O 被分成两个部分，其中每个部分都包含有 6 个可用的 I/O 管脚，即管脚 2 到管脚 7 和管脚 8 到管脚 13。除了管脚 13 上接了一个电阻之外，其他各个管脚都直接连接到 ATmega 上。

（2）Analog I/O 模拟式输入/输出端共 0～5。（5 个模拟输入口 AI）

① Arduino 的模拟输入。

从指定的模拟引脚读取值。Arduino 主板有 6 个通道（Mini 和 Nano 有 8 个，Mega 有 16 个），10 位 AD（模数）转换器。这意味着输入电压 0～5 V 对应 0～1 023 的整数值。这就是说读取精度为：5 V/1 024 个单位，约等于每个单位 0.049 V（4.9 mV）。输入范围和进度可以通过 analogReference( )进行修改。

② Arduino 的模拟输出。

将模拟值（PWM 波）输出到管脚。可用于调节发光二极管亮度或以不同的速度驱动马达。调用 analogWrite( )后，该引脚将产生一个指定占空比的稳定方波，直到下一次调用 analogWrite( )（或在同一引脚调用 digitalRead( )或 digitalWrite( )）。

（3）支持 USB 接头传输数据及供电（不需额外电源）。

（4）支持 ICSP 在线刻录功能，支援 TX/RX 端子。

（5）支持外部 ADC 电压基准 AREF 端子输入。

（6）支持 6 组 PWM 端子（Pin11，Pin10，Pin9，Pin6，Pin5，Pin3）。

（7）输入电压：USB 接口供电，无须外部供电。

（8）输出电压：5 V DC 输出。

（9）采用 Atmega168-20PI/PU。

（10）Arduino 大小尺寸：宽 70 mm×高 54 mm。

9.4.2　Arduino 程序的编译过程

微处理器的程序开发最关键的一步是将程序编译成单片机可以看得懂的机器语言，这

图 9-9　典型的开发流程

一部分的工作是由计算机上的 Arduino IDE 软件完成的。不同于计算机使用的高阶语言，单片机使用的往往是汇编语言、C/C++等。典型的开发流程是：首先在计算机中编辑程序，再由软件编译成特殊格式的程序文件，然后才能下载到单片机中，过程如图 9-9 所示。

Arduino 语言是建立在 C/C++基础上的，其实也就是基础的 C 语言，Arduino 语言只不过把 AVR 单片机（微控制器）相关的一些参数设置都函数化，用户不用去了解它的底层，所以这就可以让不了解 AVR 单片机的用户也能轻松上手。

9.4.3　Arduino 中常用的程序控制语言

（1）关键字：if、if…else、for、switch case、while、do… while、break、continue、return、goto。

（2）语法符号：;、{}、//。

（3）运算符：=、+、-、*、/、%、==、!=、<、>、<=、>=、&&、||、!、++、--、

+=、—=、*=、/=。

（4）数据类型：boolean、char、byte、int、unsigned int、long、unsigned long、float、double、string、array、void。

（5）数据类型转换：char( )、byte( )、int( )、long( )、float( )。

（6）常量。

HIGH | LOW

表示数字 I/O 口的电平，HIGH 表示高电平（1），LOW 表示低电平（0）。

INPUT | OUTPUT

表示数字 I/O 口的方向，INPUT 表示输入（高阻态），OUTPUT 表示输出（AVR 能提供 5 伏电压 40 毫安电流）。

true | false

true 表示真（1），false 表示假（0）。

（7）结构。

void setup( )　　　//初始化变量，管脚模式，调用库函数等。

void loop( )　　　//连续执行函数内的语句。

（8）功能。

① 数字 I/O。

pinMode(pin,mode)　　　//数字 I/O 口输入输出模式定义函数，pin 表示为 0～13，mode 表示为 INPUT 或 OUTPUT。

范例：

pinMode(7,INPUT);　　　//将脚位 7 设定为输入模式。

digitalWrite(pin,value)　　　//数字 I/O 口输出电平定义函数，pin 表示为 0～13，value 表示为 HIGH 或 LOW。比如定义 HIGH 可以驱动 LED。

范例：

digitalWrite(8,HIGH);　　　//将脚位 8 设定输出高电位。

将输入脚位的值读出，当感测到脚位处于高电位时回传 HIGH，否则回传 LOW。

int digitalRead(pin)　　　//数字 I/O 口读输入电平函数，pin 表示为 0～13，value 表示为 HIGH 或 LOW。比如可以读数字传感器。

范例：

val = digitalRead(7);　　　//读出脚位 7 的值并指定给 val。

② 模拟 I/O。

int analogRead(pin)　　　//模拟 I/O 口读函数，pin 表示为 0～5(Arduino Diecimila 为 0~5，Arduino nano 为 0~7)。比如可以读模拟传感器（10 位 AD，0～5V 表示为 0～1023）。

范例：

val = analogRead(0);　　　//读出类比脚位 0 的值并指定给 val 变量。

analogWrite(pin,value)　　　//数字 I/O 口 PWM 输出函数，Arduino 数字 I/O 口标注了 PWM 的 I/O 可使用该函数，pin 表示 3，5，6，9，10，11，value 表示为 0～255。比如可用于电机 PWM 调速或音乐播放。

范例:

```
analogWrite(9,128);            //输出电压约 2.5 伏特(V)。
```

（9）时间函数。

```
unsigned long millis()         //返回时间函数(单位 ms),该函数是指,当程序运行就开始
```

计时并返回记录的参数,该参数溢出大概需要 50 天时间。

```
delay(ms)                      //延时函数(单位 ms)。
delayMicroseconds(us)          //延时函数(单位 us)。
```

（10）数学函数。

```
min(x,y)                       //求最小值。
max(x,y)                       //求最大值。
abs(x)                         //计算绝对值。
constrain(x,a,b)               //约束函数,下限 a,上限 b,x 必须在 ab 之间才能返回。
map(value,fromLow,fromHigh,toLow,toHigh)    //约束函数,value 必须在 fromLow
```

与 toLow 之间和 fromHigh 与 toHigh 之间。

```
pow(base,exponent)             //开方函数,base 的 exponent 次方。
sq(x)                          //平方。
sqrt(x)                        //开根号。
```

（11）三角函数。sin(rad)、cos(rad)、tan(rad)。

（12）随机数函数。

```
randomSeed(seed)               //随机数端口定义函数,seed 表示读模拟口 analogRead(pin)
```

函数。

```
long random(max)               //随机数函数,返回数据大于等于 0,小于 max。
long random(min,max)           //随机数函数,返回数据大于等于 min,小于 max。
```

（13）外部中断函数。

```
attachInterrupt(interrupt,mode)       //外部中断只能用到数字 I/O 口 2 和 3,interrupt
```

表示中断口初始 0 或 1,表示一个功能函数,mode:LOW 低电平中断,CHANGE 有变化就中断,RISING 上升沿中断,FALLING 下降沿中断。

```
detachInterrupt(interrupt)            中断开关,interrupt=1 开,interrupt=0 关。
```

（14）中断使能函数。

```
interrupts()          //使能中断。
noInterrupts()        //禁止中断。
```

（15）串口收发函数。

```
Serial.begin(speed)   //串口定义波特率函数,speed 表示波特率,如 9600、19200 等。
```

范例:

```
Serial.begin(9600);
int Serial.available()   //判断缓冲器状态。
int Serial.read()        //读串口并返回收到参数。
Serial.flush()           //清空缓冲器。
Serial.print(data)       //串口输出数据。
```

范例：

```
Serial.print(75);              //列印出"75"。
Serial.print(75,DEC);          //列印出"75"。
Serial.print(75,HEX);          //"4B"(75 的十六进位)。
Serial.print(75,OCT);          //"113"(75in 的八进位)。
Serial.print(75,BIN);          //"1001011"(75 的二进位)。
Serial.print(75,BYTE);         //"K"(以 byte 进行传送，显示以 ASCII 编码方式)。
Serial.println(data)           //串口输出数据并带回车符。
```

范例：

```
Serial.println(75);            //列印出"75"。
Serial.println(75,DEC);        //列印出"75。
Serial.println(75,HEX);        //"4B"。
Serial.println(75,OCT);        //"113"。
Serial.println(75,BIN);        //"1001011"。
Serial.println(75,BYTE);       //"K"。
```

9.4.4　Arduino 的 IDE

Arduino 程序集成开发环境（Arduino IDE）的主界面分为三个部分，第一部分是程序编写窗口，大部分的代码操作在这里完成。第二部分是底部黑色区域的状态栏窗口，里面会显示硬件或程序正在执行的操作以及发现的问题。第三部分为菜单和工具栏区域，包含了 5 个主菜单和 6 个工具栏按钮。工具栏按钮功能依次为"编译""上传""新建程序""打开程序""保存程序""串口监视器"（见图 9-2）。

文件菜单中有很多与普通软件类似的选项，如"新建""打开""保存""退出"等。Arduino IDE 特有的选项 "程序库"可以打开官方的程序范例库，初学者可以在这里了解代码的基本格式及操作。

编辑菜单中的选项，主要针对代码进行操作。

程序菜单包含了"校验""显示程序文件夹""添加文件""导入库"按钮。

工具菜单提供了 Arduino IDE 中常用的一些工具以及上传之前需要选择的一些参数，包含"自动格式美化""草稿存档""修复编码及重新加载""串口监视器""板卡""串口""编译器""烧写 Boot loader"。其中"板卡"以及"串口"选项需要在第一次使用时进行选择，需要通过菜单选择所使用的控制器型号，以保证正常烧录。"串口"选项控制的是通信的 USB 端口的编号，在连接一个 Arduino 设备时一般不需要进行选择，当更换端口或连接多个 Arduino 设备时需要注意所选的串口型号。该程序所连接的 Arduino 控制器型号及端口号会显示在主界面最下端。

"帮助"菜单中有一些官方编写的简单教程，可以帮助初学者快速入门。在互联网上有大量开发者编写的代码以及各种难度的教程，因此学习 Arduino 时要利用好互联网上丰富的资源。

范例 1：

介绍完程序的主界面相信很多初学者希望能够编写并上传一个简单的程序，那么我们可以从程序自带的一些范例开始。在"文件"菜单中找到"示例"，选择"01Basics"菜单中的"Blink"。Blink 是一个点亮小灯泡的示例，也是 Arduino 程序中最简单的一个，我们将通过它来学习 Arduino 程序的构架。

代码如下：

```
/*
  Blink
  Turns on an LED on for one second, then off for one second, repeatedly.

  This example code is in the public domain.
 */


// Pin 13 has an LED connected on most Arduino boards.
// give it a name:
int led = 13;

// the setup routine runs once when you press reset:
void setup() {
  // initialize the digital pin as an output.
  pinMode(led, OUTPUT);
}


// the loop routine runs over and over again forever:
void loop() {
  digitalWrite(led,HIGH);    // turn the LED on (HIGH is the voltage level)
  delay(1000);               // wait for a second
  digitalWrite(led,LOW);     // turn the LED off by making the voltage LOW
  delay(1000);               // wait for a second
}
```

如果有 Arduino 硬件可以按上传按钮或者在菜单中选择上传，如果控制器连接正确，过几秒钟会出现控制板上的灯每隔一秒闪烁一次的效果。

注：Arduino 程序的编写中双斜杠"//"或"/*""*/"之间部分都为注释内容，不会被 Arduino IDE 编译，因此不会影响程序运行。所以精简后的代码如下：

```
int led = 13;
void setup() {
  pinMode(led,OUTPUT);
}
void loop() {
  digitalWrite(led,HIGH);
  delay(1000);
```

```
digitalWrite(led,LOW);
delay(1000);
}
```

第一部分代码为：

```
int led = 13;
```

意思是将 13 赋予 led 这个参数，下面的代码中可以使用 led 代替 13。

第二部分代码为：

```
void setup() {
pinMode(led,OUTPUT);
}
```

在 Arduino 程序中 setup 部分的代码只会执一次，一般会用来初始化相关参数、功能或是引脚功能参数。这段代码的含义是将接口 led 也就是 13 号定义为输出端口，这样后面的代码就可以通过这个端口对设备进行控制。

第三部分代码为：

```
void loop() {
digitalWrite(led,HIGH);
delay(1000);
digitalWrite(led,LOW);
delay(1000);
}
```

Loop 中的代码是主程序的执行内容，只要电源不中断，函数内的程序就会一直重复执行。这段代码在此程序中的意义是：为与 led 对应的引脚写入高电频（引脚供电），等待 1 秒钟不执行新操作，然后将与 led 对应的引脚写入低电频，再持续 1 秒钟。Arduino 控制器会反复执行这样的操作，因此我们会看到主板上有小灯不断闪烁。

范例 2：

```
/*
 Fade

 This example shows how to fade an LED on pin 9
 using the analogWrite() function.

 This example code is in the public domain.
 */

int led = 9;          // the pin that the LED is attached to
int brightness = 0;   // how bright the LED is
int fadeAmount = 5;   // how many points to fade the LED by

// the setup routine runs once when you press reset:
```

```
void setup() {
// declare pin 9 to be an output:
  pinMode(led,OUTPUT);
}


// the loop routine runs over and over again forever:
void loop() {
  // set the brightness of pin 9:
  analogWrite(led,brightness);


  // change the brightness for next time through the loop:
  brightness = brightness + fadeAmount;


  // reverse the direction of the fading at the ends of the fade:
  if (brightness == 0 || brightness == 255) {
    fadeAmount = -fadeAmount ;
  }
  // wait for 30 milliseconds to see the dimming effect
  delay(30);
}
```

这是一个呼吸灯的示例，去除不必要的注释我们可以看到如下内容：

```
int led = 9;
int brightness = 0;
int fadeAmount = 5;
void setup() {
  pinMode(led,OUTPUT);
}
void loop() {
  analogWrite(led,brightness);
  brightness = brightness + fadeAmount;
  if (brightness == 0 || brightness == 255) {
    fadeAmount = -fadeAmount;
  }
  delay(30);
}
```

首先程序定义了一些参数：led、brightness 和 fadeAmount。这三个参数分别是 led 引脚号、灯泡亮度和灯光亮度变化值。

同样，程序在 Setup 部分声明了 led 代表的 9 号引脚为输出端口，所以我们才能在后续的代码中通过输出给灯泡的电压值来控制灯光亮暗以达到呼吸灯的效果。

第三部分同样是 loop 部分，analogWrite 是用于数字端口的模拟输出，Arduino 数字 I/O 口标注了 PWM 的 I/O 口可使用该函数，pin 表示 3、5、6、9、10、11，value 表示为 0～255。因此在这里代码的含义是将 led 引脚赋予 brightness 所表示的数字的电压值，以控制灯光亮度。第二句中"brightness = brightness + fadeAmount"；让亮度每次增加 5，"if（brightness == 0 || brightness == 255）和 fadeAmount = −fadeAmount；"语句限定亮度值在 0 到 255 之间，如果等于 0 或者 255，fadeAmount 由正变为负，灯光也就会慢慢变暗。delay 定义的是每次 loop 中的参数执行一边以后延时 30 ms 执行下一次，这样就能出现灯光慢慢变亮，再由强转弱的一个效果。

9.5　必要的电路知识

在使用 Arduino 开发不同类型的应用产品时，除了必要的核心模块外，还要加上不同的模块和配件，要想正确连接这些配件需要懂得基本的电路知识。

1. 电的基本知识

电压电流在 Arduino 的应用中很重要，错误的电压输入或是过大的电流输入都可能造成控制板的损毁，甚至发生烧毁控制板的情况。但是不给元件适当的电压它又无法正常工作，因此建议在学习过程中复习一下电压和电流之间的关系、功率的计算、串联和并联对系统的影响等。

2. 面包板的使用

面包板是由于板子上有很多小插孔，很像面包中的小孔，因此得名，专为电子电路的无焊接实验设计制造的。由于各种电子元件可根据需要随意插入或拔出，免去了焊接，节省了电路的组装时间，而且元件可以重复使用，所以非常适合电子电路的组装、调试和训练。不用焊接和手动接线，将元件插入孔中就可测试电路及元件，使用方便。使用前应确定哪些元件的引脚应连在一起，再将要连接在一起的引脚插入同一组的 5 个小孔中（见图 9–10）。

图 9–10　面包板的使用

3. 线材

Arduino 主板与传感器之间需要线材连接，其中 22 号线截面刚好和面包板孔洞的大小相同，是适合面包板的首选线材。线材的颜色一般会根据不同的用途来选用，习惯上正电为红色，接地为黑色，这些定义标示可以帮助我们在电路的接线中更快地排错（见图 9–11）。

4. 万用表

万用表又称为复用表、多用表、三用表、繁用表等，一般用于测量电压、电流和电阻。万用表按显示方式分为指针万用表和数字万用表。万用表是一种多功能、多量程的测量仪表，一般可测量直流电流、直流电压、交流电流、交流电压、电阻和音频电平等，有的还可以测交流电流、电容量、电感量及半导体的一些参数等（见图 9–12）。

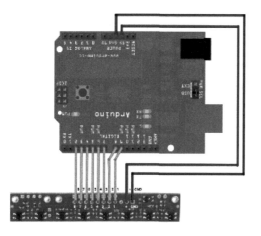

图 9-11   线材的连接   图 9-12   万用表

5. 电子元件

电子元件（见图 9-13）是组成电子产品的基础。常用的电子元件有电阻、电容、电感、电位器、变压器、三极管、二极管、IC 等，就安装方式而言，目前可分为传统安装（又称通孔装，即 DIP）和表面安装两大类（又称 SMT 或 SMD）。

在物理学中，用电阻（Resistance）来表示导体对电流阻碍作用的大小。导体的电阻越大，表示导体对电流的阻碍作用越大。电容（或称电容量）是表征电容器容纳电荷本领的物理量。我们把电容器的两极板间的电势差增加 1 V 所需的电量，叫作电容器的电容。电容器从物理学上讲，它是一种静态电荷存储介质，用途较广，是电子、电力领域中不可缺少的电子元件，主要用于电源滤波、信号滤波、信号耦合、谐振、隔直流等电路中。

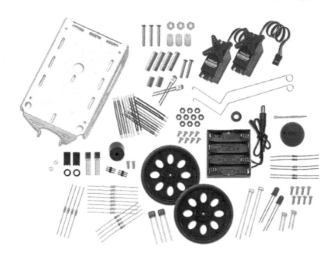

图 9-13   电子元件

9.6   Arduino 开发实例

本节将介绍几个使用 Arduino 制作的产品实例，让读者能够熟悉 Arduino 程序语言的使用。

9.6.1　代码实例

1. Arduino 红外感应安防

```
int Sensor_pin = 8;
int Buzzerpin = 9;
int LED=12;
int anniu=4;
int anniu1=5;
void Alarm()  //蜂鸣器发出警报
{
for(int i=0;i<100;i++){
digitalWrite(Buzzerpin,HIGH);  //发声音
delay(12);
//digitalWrite(Buzzerpin,LOW);  //不发声音
//delay(2);  //修改延时时间，改变发声频率
}
digitalWrite(Buzzerpin,LOW);
}
void setup()
{
pinMode(Sensor_pin,INPUT);  //设置人体红外接口为输入状态
pinMode(Buzzerpin,OUTPUT);//设置蜂鸣器接口为输出状态
pinMode(anniu,INPUT);
pinMode(anniu1,INPUT);
pinMode(LED,OUTPUT);
}


void hongwai(){
int val=digitalRead(Sensor_pin);  //定义参数存储人体红外传感器读到的状态
    if(val == 1)  //如果检测到有动物运动（在检测范围内），蜂鸣器发出警报
    {
    Alarm();
    }
    else
    {
    return;
    }
    delay(100);  //延时 100 毫秒
}
```

```
void loop()
{
int n =digitalRead(anniu);
int v =digitalRead(anniu1);
 if (n==HIGH||v==HIGH)
 {
    digitalWrite(LED,HIGH);
   //delay(500);
    hongwai();
  }
 //delay(100);
 digitalWrite(LED,LOW);
Serial.println("ok! ");
}
```

2. 显示温度

温度传感器就是利用物质随温度变化特性的规律，把温度转换为电量的传感器。本次试验使用的 LM35 热电阻传感器和显示器将测量出的温度显示在液晶屏幕上。

```
#include <LiquidCrystal.h>    //调用 arduino 自带的 LiquidCrystal 库
LiquidCrystal lcd(12,11,5,4,3,2);//设置接口
int potPin = 4;   //设置模拟口 4 为 LM35 的信号输入端口
float temperature = 0;   //设置 temperature 为浮点变量
long val=0;   //设置 val 为长整数变量
void setup()
{
lcd.begin(16,2);   //初始化 LCD
lcd.print("LM35 Thermometer");   //使屏幕显示文字 LM35 Thermometer
delay(1000); //延时 1000ms
}
void loop ()
{
val = analogRead(potPin);   //val 变量为从 LM35 信号口读取到的数值
temperature = ((val+1)*0.0048828125*1000);   //把读取到的 val 转换为温度数值的
```
10 倍
```
lcd.clear(); //清屏
lcd.print("LM35 Thermometer"); //使屏幕显示文字 LM35 Thermometer
lcd.setCursor(0,1) ;    //设置光标位置为第二行第一个位置
lcd.print((long)temperature / 10);    //显示温度整数位
lcd.print("."); //显示小数点
lcd.print( (long)temperature % 10); //显示温度小数点后一位
```

```
lcd.print((char)223); //显示 o 符号
lcd.print("C"); //显示字母 C

delay(2000);    //延时 2 秒，这里也就是刷新速度。
}
```

3. Led 灯闪烁

下面的代码是一个 Led 灯闪烁的程序，代码分为 4 个子事件：样式 1、样式 2、样式 3 和闪烁。

样式 1：1 号至 6 号灯逐个点亮，然后 6 号至 1 号灯逐个熄灭。

样式 2：3、4 号灯先亮，然后 2、5 号灯再亮，最后 1、6 号灯亮。接着 1、6 号灯熄灭，再 2、5 号灯熄灭，最后 3、4 号灯熄灭。

样式 3：3、4 号灯亮，然后 3、4 号灯熄灭，2、5 号灯亮，然后 2、5 号灯熄灭，1、6 号灯亮，然后 1、6 号灯熄灭，2、5 号灯亮，最后 2、5 号灯熄灭，3、4 号灯亮。

```
//设置控制 Led 的数字 IO 脚
int Led1 = 1;
int Led2 = 2;
int Led3 = 3;
int Led4 = 4;
int Led5 = 5;
int Led6 = 6;
//led 灯花样显示样式 1 子程序
void style_1(void)
{
  unsigned char j;
  for(j=1;j<=6;j++)//每隔 200ms 依次点亮 1~6 引脚相连的 led 灯
  {
    digitalWrite(j,HIGH);//点亮 j 引脚相连的 led 灯
    delay(200);//延时 200ms
  }
  for(j=6;j>=1;j--)//每隔 200ms 依次熄灭 6~1 引脚相连的 led 灯
  {
    digitalWrite(j,LOW);//熄灭 j 引脚相连的 led 灯
    delay(200);//延时 200ms
  }
}
//灯闪烁子程序
void flash(void)
{
    unsigned char j,k;
```

```
        for(k=0;k<=1;k++)//闪烁两次
        {
         for(j=1;j<=6;j++)//点亮 1~6 引脚相连的 led 灯
              digitalWrite(j,HIGH);//点亮与 j 引脚相连的 led 灯
         delay(200);//延时 200ms
         for(j=1;j<=6;j++)//熄灭 1~6 引脚相连的 led 灯
              digitalWrite(j,LOW);//熄灭与 j 引脚相连的 led 灯
         delay(200);//延时 200ms
        }
}
//led 灯花样显示样式 2 子程序
void style_2(void)
{
    unsigned char j,k;
    k=1;//设置 k 的初值为 1
    for(j=3;j>=1;j--)
    {
     digitalWrite(j,HIGH);//点亮灯
     digitalWrite(j+k,HIGH);//点亮灯
     delay(400);//延时 400ms
     k+=2;//k 值加 2
    }
    k=5;//设置 k 值为 5
    for(j=1;j<=3;j++)
    {
        digitalWrite(j,LOW);//熄灭灯
        digitalWrite(j+k,LOW);//熄灭灯
        delay(400);//延时 400ms
        k-=2;//k 值减 2
    }
}
//led 灯花样显示样式 3 子程序
void style_3(void)
{
    unsigned char j,k;//led 灯花样显示样式 3 子程序
    k=5;//设置 k 值为 5
    for(j=1;j<=3;j++)
    {
        digitalWrite(j,HIGH);//点亮灯
```

```
        digitalWrite(j+k,HIGH);//点亮灯
         delay(400);//延时400ms
        digitalWrite(j,LOW);//熄灭灯
        digitalWrite(j+k,LOW);//熄灭灯
    k-=2;//k值减2
    }
    k=3;//设置k值为3
    for(j=2;j>=1;j--)
    {
        digitalWrite(j,HIGH);//点亮灯
        digitalWrite(j+k,HIGH);//点亮灯
        delay(400);//延时400ms
        digitalWrite(j,LOW);//熄灭灯
        digitalWrite(j+k,LOW);//熄灭灯
        k+=2;//k值加2
    }
}
void setup()
{
    unsigned char i;
    for(i=1;i<=6;i++)//依次设置1~6个数字引脚为输出模式
        pinMode(i,OUTPUT);//设置第i个引脚为输出模式
}
void loop()
{
    style_1();//样式1
    flash();//闪烁
    style_2();//样式2
    flash();//闪烁
    style_3();//样式3
    flash();//闪烁
}
```

9.6.2　原型设计实例

上一节介绍了使用 Arduino 制作的产品代码实例，使我们初步熟悉了 Arduino 程序语言，但要真正做出好的智能硬件，只关心内部软件还不够。智能硬件作为一个产品，首先必须满足产品的基本属性，包括功能性、经济性、美观性等。除此之外，由于智能硬件具有较强的技术特征，设计时还要注意研究用户的生活方式和认知水平，然后根据用户的行为方式和情感诉求探索出合适的交互方式，从而实现智能硬件和用户进行无障碍的，甚至

是愉悦的交流。

国内设计教育中智能硬件方兴未艾，部分学校已经开始探索适合智能硬件的设计方法和教育模式，北京工业大学在这方面就进行了前沿探索。其中 2014 年北京工业大学和荷兰代尔夫特大学合作的"交互科技设计坊"就是一次成功的尝试。在这次设计坊中，每组学生都要完成基于特定情感表达的体感交互音乐播放器设计。他们最初通过肢体动作与材料的互动来解读情感，并拍成视频草图以探讨寻找设计灵感，完成设计方案，然后加上技术的支持，完成原型制作。整个过程涉及 arduino 编程技术、交互设计方法，以及如何运用视频进行设计表达和交流。下面将展示部分小组的产品制作的过程，小组成员来自北京工业大学、北京理工大学、北京工商大学等学校。以下列举的 GROUP1 成员包括苗雪晴、巩怡非、聂鑫、刘子龙、谷亚航、陈红立、张笑菡、胡佩柔；GROUP2 成员包括诸葛静、杨燕萌、王淘尘、娄辰思宇、闫璐、张罗、谢依非、刘馨媛、娄思宇。

1. GROUP 1

（1）情绪关键词：ANGER。

（2）视频草图（见图 9-14）。

通过视频的方式记录思考的过程，发散思维已获得更多的可能性，从而找到适合 anger 的表达方式。对 anger 的理解：愤怒指一种因极度不满而引起的情绪激动，它是正常的心理反应，表现方式有很多种。愤怒是一种消极的感觉状态，一般包括敌对的思想、生理反应和适应不良的行为。材料选择：根据愤怒的表现形式，选择一些容易产生形变的、爆破性的材料，如泡沫、塑料瓶、毛巾、竹签等。

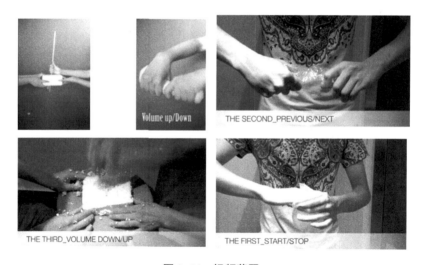

图 9-14　视频草图

（3）头脑风暴。

经过以上的视频草图，小组从中梳理出两条思路：从 anger 这个情绪本身出发，思考人们在愤怒的情况下的表现方式；从材料的属性出发，如何更直接地表现愤怒的情感。根据这两条思路，小组成员进行了头脑风暴，发散思考如何将动作与材料、功能相结合，从而得出人与物交互的方式。最后总结出了三个动作：锤、抽打、拧，这三个动作分别对应开关、切歌和调节音量这三个功能。图 9-15 为头脑风暴草图。

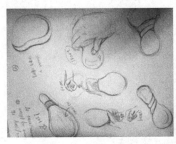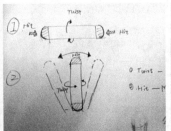

图 9-15　头脑风暴草图

（4）故事板。

故事板是将产品置于设定的使用场景中，整理用户关联的操作，并完善整个流程，以完善原型及细节。图 9-16 所示的故事板就很好地表现了用户在特定情绪下使用音乐播放器的场景，从而激发产品后期细节方面的创意。

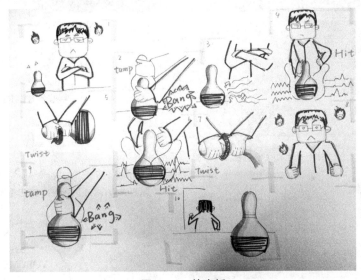

图 9-16　故事板

（5）形态深化研究。

通过前期的头脑风暴和使用场景分析，利用草图和泡沫模型进一步深化对产品的认识，并增加细节方面的考虑，最后利用计算机做出效果图以备原型制作参考。图 9-17 所示为形态推敲。

（6）Arduino 组件装配和低保真模型制作。

根据产品概念以及交互方式选择合适的 Arduino 开源平台和相关的传感器等配件。这里选择使用 Microduino Arduino Board，并使用触摸传感器、旋转角度传感器、按钮传感器、LED 灯以及 MP3 模块，最终完成"ANGER SPEAKER"低保真原型的制作。低保真原型可能不能呈现产品所有的预设功能，但它简单便宜，易于制作，这意味着它易于修改，方便测试和修改，从而发掘设计新的思路，以完善原型，使产品达到甚至超出预想目标（见图 9-18）。

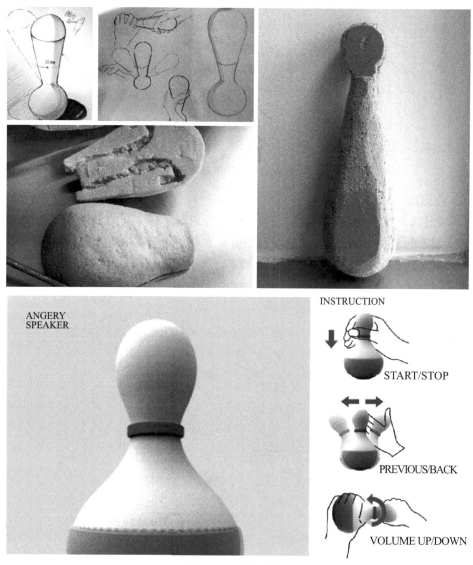

图 9-17　形态推敲

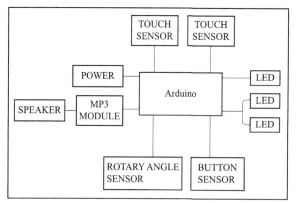

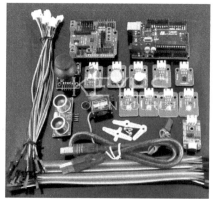

图 9-18　Arduino 组件装配和低保真模型制作

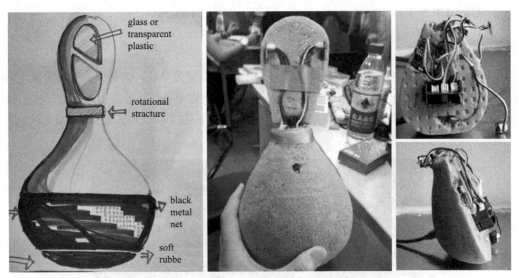

图 9-18 Arduino 组件装配和低保真模型制作（续）

（7）高保真原型制作。

与低保真相比，高保真与最终产品更加接近。这里应用 3D 打印技术进行模型制作，主体选择 PLA（聚乳酸）绿色环保材料（见图 9-19）。

图 9-19 高保真原型制作

2. GROUP 2

（1）情绪关键词：DOUBT。

（2）视频草图。

表现 DOUBT 的关键词：不确定、缓慢地动作、小心翼翼寻找、检查、侦查、犹豫，根据这些关键词设想一系列的动作和表现载体，通过视频记录思考过程。最终布面后的灯光无规律的轨迹运动给了小组灵感，他们认为怀疑是促使人与之交互的原动力（见图 9-20）。

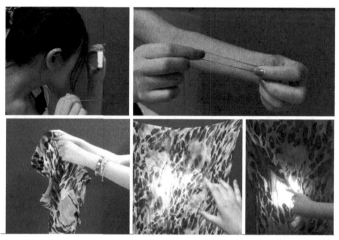

图 9-20　视频草图

（3）故事板。

根据以上的分析，将产品置于特定情形中进行分析，图 9-21 的故事板表现了产品的交互方式。

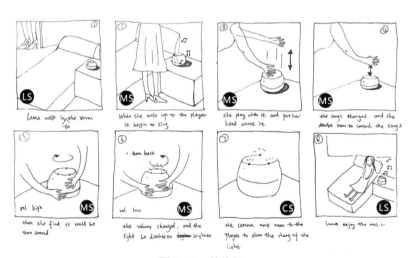

图 9-21　故事板

（4）形态深化研究（见图 9-22）。

（5）Arduino 组件装配和低保真模型制作。

　　这里同样选择使用 Microduino Arduino Board，并使用红外线传感器、旋转角度传感器、按钮传感器、LED 灯以及 MP3 模块，然后用泡沫最终完成低保真原型的制作（见图 9–23）。

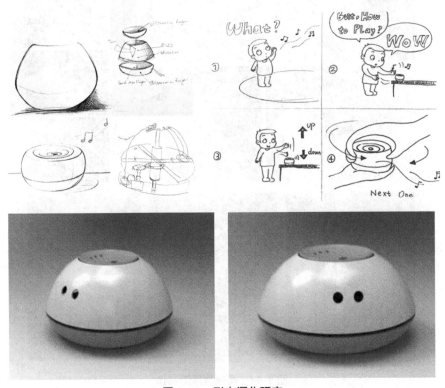

图 9–22　形态深化研究

图 9–23　Arduino 组件装配和低保真模型制作

　　（6）高保真原型制作（见图 9–24）。
　　这一部分的工作是由计算机上的 Arduino IDE 软件完成的，通过它编写简单的程序语言来完成人机交互（见图 9–25）。

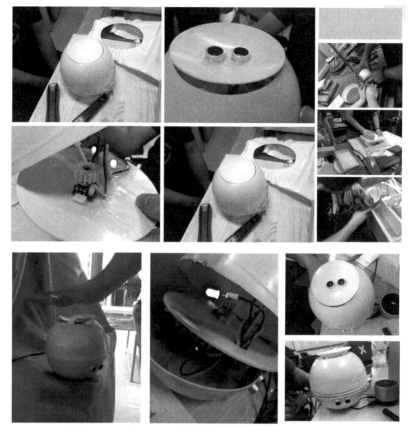

图 9-24　高保真原型制作

图 9-25　编写与调试代码

第 10 章
学者和专家访谈

交互设计虽然在中国已有十几年的历史，但是其仍是处于发展中的设计专业或研究方向，大学的学者和企业专家的经验和建议，对学习交互设计会有较大帮助。

10.1　院校学者访谈

10.1.1　意义比好用更重要

林敏（见图 10-1），美国马里兰大学博士，广州美术学院教授，知名用户体验布道者与践行者，IxDC 交互设计专业委员会委员，长期致力于推动用户体验在中国的发展，是"品牌—体验—设计"三位一体概念的提出者。曾担任三星中国设计研究所用户体验创新部负责人。

图 10-1　林敏

今天很多普通消费者都能说出"用户体验"这个词。"用户体验不好"是在与消费者接触中经常能够听到的描述。现在，消费者不再只关注产品的外观，也开始注意产品的使用过程。交互设计便在很大程度上承担着让消费者在使用产品的过程中获得好的用户体验的责任。

很多时候，交互设计师容易把交互设计简单地理解为"为好用而设计"。诚然，我们在生活中的许多时候都希望接触到的物品是好用的。例如，厨房里的炒锅可以很容易地用单手拿着在水龙头下冲洗，冰箱的不同区域都可以很方便地调节到适合的温度，手机里几个月前拍的一张照片可以很快速地被找到……这些会带给我们一种酣畅淋漓的感受。

因此，可用性在相当长的一段时间里成为交互设计的焦点。效率、效果和满意度成为可用性的国际标准。交互设计的目的便是如何让用户更快地完成任务，如何让用户获得更好的结果，以及如何让用户产生更高的满意度。这种认识其实是很危险的，因为只注重可用性的交互设计本质上是把用户当作一个机器来看待。尽管试图以满意度来体现用户在情感方面的需求，但在实际使用中要么过于笼统，要么又回到围绕性能的满意度测量上。

可用性不等同于交互设计。"好用"绝非交互设计的全部。在我们的身边，还有很多不好用但很多人依然爱用的设计。比如说男士礼服要佩戴的领结。我相信很多男士都有过在酒店房间里对着镜子很痛苦地打领结的经验。有时甚至要弄上好半天才能得到一个让人满意的效果。如此"难用"的设计却总有人乐此不疲，这并不是因为他们喜欢享受痛苦，而是因为他们在意领结对于他们的意义。

找到并真正理解这种意义，是交互设计中比"好用"更为深刻、更为重要的目的。交互设计的一个特点就是同一个问题总是存在很多种解释。你可以让用户花上十几分钟用一根带子打出一个领结，也可以让用户把已经成型固定的领结往脖子上一套，然后收紧一下便轻松戴上一个领结。这两种方式的结果看起来似乎是一样的，但其实有着本质的不同。设计师如果不能认识到这两种方式在意义上的巨大差异，那么便可能犯下本可以避免的错误。

因此，交互设计不仅要考虑如何更便于用户使用，还需要思考问题本身的意义，以及不同的解析具有的意义。没有对意义的理解，做出来的交互设计即使精巧，也可能弄巧成拙。

10.1.2　关于体感交互设计

刘伟（见图 10–2），代尔夫特理工大学博士，同济大学设计创意学院院长助理、助理

图 10–2　刘伟

教授。UXPA 国际用户体验设计协会核心团队成员，ICACHI 华人华侨人机交互协会理事，APCHI 亚洲人机交互协会系列会议评审，IXDC 交互设计委员会委员，UXPA 国际用户体验设计协会论文集主编，ACM SIGCHI 人机交互特殊兴趣组会员。

"交互（Interaction）"是一个非常广泛的概念，随着科技的发展，出现了越来越多的新型交互方式，其中不仅有基于屏幕的交互方式，还有基于躯体动作、声音等方面的体感交互（Tangible Embodied Interaction）。体感交互作为新式的、富于行为能力的交互方式正在转变人们对传统产品设计的认识，同时也在探究新的行为方式。现今的产品、服务与系统越来越倾向于适应使用情境并且积极主动地配合用户行为动作。例如用双手多点触摸的方式放大图片来替代点击鼠标放大图片的方式，用手势在空中上下划动的方式滚动网页来替代传统的滑动鼠标滚轮的方式。

体感交互是一种直接利用躯体动作、声音、眼球转动等方式与周边的装置或环境进行互动的交互方式。相对于传统的界面交互（WIMP），体感交互强调利用肢体动作、手势、语音等现实生活中已有的知识和技能进行人与产品的交互，通过看得见、摸得着的实体交互设计帮助用户与产品、服务以及系统进行交流。这样可以帮助人们脱离键盘和鼠标等传统输入设备，因此体感交互能够适用于更多人群，例如能够帮助聋哑人或残疾人等特殊人群操作复杂的设备。

美国著名认知心理学家、工业设计家 Donald Arthur Norman 认为，如果我们将产品实体设计返回控制真正的旋钮、滑块、按钮，并加以简单具体的人与产品的交互动作，那么用户将会得到更好的服务。体感交互意味着人体与有形物体的交互，在体感 UI（用户界面）里一定会找到可握持以及可触摸的元素。相对于基于电脑屏幕的人机交互，体感交互会更有效地帮助设计开发和提高用户与产品的交互模式。与基于命令与反馈形式的传统界面交互方式相比，体感交互能够帮助人们从二维的界面交互操作中脱离出来，建立更加自然、更直接、更有表现力的三维环境下的交互方式，从而能够提供更好的用户体验。

在体感交互过程中，用户能根据情境和需求自然地做出相应的动作，而无须思考过多的操作细节。体感交互降低了操控的复杂程度，使原本复杂的操控过程变得更简单，同时也能够使用户更专注于动作所表达的语义及交互的内容。因此，体感交互看起来会更亲密、更简单、更通情达理，也更具有美学意义。体感交互为 HCI（人机交互）的发展提供了一条新的道路，随着体感交互技术的不断进步，体感交互也逐渐被更多的人了解和接受。对于交互设计师而言，其应该灵活使用各种交互方式，为用户创造更好的体验。

10.1.3　大数据信息时代的交互设计

覃京燕（见图 10-3），北京科技大学教授，博士生导师。2011 年至 2012 年，于剑桥大学从事人机交互以及可持续创新设计的研究工作。从 2001 年开始讲授信息可视化、信息图表、交互设计、信息设计、界面设计、游戏设计、网络设计、计算机辅助设计等十余门专业基础课课程。

图 10-3　覃京燕

在互联网+、工业 4.0、第六次工业革命和设计 3.0 的大数据信息时代，如何应用互联网思维和创新设计思维，掌握大数据的应用方法，进行交叉协同创新，提升产业附加值，结合物联网、云计算等信息技术的推动，应对全球化的挑战，引领中国产业转型与可持续发展新常态，实现可持续创新发展；在绿色 IT 和企业生态系统构建之下，如何应用物联网和万联网，实现智能制造和智能家居，应用大数据分析用户的生活形态、消费心理，精准计算消费行为习惯，精准营销，通过大数据分析及 MC 大规模客户定制平台，实现大数据的商业智能 BI 管理，通过大数据网络平台，实现众创、众筹、众包、众分、众媒、众评的产品服务系统的商业模式的颠覆式创新；如何应用大数据的可视分析，智慧地规划养老保险、商业投资与个人智慧理财；如何分析每位病人的个人小数据和群体社会大数据；进行精准医疗和养老保险；如何通过大数据的架构设计，促进社会创新，将"中国制造"转型为共建式设计的"中国创造"；如何应用大数据分析，进行绿色投资、绿色融资、绿色消费、绿色 IT、绿色制造等系列可持续创新；如何解决颠覆式创新与知识产权保护的矛盾，形成具有中国特色的"分享型"经济的发展，将众筹与众创的创客成为新生代的创业生态系统，成为中国政、产、学、研界的共同关注的话题。

设计需要把握"大数据+互联网+智能化+创新设计"的全球创新设计发展趋势，深入思考从 0 到 1 的颠覆式创新，结合从 1 到 n 的量化创新优势，培养创意设计与经营管理结合的新型人才。在物质构成方式、信息创生方法、能量储存传输形式发生巨大改变的大数据信息时代，设计的对象、设计方法、设计所依赖的工具都发生了改变。交互设计应对数据自交互、人机环境之间的交互以及人与人之间的交互三大类交互形式，设计的视野与设计动因和设计愿景都得到更大更深的扩展。由数据自交互、文本交互、WIMP 模式的隐喻及示能性的分析到情境预演中以人为本的交互设计，进而发展到社交网络、位置服务网络和移动互联网络（SoLoMo，SNS，LBS，MNS）共生环境下的即兴交互和参与式设计（Participated/Inclusive Design）的敏捷自然交互设计，这种大数据信息时代的生态环境通过计算能力的提升而不断进化发展。

大数据信息时代的交互设计，需要考虑大数据与用户体验设计、智能制造、互联网+

智能空间设计、大数据与用户研究、大数据与机器人人工智能、大数据与智慧医疗、智能环境与智能建筑、智能服装设计、互联网+车联网及新能源汽车、大数据与交互展示设计、大数据与新媒体及奇点艺术、大数据与可用性工程及可视分析、大数据与游戏设计、大数据与文化产业、大数据与设计教育、大数据与商业智能及政府管理、大数据与生态系统的颠覆式创新的共生融合与创新发展的关系，为解决人类共同性长远发展问题，做有意义的交互设计。

10.1.4　服务设计与交互设计

王国胜（见图10-4），SDN（Service–Design–Network）国际服务设计联盟（中国）主

席，清华大学艺术与科学中心设计管理研究所副所长，清华大学美术学院副教授、硕士生导师、服务创新设计方向的学术带头人，长江商学院高层管理教育全球创新模块教授。

随着全球产业进入后工业时代，设计问题日益变得不确定和难以应对。设计的目标也难以有确定的、科学化的定义。在服务设计的发展历程中，存在着两种思想体系的交融，这就是服务设计的"产品观"与"交互观"。

（1）服务设计蓝图并不是源于交互思维，而是源于产品营销思维。

20世纪80—90年代，服务经济在全球经济中的比重日益凸显，发达国家的设计界开始意识到，囿于传统的产品输出的设

图10-4　王国胜

计时代将会终结，设计所面对的主要任务不再只是形式与功能的问题，而是一个复杂的系统问题。设计师不仅要考虑产品在全生命周期中的使用，还要在可持续的价值体系下考虑更多无形的、动态的因素以及新价值的创造。无论是社会还是个人，究竟是否需要占有这么多的产品成了产品设计界非常敏感的问题。

1982年，G.Lynn Shostack 在《超越产品营销》（Breaking free from product marketing）一文中，提出将有形组件（产品）和无形组件（服务）结合在一起的综合的设计思想。在设计过程中，使用"服务蓝图"要映射的序列可以记录和编纂一项服务中的事件、基本职能目标和明确的方式。他的这种思想将设计师的视野带入了新的领域。1991年，德国科隆国际设计学校（KISD）的 Michael Erlhoff 博士作为设计学科的教授第一次提出了服务设计的概念（见图10-5）。

在服务设计萌芽初期，英国威斯敏斯特大学的设计管理学教授 Bill Hollins 成功地解释了服务设计在"后产品时代"的价值，阐述了服务设计将在现代产业中发挥作用的理由。他指出：第一，随着信息和互联网技术的发展，服务价值的传递正在超越国界。企业只有提供好的服务才能留住客户，不再提供新服务和服务质量不好的公司将会逐渐消亡。第二，无论是发达国家还是发展中国家，全球范围内都开始意识到服务正在成为新的利润来源。即使在制造业，服务也渐渐成为主要的收入来源。服务不仅可以提供附加价值，而且可以提高客户体验和增加与竞争对手的差异。第三，新技术下的竞争，客户的预期越来越高，可选择的服务也越来越多。服务设计可以让客户更多地选择服务。因为，服务设计与客户关系管理（CRM）和产品质量保证关系密切。第四，服务设计可以帮助在原有的品牌和产

品战略体系下获得竞争优势，服务管理则可以使企业避免错误的开发，避免企业设备或组织改组的巨大投资浪费。第五，服务设计关注企业的产品生命周期，能使企业永续经营。

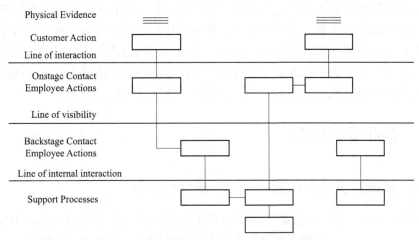

图 10-5　服务设计蓝图并不是源于交互设计，而是源于产品营销管理

　　Houins 教授理解服务设计的重点聚焦在有形产品的售前、售中、售后服务上，将客户体验与客户忠诚度和品牌建设作为服务设计的核心价值，将服务与体验视为一体。他以迪士尼乐园为例，将体验设计解释为产品、信息、环境或个人交互的整体。他指出，在后产品时代，设计管理的范围将从设计产品、服务流程和交互延伸到设计整个人的生活方式，重点在产品、流通渠道、营销和客户支持的服务端，以及企业的可持续发展。这些观点体现了服务设计的"产品观"在战略上的地位。

　　（2）在方法与工具方面，交互思想做出了更多的贡献。

　　交互范式提出了一系列与服务和服务设计相关的概念和工具体系，在产品设计的人机交互系统的基础上提出了包括多人、多界面参与的"服务交互"概念。如根据 Erving Goffman 的理论提出的"服务遭遇"（Service Encounter）的概念，还有"服务触点"（Service Touch-point）、"真实瞬间"（The Moment of Truth）等。从此，交互观开始在设计界建立了其在服务设计中地位的合法性。

　　服务设计的交互观，起先是将服务设计定义为服务发生的场所（Area）、境界（Ambit）（与人的动机和行为相关的范围）、情景（Scene）三个因素的协调。源于将先进的交互设备与服务设计做了类比，阐述了从复杂服务组织到复杂界面的演变。这一观点的突破将服务设计从产品营销领域的服务管理和服务营销中提炼出来，不同于 Mager 和 Hollins 等人倡导的"服务要和产品一起被关注"，而将服务作为一种"无形的产品"来认识。"交互观"认为，"产品观"仅仅将服务设计的重点放在了产品使用流程而没有发掘出服务设计的特殊性。一定程度上，可以说运用交互思想可以更加深入地理解服务设计，同时能够建立服务设计、交互设计的紧密关系。服务界面是用户可感知的、有形或可视的服务部分，由可以支持用户体验的人、产品、信息和环境组成。服务设计师也因此被定义为规划和协调这些因素并决定服务质量的人。

　　（3）在本质上，服务设计超越了传统的交互设计与产品设计。

　　很多持交互观的学者将"服务交互"（服务遭遇）作为服务设计的核心与识别特征。即从"单点交互"到"多点交互"，从"线性分析"到"开放系统的分析"；而持产品设计观的学者则将服务设计作为未来经济范式下的新的设计方法，即一种将产品、环境、信息等设计思想进行发展和融合的新的设计范式。近几年，在方法和实践层面，是服务设计本身将交互设计和产品设计的相互关系发展了，交互设计与产品设计的挑战均来自服务设计的要求。服务设计不得不应对日益复杂的问题，表现为对网络化合作的要求以及对急速变化着的经济与社会相关问题的深入研究。最终，用户驱动的创新成了当代服务创新的核心动力和理论工具的基础。此时，交互与产品的认识二分法开始趋于统一。

10.2　企业专家访谈

10.2.1　重新定义用户体验——用户体验七境界

苗奘（见图10-6），洛可可创新设计集团 UED 事业群总经理。伦敦 LKK INNOVATIONLTD

图 10-6　苗奘

创始人，负责在欧洲的业务探索。她亲历并引领着伦敦分公司的创立、欧洲市场的探索、服务模式的调整转型、国际人才的引进和对英设计交流。主张开放式创新与成果导向创新，擅长创新机会的发掘与创新风险的管理。拥有中央圣马丁艺术与设计学院创新管理硕士和北京理工大学工业设计双硕士学位。

今天对优质用户体验的定义，早已不再局限为一款漂亮的产品和一次流畅的操作。若成为一名为用户打造极致体验的优秀用户体验设计师，我们不得不站在新的境界重新思考用户体验。我们定义的优秀用户体验设计师是要在以下七个境界中不断修炼的。

第一个境界是界面美化级。软件的熟练运用、一定的审美能力和对自我苛刻的要求自不必说，核心是对产品业务的正确解读并贴合产品调性，符合产品形态，给予用户最舒服的视觉享受。同时色彩心理学、格式塔等设计原理的知识可以帮助设计师更深入地思考产品的特定角色、场景和用户心理，从而将视觉做得更深刻。

第二个境界是易用性级。我其实在讲对易用性的比较严苛的层面，涉及工程师思维转用户思维、设计心理学、限制性设计等。比如我们参与中国自主研发的第一款大飞机监控系统时，发现其体验设计对于用户的工作效率、工作场景下用户生理心理因素变化的要求会远远地高于生活中用到的普通应用。

第三个境界是设计策划级。这个是对于品牌、创意、用户体验等的综合考虑，一个好的策划可以让产品，尤其是功能相似的产品脱颖而出。比如华为代号为"future tower"的sdn 系统，在欧美展会上因其创新的用户体验策划而击败全球竞争对手。

第四个境界是产品定位级。比如旅游类的 App 有很多，再增加一个类似的用户是否接受，旅游卫视"年假"App 寻找到的全新定位是"以明星与粉丝的天然关系为黏性的高端行走平台"，这样就与去哪儿、携程、马蜂窝区别开来，并且充分利用了 T2C 的优势。

第五个境界是产品重塑级。用户体验设计师是可以和各行业合作，帮助传统行业在互联网和移动互联网时代重塑产品的。而这一切来源于对用户的理解，我们研究"90 后"的理财认知时真正深入院校并且和"90 后"用户 co-design，发现"90 后"非常排斥让他学习对比收益率、风险等这些复杂因素。你会发现 co-design 的结果是一个愿望产品，就是说他要的是"我要买相机、你告诉我需要投多少钱进去、多久以后我就可以买这款相机了"，你的金融过程可以是一个黑箱。这才是"90 后"用户真正需要的产品。

第六个境界是用户生态级。例如我们做过的金融理财平台，用户角色有小白、小牛、大牛、大咖，平台是分别维护与互动，还是深度分析每个用户角色的动机与需求，将生态机制设定好，让用户们在平台上愉快地玩耍。我们认为这个事情的核心是心理学的验证。

第七个境界是商业模式级。大家使用提供相同服务的 App 时，会发现产品形态可能是迥异的，原因就是其商业模式不一样。河狸家是 c2b2c 的平台，而懒猫猫是 b2b2c；河狸家将来的盈利可以来自每单的提成，而懒猫猫的来自对平台上 b 的提供服务。因此，用户会发现产品形态、用户接触点、界面都是不同的。

用户体验设计师需要逐级向上修炼自己的境界。对于大多数从业者来说，每升一级都是一个坎儿，有一种撕裂的感觉，用户体验设计师们就是在这种撕裂中成长起来的。

除了境界的修炼，用户体验设计师一定要有产品经理思维。一个很重要的因素是对行业、业务的理解，用户体验在人工智能、VR、汽车 HMI、互联网金融、智能软硬件、大健康等领域有着不同的外延和差异性，所以用户体验设计师在亲手制作机器人、制作硬件，甚至在考取金融分析师、儿童心理指导师等专业执照。

10.2.2　交互设计师的基础能力

曲佳（见图 10-7），百度 FDC 设计团队（金融用户体验部）负责人，原百度地图 UX 团队负责人，百度交互设计架构师，O2O 产品体验设计专家。2010 年搭建百度用户研究团队和百度用户体验实验室，2011 年起专注于 O2O 产品的体验设计和研究。2016 年加入百度金融服务事业群，组建 FDC 设计团队。

在多年的用户研究与交互设计工作中，我时常被问到同一类问题：一名好的交互设计师应该具备哪些基础能力？如果从其他的专业方向转型为一名交互设计师，自己的能力是否匹配？从哪里入手提升自己的能力？

说实话，其实这类问题很难回答。因为交互设计这一专业一直处于不断变化和不断被重新定义的过程中，对能力的要求也就随之不断变化。十年前，它和视觉设计难解难分；五年前，它和用户研究亲密在一起；三年前，交互设计和产品经理相生相克。

图 10-7　曲佳

时至今日如果必须简单归纳交互设计师所需要的基础能力的话，我觉得最确切的是综合设计能力。综观当今所有的设计学科，交互设计已经站在了对个人综合素质要求最高的顶峰。

换言之，如果今天很多人还觉得读一些交互设计的书籍，看一些网上的作品和教学视频就可以快速成为一名入门的交互设计师的话，那他的想法是有所偏颇的，因为一些重要能力的缺失，会让你永远无法成为一名优秀的交互设计师。一名好的交互设计师和一名普通的交互设计师，看似相差毫厘，实则千差万别。

在所有交互设计基础能力中，我认为以下几点是最为重要也是必不可少的能力。

（1）逻辑思维能力。

逻辑性是交互设计基础能力中无可替代的一项，也是非此即彼的一项，换言之，如果你的逻辑能力有所欠缺，那你的其他能力再优秀，都无法支撑你成为一名优秀的交互设计师。逻辑思维能力很大程度上是与生俱来的，就像我们选择文理科一样，很多时候并非完全出于兴趣，也是基于自身的能力。当然后天也有很多方法来提升自身的逻辑思考的能力，大家可以在网上找到相关课程和资料。

那么如何度量一个人的逻辑思维是否优秀呢？这其实并没有最科学或者最佳的方法，在互联网公司中比较常见的方式是从你对一些事情的处理方式，对一些问题的思考方式上来判断，此外我们在每年的校园招聘中也会出一些笔试题，以此来考查同学们的逻辑思考能力。如果你想最简单粗暴地考验和提升自己的逻辑能力，不妨和同学、好友玩几局杀人游戏。

（2）产品与业务的快速理解力。

常言道：隔行如隔山，设计上也是一样，同样是设计海报，需求方是汽车厂商或婴儿用品厂商，设计风格迥然不同。交互设计也是同样的情况。

在实际工作中，交互设计一定是帮助产品来解决问题的一种方式，每一个界面、流程都是为了解决产品中的一个实际问题。举个例子来说，同样是搜索类产品，大家会发现，网页搜索、视频搜索、图片搜索这几个产品在交互设计上千差万别，这是因为这些产品的用户需求不同，业务逻辑不同，所需要解决的问题也就不同。所以说如果想做好交互设计，就需要先在投身的行业内有深入的了解，了解行业的规则，并且储备足够的业务知识，在此基础上完成设计。比如在一款互联网金融产品的注册流程中，你会发现它比传统用户产品的注册流程长很多，会带来一些额外的用户使用成本，但这些成本的增加却是金融产品风险控制的必要环节，很难单纯地在体验角度做精简和优化。

（3）画面感。

很多交互设计师觉得做交互设计无非就是画线框图，把流程和页面布局用线框表示清楚就行了，其余更多细节部分全权交给视觉设计师来完成。其实这是不对的，这就好比一名优秀的建筑设计师，不能只去搭建大楼的骨架，还要对小区最终的完成场景和效果有完整的构思和系统化设计。我常常建议交互设计师在动手出图之前，先在纸上勾勒一些草图，想清楚自己要做什么样的设计，想清楚最终完成的是一个什么样的作品，不要像流水线作业一样，只是单纯地完成设计任务。当设计师真的可以把交互设计细化具体到每一个像素的时候，他才会发现自己的思考空间和设计的系统化正在面临前所未有的挑战，其最终设计交付物也会更加完整。

10.2.3　三维空间的交互设计

王骁勇（见图 10-8），Pin3D 创始人，资深交互设计师，3D 交互领域的持续创新者。于 1998 年毕业于北京理工大学工业设计学位，毕业后定居加拿大，从事交互设计工作，期间获得卡尔顿大学建筑学硕士学位。2010 年后开始自主创新互动 3D 的技术和产品设计。王骁勇是全球第一批专业从事交互设计、产品体验架构和信息可视化的实践者，近二十年致力于信息可视化、软件系统的用户体验架构、产品创新和市场化策略等。他曾主要在蒙特列尔和硅谷地区参与产品创新和研发，并拥有多项专利成果和论文。他一直活跃在国际上各种行业的设计团体，是加拿大安大略省注册设计师协会会员，UPA 美国会员，WACA 全球华人建筑师协会数码委员会创始人之一，美国旧金山艺术设计学院客座教授，IXDC 首批会员之一。

图 10-8　王晓勇

（1）碎片化认知 VS 全息认知。

大自然中的各种物质和生物，从早期的初等形态结构开始所谓"天道每下而愈况"（严复《天演论》）的演进，一直到后来繁杂的门纲目科属种，形成了绚丽多彩的生存方式。如果我们进行细致的观察，会发现这些物质和生物的信息组合都是极其有规律的：从整体到局部，抑或是从一片绿叶看到森林，内容与形式是高度的统一。如果把虚拟世界和物质世界做类比，数字化进程仍处于进化的初级阶段。在已知的人类文明进程中，记录信息和传播的载体大多数是二维状态，包括文字、书籍、绘画、摄影、动画、电影。这些片段（信息碎片）从各个不同的角度反映了事物的不同侧面，但总无法准确传达其全息性（空间/时间纬度）。

在互联网传播时代，虽然我们获得知识的渠道和手段愈加丰富，信息总量每年都在呈几何级的增长。这对我们的整体认知能力也提出了更大的挑战。人们每天花费了大量时间和精力，对这些片段进行过滤和重构事物本源的形态。根据 about.com 有关 2015 年 2 月的数据统计，人类发送的邮件信息大约有 2 050 亿条/天，其中 90%是无关信息或病毒。当然总有少数的先行者可以在浩瀚的数字空间里迅速获得对事物的全息认知。这种特殊能力预示着大多数人的演进方向。

各种新的技术趋势让我们逐步接近这个全息的未来：智能城市、大数据、物联网、虚拟现实，都从不同层面开始让信息的碎片有了更为清晰的结构和更为逼真的表现形式，也有了空间和时间表达能力。这一切都让人们觉得未来全息的生活真的不远了！但仔细想想，也许我们并不一定自动完成认知能力的升级。如果有一种大众都可以使用的立体传播手段，人们就能突破二维的认知困境，顺利进入一个互动全息的未来。

（2）2D-3D-全息：人类认知能力的演进之路。

如果借用"三体"的文明纬度理论进行类比，我认为全息社会是一个高维度的信息空间；而大多数人仅仅具备二维的认知方式或"多重二维"能力。换句话说，大众仍不具备认知和表达三维世界的能力，更何况涵盖宏观、微观结构的全息数据。

假设一个场景，北京的小王和在纽约的张教授为了沟通新产品样品的外观设计，需要拍摄很多张图片，然后通过微信进行交流，还要写下文字——描述对这件产品不同角度的各个细节的设想和修正，有时还要借用语音和视频进行辅助的实时沟通。在这些大量的二维信息（图片/文字）中，两人的大脑要完成的认知和沟通难度如下：① 身处空间不同；② 信息交流的时间错位；③ 文化和语境或有不同；④ 碎片化细节的反复重构。正是这些问题，极大地降低了双方的认知效率和准确度，不能让双方很自如地沟通一件物品的本来面目（大小、前后、上下、颜色、细节）。

这么一件表面上看来极其容易的事情，却在人们每天的生活、工作、学习中不断重演。不论我们的手机和计算机有多快，分辨率多高，却无法准确告诉对方一件物品的形态。人们更善于表达一个个片段，用手机拍照分享是最便捷的手段了。在这样的环境下，我们研究立体或全息的传播就显得意义重大。

（3）3D 技术 VS 传播 3D 的技术。

人眼看到的 3D 包括两个层面的含义：① 两眼之间的视觉差产生深度感，从而获得类似于肉眼观察的空间感，比如裸眼 3D 技术和各类 3D 电视屏幕；② 通过体验物品的前后、左右、上下、远近等建立的综合视觉认知及其关系，比如 3D 模型、点云模型、Pin3D 互动影像等。

传统的 3D 技术一般是依托于：① 3D 数据采集；② 3D 设计软件；③ 3D 数据格式转换；④ 渲染和输出；⑤ 展示和传播等产业链的高度配合，让大众可以体验到精彩的 3D 内容。通常这些数字内容的创造依托于强大的 CPU、GPU 和 RAM 的图形工作站或云技术，加上完备的软件工具（Catia、AutoCAD、Maya、3Dmax、Unity、Rhino 等），参与其中的大多是一些特殊行业的从业者，比如建筑设计、产品设计、数字媒体、游戏等。然而，由于 3D 数据格式的壁垒和全球通用标准的滞后，人们一直未能轻松地用 3D 手段分享自己周遭的衣食住行。

出现这种困境的原因非常复杂，但是不外乎有如下几个因素：

① 各种终端设备，如智能手机或智能电视等，对于三维内容的渲染能力未形成标准。因此，在某种设备上可以运行的内容并不一定在其他设备上可以运行，比如大型三维游戏或者高精度的大型工业产品展示。

② 三维模型的格式未曾统一。目前流行的三维图形格式繁杂，主流的有 obj、maya、max、fbx、cat、stl、igs、VRML 等，也有在不同平台上流行的 Unity3d、Rhino、formZ。

③ 各类操作系统的不同。由于算法设计的不统一，各种 Windows、iOS、Android 对于解释三维格式的运算速度和效果完全不同，那么要设计一种跨平台跨系统的展示方法也是非常困难的。

④ 虽然研究 3D 各类技术学者和机构众多，全球推动 3D 体验产品创新的企业数量少，缺乏清晰的商业化应用和模式。一些探索 3D 传播普及的先行者正在出现，但仍处于初期的商业模式摸索阶段。

著名的网络发言人 Keven Kelly 在 2010 年出版的《What Technology Wants？》一书谈到了技术文明发展的两种基因（创造＋复制），其中包括技术自身的创新突破，以及对自身传播的方式创新，缺一不可。如果 3D 技术找不到迅速复制传播的方法，那么人们的认知将被局限在二维。假如有一天，人类社会的衣食住行都可以采取更为立体的方式，以最低的成本传播，所有图像、声音、文字集成为一个 3D 影像，我们就向高纬高效的全息社会迈进了关键一步。

如何推动 3D 领域的体验创新？在三维互动和可视化领域，我认为有如下几种研究方向需要大力推动：

① 3D 快速采集和传播。不论是三维建模、点云采集，抑或是全景照相技术，人们一直希望有一种全面采集物品视觉信息和空间结构的准确描述格式，并且自如地看到一件物品的前后、左右和大小细节，利用目前的鼠标、键盘、触屏、体感等一致体验进行观赏、评论、共享。

② 空间物品关联的互动。当使用者可以与一个空间（室内/室外）的三维视图以及其中的多个物品进行互动时，所有的表达不仅仅在视觉上三维化了，也具有了更利于描述的

空间属性和关系。这其中的物品/空间关联，也在一定程度上再现了物质世界的空间属性。

③ 虚拟现实。在这个宏大的数字场景里，不论是 AR（Augmented Reality），还是 MR（Mixed Reality），都离不开"Reality"（真实表达）。一切物质、数据都应该找到最佳的可视化表达方式、空间结构和关联关系，即达到内容与形式的高度统一。人们在 VR 里需要建立起一致的语言符号、交互方式。

④ 不同终端设备之间的跨平台体验。人们在使用各种手机、平板、电视、VR 眼镜的不同场景中，如何通过使用不同方法达到交互和相互沟通的目的？比如用触摸、体感、遥控等。

目前用于传播 3D 数据技术的主要有各种游戏引擎，但受先天设计的限制，它很难作为普通人分享和互动的基础。为了解决上述问题，我们应该设计出一个轻量的三维展示平台，依托云端渲染和运算能力，并设定一致的交互方式，让普通人在任何终端设备形成无差别的 3D 传播和互动体验。

只有从二维信息中站起来，让文字图像产生多维度的结构语义以及诸多意境，我们才能拥有旺盛的创造力和生命力，才能从根本上开发人脑的认知潜力，开启全息社会的大门和发现未来的无限可能。

10.2.4　车联网与交互设计

徐海生（见图 10-9），阿里巴巴互联网汽车业务交互设计负责人，资深交互设计专家，曾担任联想集团创新设计中心用户体验设计经理。

随着互联网技术和信息服务的发展，智能终端迅速普及，它不仅改变了人的生活方式，也推动了传统产业的进化和商业模式的颠覆性。面对互联网技术和信息服务无处不在的今天，汽车显然还属于互联网生态中的一个"低热度"区域。

汽车作为主要的出行代步工具，长期以来车内的用户体验是从人机工程学的角度出发，强调如何提高驾驶者和乘客的舒适性、安全性、易用性。

然而，互联网的丰富信息与海量数据，使得汽车的属性和车内的用户体验悄然发生变化。车不再只是一个交通工具了，还是互联网的一端。互联网的力量使得车、人（驾驶者和乘客）和环境（路况、天气等）之间的联系前所未有地紧密起来。在思考

图 10-9　徐海生

如何构建新的车内用户体验的时候，要充分考虑车、人、环境之间的互动、融合，这也为体验设计提出了新的课题和挑战。

这些挑战将体现在以下几个方面：

（1）驾驶的安全性要求。

丰富的互联网信息和服务涌入车内，弥合了车与互联网生活之间的鸿沟，同时也占用和消耗了驾驶者的精力，增加了驾驶者的认知负担，从而带来安全隐患。这需要车内的体验系统能够聪明地、合理地引导、管理驾驶者的精力分配。

（2）围绕车的使用场景和设备属性特征，提供新服务承载方式和信息展示方式。

移动设备上以 App 为主的生态系统已经形成，但车内的应用和服务以何种方式展现，

2013.

[21] 周陟. UI 进化论：移动设备人机交互界面设计 [M]. 北京：清华大学出版社，2010.

[22] CRUMLISH C，MALONE E. 社交网站界面设计 [M]. 樊旺斌，师蓉，译. 北京：机械工程出版社，2010.

[23] 刘伟. 交互品质：脱离鼠标键盘的情景设计 [M]. 北京：电子工业出版社，中国工信出版集团，2015.

[24] BUXTON B. 用户体验草图设计：正确地设计，设计得正确 [M]. 黄峰，夏方昱，黄胜山，译. 北京：电子工业出版社，2010.

[25] 苏杰. 人人都是产品经理 [M]. 北京：电子工业出版社，2012.

[26] 张亮. 细节决定交互设计的成败 [M]. 北京：电子工业出版社，2009.

[27] 董建明，傅利民，饶培伦，SALVENDY G. 人机交互：以用户为中心的设计和评估 [M]. 2 版. 北京：清华大学出版社，2007.

[28] 刘伟. 走进交互设计 [M]. 北京：中国建筑工业出版社，2013.

[29] ［美］欧格雷迪·简·维索基，［美］欧格雷迪·肯·维索基. 信息设计 [M]. 郭璁，译. 南京：译林出版社，2009.

[30] 李世国，顾振宇. 交互设计 [M]. 北京：中国水利水电出版社，2012.